应用型本科 材料类专业"十三五"规划教材

材料研究方法

主　编　唐正霞
副主编　林　青　秦润华

西安电子科技大学出版社

内 容 简 介

本书主要介绍了材料研究常用的分析测试方法。全书共分七章，包括光学显微分析、X射线衍射分析法、电子显微分析方法、热分析技术、光谱分析法、核磁共振波谱分析法、质谱分析法等。本书可作为材料类专业的本科生教材，也可作为相关专业技术人员的参考用书。

图书在版编目(CIP)数据

材料研究方法/唐正霞主编. —西安：西安电子科技大学出版社，2018.1(2018.10 重印)
ISBN 978 - 7 - 5606 - 4734 - 0

Ⅰ. ① 材… Ⅱ. ① 唐…Ⅲ. ① 材料科学—研究方法 Ⅳ. ① TB3 - 3

中国版本图书馆 CIP 数据核字(2017)第 269118 号

策 划 高 樱
责任编辑 黄 菡 阎 彬
出版发行 西安电子科技大学出版社(西安市太白南路 2 号)
电 话 (029)88242885 88201467 邮 编 710071
网 址 www.xduph.com 电子邮箱 xdupfxb001@163.com
经 销 新华书店
印刷单位 陕西日报社
版 次 2018 年 1 月第 1 版 2018 年 10 月第 2 次印刷
开 本 787 毫米×1092 毫米 1/16 印张 16.5
字 数 385 千字
印 数 1001～3000 册
定 价 37.00 元
ISBN 978 - 7 - 5606 - 4734 - 0/TB

XDUP 5026001 - 2

＊＊＊ 如有印装问题可调换 ＊＊＊

前　言

材料研究方法从广义来讲，包括材料研究技术路线的制定、实验方法的选择、表征方法等，三者相辅相成，缺一不可。正确的技术路线和可行的实验方法是材料研究成功的关键，而研究成果必须选择先进的测试方法来表征。但是这三方面内容过于庞杂，所以一般将其分成两部分，技术路线的制定和各种实验方法在其他教材中论述，而各种测试方法则单独编写为一本教材，这就是狭义的材料研究方法。

每一种研究方法对应一种测试与分析方法，因此有的教材取名为材料测试与分析技术。每一种测试方法均需要特定的仪器，材料研究方法讨论的主要内容与分析化学领域的仪器分析比较接近，但是后者的研究方法中仪器的结构原理占有较大篇幅，对于材料研究来说显得过于冗杂。材料的测试方法繁多且随着科学技术的发展，新的测试方法层出不穷，因此不同的材料研究方法教材往往分别侧重于几种测试方法，具体每一种方法的详略安排差别也较大，深浅不一。

本书为应用型本科材料类专业系列教材之一，旨在体现"应用、实践、创新"的教学宗旨。本书在体现科学性、理论够用的前提下，增加了实践性、操作性的内容，以丰富的工程案例，加强对学生实践能力的培养。本书内容涉及光学显微分析、X射线衍射分析、电子显微分析、热分析、紫外光谱分析、红外光谱分析、拉曼光谱分析、荧光光谱分析、核磁共振分析、质谱分析等常用分析测试方法，适应专业范围广。本书还较详细地介绍了现有教材涉及较少的小角X射线散射分析、热机械分析、红外及紫外可见反射光谱分析、固体核磁共振分析、超分辨荧光显微分析等。每一种方法均侧重于分析测试的基本原理、样品制备及数据分析处理应用实例。除了显微镜等小型仪器外，本书对大型测试仪器的原理和结构只作一般性介绍。

本书由金陵科技学院材料工程学院唐正霞、林青、秦润华、王威和李俊琳等老师编写。

本书在编写过程中参考了国内外有关教材、科技著作和学术论文，在此对相关作者表示感谢。

由于编者水平有限，书中难免存在疏漏和不妥之处，欢迎同行和读者指正。

编　者

2017.10

目　录

第 *1* 章　光学显微分析

　　光学显微分析技术是人类打开微观物质世界之门的第一把钥匙。经过五百多年的发展历程，人类利用光学显微镜步入微观世界，绚丽多彩的微观物质形貌逐渐展现在人们的面前。

　　15 世纪中叶，斯泰卢蒂(Francesco Stelluti)利用放大镜，即所谓单式显微镜研究蜜蜂，开始将人类的视角由宏观引向微观世界的广阔领域。约在 1590 年，荷兰的詹森父子(Hans and Zacharias Janssen)创造出最早的复式显微镜。

　　17 世纪中叶，物理学家胡克(R. Hooke)设计了第一台性能较好的显微镜，此后惠更斯(Christiaan Huygens)又制成了光学性能优良的惠更斯目镜，成为现代光学显微镜中多种目镜的原型，为光学显微镜的发展做出了杰出的贡献。

　　19 世纪德国的阿贝(Ernst Abbe)阐明了光学显微镜的成像原理，并由此制造出油浸系物镜，使光学显微镜的分辨本领达到了 0.2 μm 的理论极限，制成了真正意义的现代光学显微镜。

　　目前，光学显微镜已由传统的生物显微镜演变成诸多种类的专用显微镜，按照其成像原理可分为：

　　(1) 几何光学显微镜：包括生物显微镜、落射光显微镜、倒置显微镜、金相显微镜、暗视野显微镜等。

　　(2) 物理光学显微镜：包括相差显微镜、偏光显微镜、干涉显微镜、相差偏振光显微镜、相差干涉显微镜、相差荧光显微镜等。

　　(3) 信息转换显微镜：包括荧光显微镜、显微分光光度计、图像分析显微镜、声学显微镜、照相显微镜、电视显微镜等。

　　随着显微光学理论和技术的不断发展，又出现了突破传统光学显微镜分辨率极限的近场光学显微镜，将光学显微分析的视角伸向纳米世界。

　　在材料科学领域中，大量的材料或生产材料所用的原料都是由各种各样的晶体组成的。不同材料的晶相组成直接影响到它们的结构和性质；而生产材料所用原料的晶相组成及其显微结构也直接影响着生产工艺过程及产品性能。因此对于各种材料及其原料的性能、质量的评价，除了考虑其化学组成外，还必须考虑它的晶相组成及显微结构。所谓显微结构，就是指构成材料的晶相形貌、大小、分布以及它们之间的相互关系。利用光学显微分析技术进行物相分析就是研究材料及其原料的物相组成及显微结构，并以此来研究形成这些物相结构的工艺条件和产品性能间的关系。

本章主要介绍晶体光学基础、光学显微镜、光学显微分析方法和光学显微分析技术的研究进展。

1.1 晶体光学基础

1.1.1 光的物理性质

光是键合电子在原子核外电子能级之间激发跃迁产生的自发能量变化，导致发射或吸收辐射能的一种形态。在麦克斯韦电磁理论中，光是叠加的振荡电磁场承载着能量以连续波的形式通过空间。按照量子理论，光能量是由一束具有极小能量的微粒(即"光子")不连续地输送着。这两种理论表明光具有微粒与波动的双重性，即波粒二象性。由于光学显微分析所观察到的是光与物质的相互作用效应，在特性上像波，故利用光的波动学说解决晶体光学问题。

电磁波在空间的传播过程中，电磁场振动垂直于其传播方向，因此光是横波，即光波振动与传播方向垂直。电磁波的特性参数主要包括波长(λ)、频率(ν)、波速(c)、波数(σ)、光子能量(E)。波长指沿着波的传播方向，两个相邻的同相位质点间的距离，通常指相邻两个波峰或波谷的距离，单位是米(m)、厘米(cm)、纳米(nm)等。频率指单位时间内电磁波振动的次数，单位是赫兹(Hz)、千赫兹(kHz)、兆赫兹(MHz)。波速指单位时间内电磁波传播的距离，单位是千米/秒(km/s)、米/秒(m/s)、厘米/秒(cm/s)。电磁波在真空中的传播速度 c 为 2.99×10^8 m/s。波数指光的传播方向上单位长度内包含的完整波长的数目。光子能量是电磁波的最小能量单位光子所具有的能量，单位是 eV。

根据以上定义，波长(λ)、频率(ν)、波速(c)、波数(σ)、光子能量(E)的关系如下

$$\lambda = \frac{c}{\nu} \tag{1.1}$$

$$\sigma = \frac{1}{\lambda} \tag{1.2}$$

$$E = h\nu = \frac{hc}{\lambda} = \frac{1240}{\lambda} \tag{1.3}$$

式(1.3)中，h 为普朗克常量，当光子能量 E 以 eV 为单位，波长 λ 以 nm 为单位时，hc 等于 1240 eV·nm。

电磁波的范围极为宽广，包括无线电波、红外线、可见光、紫外线、X 射线和 γ 射线等。它们的本质完全相同，只是波长(或频率)不同且特性也不同。按照它们的波长大小依次排列便构成一个电磁波谱，如图 1.1 所示。从电磁波谱中可以看出，可见光只是整个电磁波谱中波长范围很窄的一段，其波长约为 $3900 \sim 7700 Å(1 Å = 10^{-10}$ m)。这一小波段电磁波能引起视觉，故称为可见波段。不同波长的可见光波作用在人的视网膜上产生的视觉不一样，因而呈现各种不同的色彩。当波长由大变小时，相应的颜色由红经橙、黄、绿、蓝、青连续过渡到紫。通常所见的"白光"实质上就是各种颜色的光按一定比例混合成的复色光。

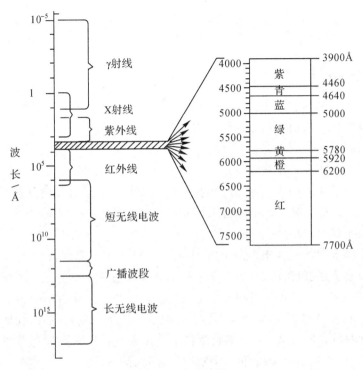

图 1.1 电磁波谱

1.1.2 自然光和偏振光

根据光波的振动特点,光又可以分为自然光和偏振光两种。所谓自然光,就是从普通光源发出的光波,如太阳光、灯光等。光是由光源中的大量分子或原子辐射的电磁波的混合波,光源中的每一个分子或原子在某一瞬间的运动状态各不相同,因此发出的光波振动方向也不相同。因此自然光的振动具有两个方面的性质:一方面它和光波的传播方向垂直,另一方面它又迅速地变换着自己的振动方向,也就是说自然光在垂直于光的传播方向的平面内的任意方向上振动,如图 1.2(a)所示。由于发光单元的数量极大,因此自然光在各个方向上振动的概率相同,在各个方向上的振幅也相等。偏振光是自然光经过某些物质的反射、折射、吸收或其他方法,使它只保留某一固定方向的光振动,如图 1.2(b)所示。偏

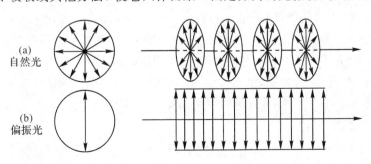

图 1.2 自然光和偏振光振动示意图

振光的光振动方向与传播方向组成的平面称为振动面。由此也将偏振光称为平面偏光，简称偏光。

1.1.3　光与固体的作用

一束光入射到固体物质的表面，会产生光的折射、反射和吸收等现象，其折射、反射和吸收性能与光的性能和入射方向及固体物质性质有关。

无论光是自然光还是偏振光，当它从一种介质传到另一种介质时，在两介质的分界面上将产生反射和折射现象。反射光将按照反射定律反射到原介质中，而折射光将从一种介质传播到另一种介质中。一束光线照射到物质的表面，一部分光线被反射，另一部分光线透过（透明材料），还有一部分光线被物质所吸收。光的吸收主要是光的波动能转换为热能等其他形式能量的结果。

在精抛光平整表面上可获得单向反射（表面不平整度小于光波长），而在粗糙表面上则呈现漫反射。反射光的强度和波长取决于表面的本性和反射介质的光学性质。如果物质表面对白光中七种色光等量反射，则物质没有反射色，只是根据反射率的大小而呈现为白色或程度不等的灰色（反射率大的物质呈白色，反射率小的呈灰色）。如果物质对七种色光选择性反射，使某些色光反射多一些，则物质会呈现反射色。所以反射色专指物质表面选择性反射色光而产生的颜色，又称表色，是物质表面选择性反射作用的结果，即物质对不同波长的色光的反射力是不同的。许多金属材料有很显著的特征反射色，如黄铁矿为黄色反射色，赤铁矿为无色或蓝灰色反射色。因此，反射色是鉴定不透明物质的重要特征。

有些晶体材料在不同方向上具有不同的折射率，在材料表面的反射力也不相同，从而呈现双反射现象。用一束偏振光以不同方位照射这些晶体材料，会产生明显的反射多色性。一束白光射到矿物表面后，除了一部分光线被反射外，另一部分光线被折射透入矿物内部，当遇到矿物内部的解理、裂隙、空洞及包裹体等不同介质的分界面时，光线会被反射出来，这叫做矿物的内反射作用。由于内反射作用所产生的颜色称为内反射色，又称为矿物的体色。

物质的颜色、反射色和内反射色三者有着不同的概念，应将它们区别开来。物质的颜色是指肉眼下所见到的颜色，它是物质对白光中七色波选择性吸收的结果。反射色是指物质的光滑表面或磨光面上，因选择性反射作用所造成的颜色，为表色。内反射色是物质内部反射作用（包括光的干涉作用）所形成的颜色。由于三种颜色的成因不同，在不同的物质上呈现不同的特征。在同一个矿物上，其肉眼观察的颜色（手标本上的颜色）与光片上的颜色以及薄片中的颜色不一定相同，它们之间有如下关系：

（1）反射率 $R>40\%$ 的矿物，由于对入射光的吸收太强烈，一般条件下没有内反射作用，即见不到内反射色，这些矿物（所谓不透明矿物）的颜色与反射色是一致的，它们的颜色主要决定于表色。

（2）反射率在 $40\%\sim30\%$ 之间的矿物少数具有内反射，矿物的颜色多数仍决定于表色。

（3）反射率在 $30\%\sim20\%$ 之间的矿物，具有一定的透明度，它们可以反射出一部分光，又可以透出一部分光，而且普遍具有内反射，它们的内反射色与颜色一致，与反射色互为补色。

（4）反射率 $R<20\%$ 的矿物，绝大多数为透明矿物，因此都有内反射，内反射色为无色、灰白色或由于白光的分解和干涉作用产生的彩色，与矿物的颜色一致。

1.1.4　光在晶体中的传播

晶体是具有格子构造的固体，拥有独特的对称性和各向异性。光在不同晶体中传播也表现出不同的特点。自然光和偏振光在晶体中的传播也不尽相同。根据光在晶体中不同的传播特点，可以把透明物质分为光性均质体和光性非均质体两大类。

1. 光性均质体

光波在各向同性介质中传播时，其传播速度不因振动方向不同而发生改变，也就是说，介质的折射率不因光波在介质中的振动方向不同而发生改变，其折射率值只有一个，此类介质属光性均质体（简称均质体）。光波射入到均质体中发生单折射现象，不改变光波的振动特点和振动方向（图 1.3），也就是说，自然光射入均质体后仍为自然光，偏光射入均质体后仍为偏光，且振动方向不改变。

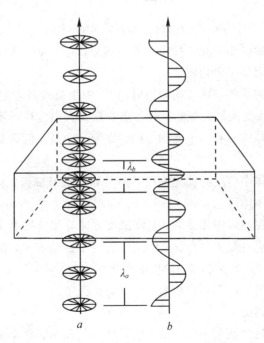

图 1.3　光波垂直均质体薄片入射示意图

等轴晶系矿物的对称性极高，在各个方向上表现出相同的光学性质，它们和各向同性的非晶质物质一样，属于光性均质体，例如石榴石、萤石、玻璃、树胶等都是均质体。

2. 光性非均质体

光波在各向异性介质中传播时，其传播速度随振动方向不同而发生变化。因而折射率值也因振动方向不同而改变，即介质的折射率值不止一个，此类介质属光性非均质体（简称非均质体）。光波射入非均质体时，除特殊方向以外，都要发生双折射现象，分解形成振动方向互相垂直、传播速度不同、折射率不等的两种偏光 P_o、P_e（图 1.4）。两种偏光折射率值之差称为双折射率。当入射光为自然光时，非均质体能够改变入射光波振动的特点，当入射光波为偏光时，也可以改变入射光波的振动方向。

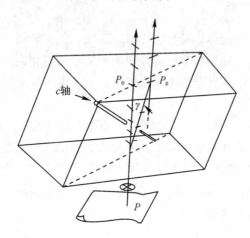

图 1.4 冰洲石的双折射现象示意图

中级晶族和低级晶族矿物的光学性质随方向而异，属于光性非均质体，如长石、石英、橄榄石等。绝大多数矿物属于非均质体。

当光波沿非均质体的某些特殊方向传播时（如沿中级晶族晶体的 c 轴方向传播），则不会发生双折射现象，不改变入射光波的振动特点和振动方向。这种不发生双折射的特殊方向称为光轴。中级晶族晶体只有一个光轴方向，称为一轴晶。低级晶族晶体有两个光轴方向，称为二轴晶。

为了反映光波在晶体中传播时偏光振动方向与相应折射率值之间的关系，有必要使用在物理学中所建立的光率体概念。

光率体是表示光波在晶体中传播时，光波振动方向与相应折射率值之间关系的一种光性指示体。其做法是设想自晶体中心起，沿光波的各个振动方向，按比例截取相应的折射率值，再把各个线段的端点联系起来，便构成了光率体。

实际上光率体是利用晶体不同大小上的切片，在折光仪上测出各个光波振动方向上的相应折射率值所做的立体图。

光率体是从晶体的光学现象中抽象得出的立体几何图形，它反映了晶体光学性质中最本质的特点。它形状简单，应用方便，成为解释一切晶体光学现象的基础。用偏光显微镜鉴定晶体矿物也都以光率体在每种矿物中的方位为依据。由于各类晶体的光学性质不同，所构成的光率体形状也各不相同。

1.2　光学显微分析方法

　　光学显微分析利用可见光观察物体的表面形貌和内部结构,鉴定晶体的光学性质。透明晶体的观察可利用透射显微镜,如偏光显微镜。而对于不透明物体只能使用反射式显微镜,即金相显微镜。利用偏光显微镜和金相显微镜进行晶体光学鉴定,是研究材料的重要方法之一。

1.2.1　偏光显微镜

　　偏光显微镜是目前研究材料晶相显微结构最有效的工具之一。随着科学技术的发展,偏光显微镜技术在不断地改进,镜下的鉴定工作逐步由定性分析发展到定量鉴定,为显微镜在各个科学领域中的应用开辟了广阔的前景。

　　偏光显微镜的类型较多,但它们的构造基本相似。下面以 XPT - 7 型偏光显微镜(图1.5)为例介绍其基本构成。

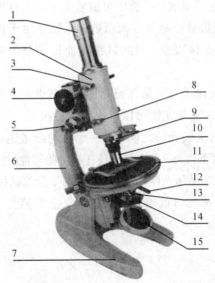

1—目镜；2—镜筒；3—勃氏镜；4—粗动手轮；5—微调手轮；
6—镜臂；7—镜座；8—上偏光镜；9—试板孔；10—物镜；
11—载物台；12—聚光镜；13—锁光圈；14—下偏光镜；15—反光镜

图 1.5　XPT - 7 型偏光显微镜示意图

　　镜臂(6):呈弓形,其下端与镜座相连,上部装有镜筒。

　　反光镜(15):一个拥有平、凹两面的小圆镜,用于把光反射到显微镜的光学系统中。当进行低倍研究时,需要的光量不大,可用平面镜;当进行高倍研究时,使用凹镜使光少许聚敛,可以增加视域的亮度。

　　下偏光镜(14):位于反光镜之上。从反光镜反射的自然光通过下偏光镜后,即成为振动方向固定的偏光,通常用 PP 代表下偏光镜的振动方向。下偏光镜可以转动,以便调节其振动方向。

锁光圈(13)：在下偏光镜之上可以自由开合，用以控制进入视域的光量。

聚光镜(12)：在锁光圈之上，是一个小凸透镜，可以把下偏光镜透出的偏光聚敛成锥形偏光。聚光镜可以自由按上或放下。

载物台(11)：一个可以转动的圆形平台，边缘有刻度(0°～360°)，附有游标尺，读出的角度可精确至 0.1°，同时配有固定螺丝，用以固定物台。物台中央有圆孔，是光线的通道，物台上有一对弹簧夹，用以夹持光片。

镜筒(2)：为长圆筒形，安装在镜臂上。转动镜臂上的粗动螺丝或微动螺丝可调节焦距。镜筒上端装有目镜，下端装有物镜，中间有试板孔、上偏光镜和勃氏镜。

物镜(10)：由 1～5 组复式透镜组成，其下端的透镜称前透镜，上端的透镜称后透镜。前透镜越小，镜头越长，其放大倍数越大。每台显微镜附有 3～7 个不同放大倍数的物镜。每个物镜上刻有放大倍数、数值孔径(N.A)、机械筒长、盖玻璃厚度等。数值孔径表征了物镜的聚光能力，放大倍数越高的物镜其数值孔径越大，而对于同一放大倍数的物镜，数值孔径越大则分辨率越高。

目镜(1)：由两片平凸透镜组成，目镜中可放置十字丝、目镜方格网或分度尺等。显微镜的总放大倍数为目镜放大倍数与物镜放大倍数的乘积。由于目镜只放大物镜在目镜中间焦面上所成的像，不与物体直接成像，因此目镜不能提高分辨率，显微镜的分辨率由物镜决定而与目镜无关。

上偏光镜(8)：其构造及作用与下偏光镜相同，但其振动方向(以 AA 表示)与下偏光镜振动方向(以 PP 表示)垂直。上偏光镜可以自由推入或拉出。

勃氏镜(3)：位于目镜与上偏光镜之间，是一个小的凸透镜，根据需要可推入或拉出。

此外，除了以上一些主要部件外，偏光显微镜还有一些其他附件，如用于定量分析的物台微尺、机械台和电动求积仪，用于晶体光性鉴定的石膏试板、云母试板、石英楔补色器等。

利用偏光显微镜的上述部件可以组合成单偏光、正交偏光、锥光等光学分析系统，用来鉴定晶体的光学性质。

1.2.2　反光显微镜

反光显微镜是金相显微镜与矿物显微镜的总称。利用金相显微镜可以对光片表面相的形貌、尺寸、颜色、分布进行观察。对于那些不透明晶体(指光片厚度在 0.03 mm 时不透明)来说，金相显微镜有效地填补了偏光显微镜在这方面的局限性。同时，金相显微分析法的光片制片简单，光片受浸蚀后晶体轮廓清晰，便于镜下定量测定，适宜于生产控制。金相显微镜的构造简单，操作方便，容易掌控。随着对反射光下晶体光学性质研究的深入，反射光下研究晶体的范围不断扩大，对晶体光学性质的研究逐步由定性研究发展到定量分析，金相显微镜在金属材料和无机非金属材料等领域得到了普遍的应用。

金相显微镜是在无机材料领域使用较多的反光显微镜，其型号很多，但基本构造和原理大致相同。反光显微镜除了拥有与偏光显微镜相似的镜座、镜臂、镜筒、目镜、物镜及物台等主要构造外，还拥有一个特殊的光学装置，即垂直照明器。金相显微镜中的垂直照明器一般安置在物镜和目镜之间的光路系统中，由反射器、前偏光镜、孔径光阑、视域光阑等部件组成，其作用是把从光源来的入射光通过物镜垂直投射到光片表面，再把光片表面反射回来的光投射到目镜焦平面内(图 1.6)。金相显微镜中的前偏光镜可使入射光线变为一个平面内振动的直线偏光；孔径光阑可用以控制入射光束直径的大小，提高图像的清晰度；视域光阑可用以控制视域大小，挡去有害的反射光射入视域。

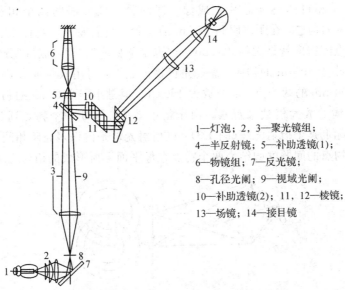

1—灯泡；2，3—聚光镜组；
4—半反射镜；5—补助透镜(1)；
6—物镜组；7—反光镜；
8—孔径光阑；9—视域光阑；
10—补助透镜(2)；11，12—棱镜；
13—场镜；14—接目镜

图 1.6　XJB-1 型金相显微镜工作原理图

　　在垂直照明器中，完成将入射光向上或向下反射的装置称为反射器，常用的反射器有玻片反射器和棱镜反射器两种。玻片反射器为一片以 45°角倾斜的透明玻璃片(图 1.7(a))。入射光在玻片上通过一次反射经物镜射到光片表面，其反射光经物镜再通过在玻片上的一次透射到达目镜。其光强损失大，视域亮度较弱，有害干扰光较多，但视域亮度均匀，分辨率高。棱镜反射器由直角三角棱镜组成(图 1.7(b))，它通过在棱镜上的一次反射使入射光照到光片表面，其一半反射光呈发散状态射向目镜，另一半光线则被棱镜挡住。棱镜反射器光线损失相对较少，视域明亮，有害的干扰反射光较少，但视域亮度不均匀。

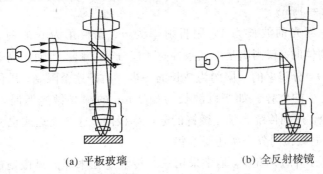

(a) 平板玻璃　　　　　　　(b) 全反射棱镜

图 1.7　平板玻璃和全反射棱镜垂直照明器光路示意图

1.2.3 光学显微镜的分辨率极限

显微分析的分辨率指仪器分辨两个物点的本领。仪器可分辨的最临近的两个物点间的距离或角度即为该仪器的分辨率极限。仪器能分辨两个物点间的距离或角度越小，则其分辨率越高。我们用肉眼观察或者用相机拍摄一个物体时，物体上的每一个细微的点都会在眼睛的视网膜或是相机的感光芯片上成像。视网膜上能分清的两个相邻像点的距离是 10 μm。结合眼球的构造，在距离眼睛 25 cm 的位置，我们能分辨物体上相距为 80 μm 的两个点，换算成点阵密度就是大约 320 ppi，这也是苹果所谓"视网膜屏"分辨率的来历。

如果要观察小于 80 μm 的物体，需要先将物体放大，再用眼睛或者相机观察。要区分物体上相距为 200 nm 的两个点，需要放大 400 倍。但是小于 200 nm 的物体则不能通过提高传统光学显微镜的放大倍数来观察。由于衍射效应，远处一个物点通过透镜等成像系统，所成的像实际上是个衍射光斑(图 1.8)，该衍射光斑是由许多亮暗相间的条纹构成。因此，分辨相邻两物点的问题就归结为两个物点在像平面上所形成的衍射光斑的分辨问题。

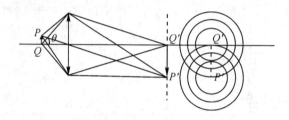

图 1.8　物点所成的衍射光斑示意图

德国物理学家阿贝(Ernt. Abbe)用衍射理论预言了分辨率极限的存在，瑞利(L.Rayleigh)则归纳了一个简单的分辨率表达式：

$$d_0 = \frac{1.22\lambda}{2n \cdot \sin\theta} \tag{1.4}$$

式中，λ 为入射光波长；n 为物镜的折射率；θ 为物镜的孔径角。孔径角又称"镜口角"，是物镜光轴上的物体点与物镜前透镜的有效直径所形成的角度。物镜直径越大，孔径角越大；物体点离前透镜越近，孔径角也越大。孔径角越大，进入物镜的光通量就越大。物镜的数值孔径 $N \cdot A = n\sin\theta$。

式(1.4)说明，当光的波长为 λ，用折射率为 n、孔径角为 θ 的镜头观察相距为 Δr ($\Delta r \geqslant d_0$)的两个物体时，仅当满足上式条件时才能分辨它们。当使用高数值孔径的镜头时 ($N \cdot A = 0.3 \sim 0.5$)，分辨率的上限约为波长的一半。由于这个限制，用传统光学显微镜不可能分辨比 $\lambda/2$ 更小的物体。如当以波长为 400 nm 的绿光做光源时，仅能分辨相距为 200 nm 的两个物点，达到传统光学显微镜的分辨率极限，这个表达式也称为瑞利判据。在实际应用中，光学显微镜的分辨率还要差些。

为了提高显微分析的分辨率，通常采用三个传统途径来提高显微镜的分辨率：一是选择更短的波长(如紫外光、X 射线、电子束等)；二是采用折射率很高的材料(如采用浸油显微镜)；三是增大显微镜的孔径角(如采用复合透镜以加大显微镜物镜的孔径角)。除了以电子束代替光束外，上述几种方法提高显微镜分辨率的程度有限，不可能突破 $\lambda/2$ 的分辨率极限，传统光学显微分析的分辨能力也不可能大幅提高。

1.2.4　光学显微分析技术的新进展

光的衍射理论是瑞利衍射极限的基础，若不满足光的衍射条件，则衍射极限就不成立，因此突破传统光学分辨率极限的关键是破坏光的衍射条件。光的衍射要满足两个衍射条件：第一，要求物体与像平面之间的距离远远大于光的波长即远场条件，如果离物体足够近，衍射极限便不遵循上述公式；第二，物体上相邻两物点同时发光，二者的衍射斑才会叠加在一起，导致难以区分，如果不同时发光，则可以精确地定位到每个衍射斑的中心点位置，也就不受分辨率极限的限制。人们分别围绕这两个条件进行突破传统光学显微镜分辨率极限的研究。

1. 近场光学显微镜

研究波长以内光传播特性的领域叫近场光学。近场光学显微镜是对传统远场光学显微镜的革命性发展。它由激光器和光纤探针构成的"局域光源"、带有超微动装置的"样品台"和由显微镜等构成的"光学放大系统"三部分组成。近场光学显微镜利用探针来照明样品和探测信号。近场光学探针的发展总是要获得尽可能高的空间分辨。近年来各国仍在不断研究、相继开发各种新型近场扫描光学显微技术，美国IBM公司开发的扫描干涉无孔显微镜获得了 0.8 nm 的光学分辨率。近场成像分辨率依赖于探针与样品间的距离，所以仅能进行表面成像，应用非常局限。

2. 超分辨荧光显微镜

荧光分子在吸收一个高能量的短波长(如蓝光，称为激发光)跃迁到高能态之后，很快会发射一个低能量的长波长(如绿光，称为发射光)光子回到基态能级。我们用蓝光照射样品上标记的荧光分子，接收其发射的绿光，就可以对物体进行成像。这样只有带有荧光分子的会被成像，其他部位都是暗的，图像对比度非常高，并且每个荧光分子的发光是完全独立的。

2014年诺贝尔化学奖颁给了美国霍华德·休斯医学研究所的 Eric Betzig、德国马普生物物理化学研究所的 Stefan Hell 以及美国斯坦福大学的 William Moerner，以表彰他们在"发展超分辨荧光显微镜"上的贡献。超分辨荧光显微技术突破了传统光学显微极限，其主要包含以下两个方面的技术：

1) 受激发射耗损显微镜(STED)

激发光周围套上一圈耗损光，使中心区域的荧光分子处于激发态发光，周围的分子处于耗损态不发光。这样可以使衍射斑变小，以此来区分两个相距在衍射极限以内的分子。这个方法由 Stefan Hell 在 1994 年发明。

2) 基于单分子定位的超分辨荧光显微镜

1989年，William Moerner 教授第一次在超低温下(4 K)观测到了单个分子的吸收光谱，这启发了科学家们研究出基于单分子定位的超分辨荧光显微镜，主要包括 Eric Betzig 的光激活定位超分辨显微镜(PALM)和华人科学家庄小威的随机光学重构显微镜

(STORM)。它们的共同特征是使样品中每次仅有少量随机、离散的单个荧光分子发光，通过拟合，找出每个荧光分子中心点的位置。重复拍摄多张图片之后，就可以把所有荧光分子的中心点位置叠加起来形成整幅图像。相比于 STED 技术，PALM/STORM 在实现上更简单且成本更低，多色 PALM 成像、三维 PALM 成像、活细胞 PALM 成像以及厚样本 PALM 成像相继诞生，并且在生物学研究中迅速普及开来。Betzig 开启了单分子超分辨成像的先河。

1.3　光学显微分析在材料研究中的应用

1.3.1　光学显微分析样品的制备

制作合格的显微分析光片是成功进行光学显微分析的前提。用于光学显微分析的光片样品应满足如下要求：显微分析光片能代表所要研究的对象，光片的检测面平整光滑，能显示所要研究对象的内部组织结构。光片的制作一般要经过取样、镶嵌、磨光、抛光以及浸蚀等步骤，每个操作步骤都包含许多技巧和经验，都必须严格、细心。任何阶段上的失误都可能导致制样的失败。

1. 取样

光片的取样部位应具有代表性，应包括所要研究的对象并满足研究的特定要求。譬如在研究玻璃液对耐火材料的浸蚀时，可以在耐火材料被浸蚀表面上取样分析其浸蚀产物，也可以在耐火材料横截面上取样分析其浸蚀深度。切取样品可用锯、车、刨、砂轮切割等方法，但要避免检测部位过热或变形而使样品组织发生变化。截取的样品应该有规则的外形、合适的大小，以便于握持、加工及保存。

2. 镶嵌

对一些形状特殊或尺寸细小而不易握持的样品，需进行样品镶嵌。常用的镶嵌法有机械夹持法、塑料镶嵌法和低熔点镶嵌法等。塑料镶嵌法包括热镶法和冷镶法两种，热镶法常用酚醛树脂(热固性塑料)或聚氯丙烯(热塑性塑料)做镶嵌材料，冷镶法一般使用环氧塑料做镶嵌材料。

3. 磨光

磨光的目的是去除取样时引入的样品表层损伤，获得平整光滑的样品表面。在砂轮或砂纸上磨光，每个磨粒均可看成是一把具有一定迎角的单面刨刀，其中迎角大于临界角的磨粒起切削作用，迎角小于临界角的磨粒只能压出磨痕，使样品表层产生塑性变形，形成样品表面的损伤层。磨光时除了要使表面光滑平整外，更重要的是应尽可能减少表层损伤，每一道磨光工序必须去除前一道工序造成的损伤层。磨光操作通常分为粗磨和细磨，磨制样品要充分冷却以免过热引起组织变化。样品可以先在砂轮机上粗磨，把样品修成需要的形状，并把检测面磨平，然后利用砂纸由粗到细进行细磨。每次细磨不仅要磨去上一道磨光工序的磨痕，还要去除上一道磨光工序造成的变形层。砂纸依次换细，逐步将样品磨光，且逐步减小变形层深度。金相砂纸所用的磨料有碳化硅和天然刚玉两种，其中碳化硅砂纸最适用于金相试样的磨光。

4. 抛光

抛光的目的是去除细磨痕以获得无瑕疵的镜面，并去除变形层，得以观察样品的显微组织。常用的方法有机械抛光、电解抛光和化学抛光等。机械抛光使用最广，它是用附着有抛光粉(粒度很小的磨料)的抛光织物在样品表面高速运动达到抛光的目的。机械抛光在抛光机上进行，抛光粉嵌在织物纤维上，通过抛光盘高速转动将样品表面上磨光时产生的磨痕及变形层除掉，使其成为光滑镜面。金相样品的抛光分粗抛和细抛两道操作，粗抛除去磨光时产生的变形层，细抛则除去粗抛产生的变形层，使抛光损伤减到最小。电解抛光和化学抛光则是一个化学的溶解过程，它们没有机械力的作用，不会产生表面变形层，不影响金相组织显示的真实性。电解或化学抛光时，粗糙样品表面的凸起处和凹陷处附近存在细小的曲率半径，导致该处的电势和化学势较高，在电解或化学抛光液的作用下优先溶解而达到表面平滑。电解抛光液包括一些稀酸、碱、乙醇等，而常用的化学抛光液通常是一些强氧化剂如硝酸、硫酸、铬酸及过氧化氢等。

5. 浸蚀

抛光后的样品表面是平整的镜面，在显微镜下看不到微观组织，只能看到孔洞、裂纹、非金属夹杂物等。必须采用恰当的浸蚀方法，使不同组织、不同位向晶粒以及晶粒内部与晶界处受到不同程度的浸蚀，形成差别，从而清晰地显示出材料的内部组织。浸蚀的另一个作用是去除抛光引起的变形层，防止可能因此出现的伪组织，确保显微组织的真实性。

样品的浸蚀处理方法包括化学浸蚀、电解浸蚀和一些物理蚀刻方法，如热蚀刻、等离子蚀刻等。化学浸蚀法是最常用的浸蚀方法。样品表面抛光后形成的非晶态变形层覆盖了表面显微结构中的裂隙及晶体边界空隙，使表面显微结构及不同晶体的界线不清。使用适当的浸蚀剂对样品进行浸蚀处理，除去表面非晶质变形层，使得晶体界线、解理及包裹物等结构较为清晰。浸蚀的另一作用是使样品表面的某些晶体着色，或产生带颜色的沉淀而易于分辨。金属、硅酸盐水泥熟料和陶瓷材料常用的一些浸蚀剂分别如表 1.1～表 1.3 所示。对于化学稳定性较高的合金，如不锈钢、耐热钢、高温合金、钛合金等，需要使用电解浸蚀法浸蚀样品才能显现出它们的真实组织。

表 1.1　金属常用浸蚀剂

浸蚀剂名称	成　分	适用范围
硝酸酒精溶液	硝酸 1～5 mL，酒精 100 mL	淬火马氏体、珠光体、铸铁等
苦味酸酒精溶液	苦味酸 4 g，酒精 100 mL	珠光体、马氏体、贝氏体、渗碳体等
盐酸、苦味酸酒精溶液	盐酸 5 mL，苦味酸 1 g，酒精 100 mL	回火马氏体及奥氏体晶粒
盐酸硝酸溶液	盐酸 10 mL，硝酸 3 mL，酒精 100 mL	高速钢回火后晶粒、氮化层
氯化高铁、盐酸水溶液	氯化高铁 5 g，盐酸 50 mL，水 100 mL	奥氏体不锈钢
氯化铁盐酸水溶液	氯化高铁 5 g，盐酸 15 mL，水 100 mL	纯铜、黄铜及其他铜合金
氢氧化钠水溶液	氢氧化钠 1 g，水 100 mL	铝及铝合金

表 1.2　硅酸盐水泥熟料浸蚀剂的浸蚀条件

浸蚀剂名称	浸蚀条件	显形的矿物特征
蒸馏水	20℃，2～3 s	游离氧化钙：呈彩虹色 黑色中间相：呈蓝色，棕色
1%氯化铵水溶液	20℃，3 s	A矿：呈蓝色，少数呈深棕色 B矿：呈浅棕色 游离氧化钙：呈彩色麻面
1%硝酸酒精	20℃，3 s	A矿：呈深棕色 B矿：呈黄褐色

表 1.3　陶瓷制品的浸蚀方法及试剂

类　别	浸蚀试剂	浸蚀条件
SiC	30 g NaF，60 g K_2CO_3	650℃，10～60 min
Al_2O_3	H_3PO_4	425℃或180～250℃在化学通风橱中浸蚀
	H_2SO_4	330℃，5 s～1 min，在化学通风橱中浸蚀
MgO	50 m $LHNO_3$，50 mL H_2O	20℃，1～5 min
SiO_2	HF	几秒
TiO_2	KOH	650℃，8 min
ZrO_2	HF	20℃，1～5 s

1.3.2　透射光显微分析在材料研究中的应用

透射光显微镜在新材料研究和工业生产等领域具有广泛的应用价值，而偏光显微镜则是用于晶体光学鉴定的最常用的一种透射光显微镜。

结晶相是材料的一个重要组成部分，大部分的无机材料都包含有各种晶相，这些晶相的种类、生长环境和形貌等性质对材料的结构及性能等具有重要影响。利用偏光显微镜可以对晶相的上述特征进行鉴定和分析。自然界的晶体种类繁杂，各种晶体都有其独特的光学特性，每一种晶体都有一定的生长习性、颜色、解理、折射率、双折射率，以及轴性、光性和延性等光学特性。利用偏光显微镜可以准确地测定各种晶体的光学性质，对晶体鉴定具有重要意义。同时，在单偏光下还可以直观地观察晶体的形状、尺寸、分布等形貌特征，这对分析它们的生长环境具有重要价值。

1. 单偏光显微分析在晶体研究中的应用

利用单偏光镜鉴定晶体光学性质时，仅使用偏光显微镜中的下偏光镜观察、测定晶体光学性质，而不使用锥光镜、上偏光镜和勃氏镜等光学部件。单偏光下观察的内容有晶体形态、晶体颗粒大小、百分含量、解理、突起、糙面、贝克线以及颜色和多色性等。

1）晶体形态

每一种晶体往往具有一定的结晶习性，构成一定的形态。晶体的形状、大小、完整程度常与形成条件及析晶顺序等密切关联。所以研究晶体的形态，不仅可以帮助我们鉴定晶体，还可以用来推测其形成条件。需要注意的是，在偏光显微镜中见到的晶体形态并不是整个立体形态，仅仅是晶体的某一切片，切片方向不同，晶体的形态可以完全不同。

在单偏光镜中还可见晶体的自形程度，即晶体边棱的规则程度。根据其不同的形貌特征可将晶体划分为下列几个类型：

（1）自形晶：光片中晶形完整，一般呈规则的多边形（图 1.9①），边棱全为直线。析晶早、结晶能力强，物理化学环境适宜于晶体生长时，便形成自形晶。

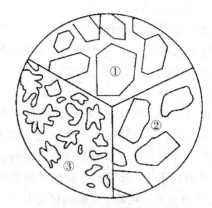

①自形晶；②半自形晶；③他形晶

图 1.9　自形晶、半自形晶和他形晶的晶体自形程度示意

（2）半自形晶：光片中晶形较完整，但比自形晶差（图 1.9②），部分晶棱为直线，部分为不规则的曲线。半自形晶往往是析晶较晚的晶体。

（3）他形晶：光片中晶形呈不规则的粒状，晶棱均为他形的曲线（图 1.9③）。他形晶是析晶最晚或温度下降较快时析出的晶体。

由于析晶时物质成分的黏度和杂质等因素的影响，还会形成一些畸形的晶体，这些晶体在光片中呈雪花状、树枝状、鳞片状和放射状等形态，这在玻璃结石中较为常见。此外，在镜下常能见到一个大晶体包裹着一些小晶体或其他物质，称之为包裹体。包裹体可以是气体、液体、其他晶体或同种晶体。从包裹体的成分和形态可以分析出晶体生长时的物理化学环境，这成为物相分析的一个重要依据。

2）晶体的解理及解理角

晶体沿着一定方向裂开成光滑平面的性质称为解理。裂开的面称为解理面。解理面一般平行于晶面。许多晶体具有解理，但解理的方向、组数（沿几个方向有解理）及完善程度不一样，所以解理是鉴定晶体的一个重要依据。解理具有方向性，它与晶面或晶轴有一定关系。

晶体的解理在光片中是一些平行或交叉的细缝（解理面与切面的交线），称为解理缝。根据解理发育的完善程度，可以将其划分为极完全解理（图 1.10①）、完全解理（图 1.10②）和不完全解理（图 1.10③）三类。有些晶体具有两组以上的解理，可以通过测定解理角来鉴定晶体。

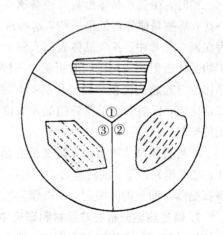

图 1.10　晶体的解理示意

3）颜色和多色性

光片中晶体的颜色，是晶体对白光中七色光波选择吸收的结果。光片中晶体颜色的深浅，称为颜色的浓度。颜色浓度除与该晶体的吸收能力有关外，还与光片的厚度有关，光片越厚吸收越多，则颜色越深。

均质体晶体是光学各向同性体，其光学性质各方向一致，故对不同振动方向的光波选择吸收也相同，所以，所有均质体晶体的颜色和浓度，不随光波的振动方向而发生变化。但部分非均质体晶体的颜色和浓度是随方向而改变的。在单偏光镜下旋转物台时，非均质体的颜色和颜色深浅要发生变化。这种由于光波和晶体中的振动方向不同，使晶体颜色发生改变的现象称为多色性；颜色深浅发生改变的现象称为吸收性。

4）贝克线、糙面、突起及闪突起

在光片中相邻两物质间，会因折射率不同而发生由折射、反射所引起的一些光学现象。在两个折射率不同的物质接触处，可以看到比较黑暗的边缘，称为晶体的轮廓。在轮廓附近可以看到一条比较明亮的细线，当升降镜筒时，亮线发生移动，这条较亮的细线称为贝克线。贝克线产生的原因主要是由于相邻两物质的折射率不等，光通过接触界面时，发生折射、反射所引起的。贝克线移动的规律是：提升镜筒，贝克线向折射率大的介质移动。根据贝克线移动规律，可以比较相邻两晶体折射率的相对大小。在观察贝克线时，适当缩小光圈，降低视域的亮度，使贝克线能清楚地看到。

在单偏光镜下观察晶体表面时，可发现某些晶体表面较为光滑，某些晶体表面显得粗糙，呈麻点状，好像粗糙皮革一样，这种现象称为糙面。糙面产生的原因是晶体光片表面具有一些显微状的凹凸不平，覆盖在矿物晶体之上的树胶，其折射率又与晶体折射率不同，光线通过二者的接触面时，发生折射甚至全反射作用，致使光片中晶体表面的光线集散不一，从而显得明暗程度不同，给人以粗糙的感觉。

同时，在观察晶体形貌时还会感觉到不同晶体表面好像高低不平，某些晶体显得高凸一些，某些晶体显得低平一些，这种现象称为突起。突起仅仅是人们视力的一种感觉，因为在同一光片中，各个晶体表面实际上是在同一水平面上，这种视觉上的突起主要是由于矿物晶体折射率与周围树胶折射率不同而引起的。晶体折射率与树胶折射率相差越大，则晶体的突起越高。在晶体光片制备时使用的树胶折射率等于1.54，折射率大于树胶的晶体属正突起，折射率小于树胶的晶体属负突起，在晶体光学鉴定时可利用贝克线区分晶体的正负突起。

非均质体晶体的折射率随光波在晶体中的振动方向不同而有差异。双折射率很大的晶体，在单偏光镜下，旋转物台，突起高低发生明显的变化，这种现象称为闪突起。例如，方解石晶体有明显的闪突起，可以作为鉴定晶体的一个重要特征。

2. 偏光显微分析在非晶材料研究中的应用

在玻璃材料的研究和生产中，偏光显微镜也得到了较为广泛的应用。玻璃是一种非晶态固体，在正交偏光镜下呈全消光，但制备玻璃所用原料大都是晶态原料，同时在玻璃制备过程中往往会出现少量结石、气泡、条纹等缺陷，这些缺陷一直是玻璃制品研究和生产中必须解决的问题。玻璃结石实际上是一种晶态物质，源于玻璃中的未熔物、析晶以及熔制过程中耐火材料浸蚀等原因。不同来源的结石在偏光显微镜下往往有不同的形貌特征，如源于未熔原料的方石英呈骨架状，往往与鳞石英和残余石英伴生；如图 1.11(a)所示，由于玻璃析晶形成的骨架状方石英均匀分布在玻璃相中；如图 1.11(b)所示，源于耐火材料浸蚀的方石英则呈蜂窝状。利用偏光显微镜就可以方便地鉴定玻璃结石的种类和原因，为玻璃制品的质量控制提供手段。

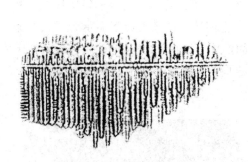
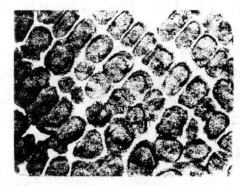

(a) 骨架状　　　　　　　　　　　　　　(b) 蜂窝状

图 1.11　玻璃结石中的骨架状和蜂窝状方石英偏光显微照片

在陶瓷材料研究中，人们将光学显微分析法引入到陶瓷研究中，形成了陶瓷岩相分析。陶瓷岩相研究是研究陶瓷的种类、自形程度、形状、大小、数量和空间分布及相互关系等。在陶瓷岩相的研究中，我国科学家提出了"陶瓷显微结构"这一术语，其内容主要是指在显微镜下观察陶瓷中不同相的存在和分布，晶粒的大小、形状和取向，气孔的形状和位置，各种杂质、缺陷和微裂纹的存在形式和分布以及晶界特征等。利用显微镜研究陶瓷材料可以帮助我们判断陶瓷的性能和质量，监控陶瓷制品生产过程，以提高产品质量。

在耐火材料研究和生产过程中，偏光显微镜可用来研究耐火材料的显微结构与生产工艺条件、耐火材料性能等之间的关系。它在耐火材料生产、改善耐火材料性能、开发新产品等方面具有独到之处。

光学显微分析法在高分子材料科学方面也有应用。当高聚物溶液或熔融态在通常条件下析晶时，可以生成单晶、树枝晶、球晶等，例如，从高聚物浓溶液或熔融体中冷却结晶时，高聚物倾向生成球晶结构，球晶的直径可达几十微米、几百微米，可以在光学显微镜中直接观察。

1.3.3　反光显微镜在材料科学中的应用

反光显微镜也是材料科学研究的一种重要手段，在金属材料、无机非金属材料研究和生产中有着广泛的应用。

1. 金相显微分析

我们利用光学显微镜观察金属材料的内部组织，即金相组织结构，研究金属的宏观性能与金相组织形态的密切关系，金相显微镜成为金相研究的主要工具。利用它可以观察金属的微观组织结构，检验金属产品的冶炼和轧制质量，观察夹杂物质量。利用高温金相显微镜还可以帮助人们研究金属组织转变的规律，跟踪转变过程，连续观察金属或合金在一定温度范围内的组织转变等。图 1.12 为碳钢的几种基本组织的金相显微照片实例。铁素体是碳溶于 $\alpha-Fe$ 的固溶体，如图 1.12(a)所示，在金相显微镜下，铁素体呈白亮色多边形，也可呈块状、月牙状、网络状等。渗碳体(Fe_3C)是铁碳化合物，浸蚀后在显微镜下呈白色的片状、针状、粒状、网络状、半网络状等，图 1.12(b)中的白色骨骼状组织为共晶渗碳体。珠光体是铁素体和渗碳体的机械混合物，图 1.12(c)所示为片状珠光体的组织形貌，由于试样在浸蚀时铁素体与渗碳体的晶界受到腐蚀而产生凹坑，在显微镜下显示为黑色线条，因而呈现层状。马氏体是碳溶于 $\alpha-Fe$ 的过饱和固溶体，图 1.12(d)是低碳的板条状马氏体的金相显微组织，大致相同的黑色的细马氏体条定向平行排列，组成马氏体束，在马氏体束与束之间存在一定的位相。

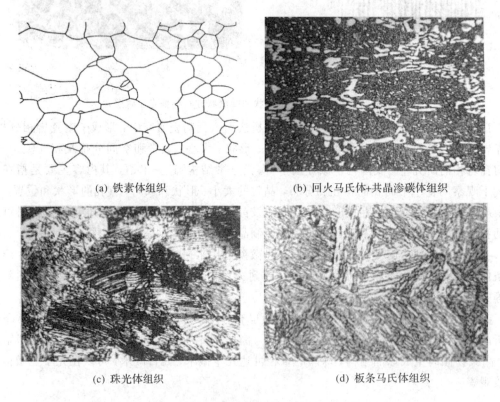

(a) 铁素体组织   (b) 回火马氏体+共晶渗碳体组织

(c) 珠光体组织   (d) 板条马氏体组织

图 1.12   金相显微镜下碳钢的基本组织形貌照片

2. 水泥显微结构分析

在水泥工业生产中，利用显微光学分析的方法可以对水泥熟料和原料进行鉴定分析，研究水泥熟料中的矿物组成和显微结构，了解熟料形成过程和水化机理，帮助解决生产过程中可能出现的各种问题。水泥熟料矿物晶体细小，一般仅几十个微米，在偏光显微镜下鉴定晶体光学性质有一定困难。经过适当浸蚀处理的熟料光片（表 1.2），可在反光显微镜下观察到轮廓清晰的晶体，并加以区分和分析。如经过 1‰NH₄Cl 水溶液浸蚀处理的水泥熟料，其主要晶相硅酸三钙固溶体(A 矿)呈蓝色的六角板状、柱状结构(图 1.13(a))，而硅酸二钙(B 矿)则呈棕黄色的圆粒状结构(图 1.13(b))。经蒸馏水浸蚀的水泥熟料中的游离氧化钙呈彩虹色。不同的熟料形成环境下得到的矿物形貌特征各不相同，因此可以用来研究水泥熟料形成机理。

(a) A矿

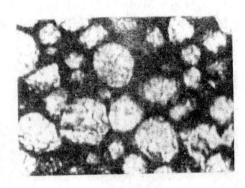

(b) B矿

图 1.13　正常水泥熟料的 A 矿和 B 矿组织形貌照片

习　　题

1.1　简述分辨率的定义并阐述如何提高光学显微分析的分辨率。

1.2　阐述金相光学显微镜分析用样品的制备方法。

1.3　表 1.4 是电磁波谱的主要参数，列式计算完成下列表格：

表 1.4　电磁波谱的主要参数

波谱区域	波长范围	波数/cm⁻¹	频率/MHz	光子能量/eV
γ 射线	0.5～140 pm		$6 \times 10^{14} \sim 2 \times 10^{12}$	$2.5 \times 10^{6} \sim 8.3 \times 10^{3}$
X 射线	$10^{-3} \sim 10$ nm			
紫外光			$3 \times 10^{10} \sim 7.5 \times 10^{8}$	
可见光	400～750 nm			
近外光				$1.7 \sim 4 \times 10^{-4}$
微波				$4 \times 10^{-4} \sim 4 \times 10^{-7}$
射频	1～1000 m			

1.4 传统光学显微分析的分辨率极限是多少？为什么？

1.5 如何分析判断视野中的污物点是在光片上还是目镜上？

1.6 使用显微镜观察标本，为什么一定要按从低倍镜到高倍镜再到油镜的顺序进行？

1.7 为什么光学显微镜的分辨率和目镜的放大倍数无关？

1.8 光学显微镜的放大倍数由什么决定？

1.9 为什么显微镜的 100 倍物镜要用油镜？

1.10 在单偏光镜中晶体的形貌有哪几种类型？各有什么特点？

第 *2* 章　X 射线衍射分析法

　　1895 年，著名的德国物理学家伦琴(W.C.Röntgen)发现了 X 射线。X 射线是一种波长为 $10^{-2} \sim 10^{2}$ Å 的电磁波，介于紫外线和 γ 射线之间。X 射线与其他电磁波一样，具有波粒二象性，可看作具有一定能量 E、动量 P、质量 m 的 X 光子流。1912 年，德国物理学家劳厄(von Laue)等发现了 X 射线在晶体中的衍射现象，确证了 X 射线是一种电磁波。同年，英国物理学家布拉格父子(W.H.Braag 和 V.L.Braag)利用 X 射线衍射测定了 NaCl 晶体的结构，从此开创了 X 射线晶体结构分析的历史。

　　本章主要介绍 X 射线的产生、X 射线粉末衍射法原理、X 射线衍射物相定性分析过程。

2.1　X 射线及 X 射线谱

2.1.1　X 射线的产生

　　凡是高速运动的电子流或其他高能辐射流(如 γ 射线、X 射线、中子流等)被突然减速时均能产生 X 射线，原子的内层电子跃迁也会产生 X 射线。

　　实验室中所用的 X 射线通常是由 X 射线管产生。X 射线管实质上就是一个真空二极管，其结构主要由产生电子并将电子束聚焦的电子枪(阴极)和发射 X 射线的金属靶(阳极)两部分组成。电子枪的灯丝用钨丝烧成螺旋状，通以电流后，钨丝发热释放自由电子。阳极靶通常由传热性能好、熔点高的金属材料(如铜、钴、镍、铁、钼等)制成。整个 X 射线管处于真空状态。当阴极和阳极之间加以数万伏的高电压时，阴极灯丝产生的电子在电场的作用下被加速并高速射向阳极靶，高速电子与阳极靶的碰撞使阳极靶产生 X 射线，这些 X 射线通过用金属铍(厚度约为 0.2 mm)制成的窗口射出，即可提供给实验所用。

　　产生 X 射线的另一种方法是同步辐射，高速运动的电子会辐射电磁波。在电子同步加速器中，将电子加速到数千兆电子伏特，并使其在电子储存环的强大磁场偏转力的作用下做圆周运动，在圆周的切线方向产生包括从红外至 X 射线各个频段的辐射，这种辐射简称为同步辐射，这种辐射也包括了波长为 0.1～400 Å 的连续 X 射线。

2.1.2　X 射线谱

　　由常规 X 射线管发出的 X 射线束并不是单一波长的辐射。用适当的方法将辐射展谱，可得到如图 2.1 所示的 X 射线随波长而变化的关系曲线，称为 X 射线谱。实质上，这种 X 射线谱由两部分叠加而成，即强度随波长连续变化的连续谱和波长一定、强度很大的特征谱叠加而成。特征谱只有当管电压超过一定值 V_k（激发电压）时才会产生，而且，这种特征谱与 X 射线管的工作条件无关，只取决于光管阳极靶的材料，不同的阳极靶材料具有其特定的特征谱线，因此，将此特征谱称之为标识谱，即可以来标识物质元素。通常情况下，由 X 射线管产生的 X 射线包含各种连续的波长，构成连续谱。从图 2.1 可知，X 射线连续谱的强度随着 X 射线管的管电压增加而增大，而最大强度所对应的波长变小，最短波长界线 λ_0 减小。

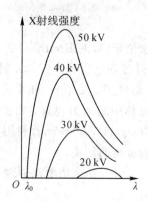

图 2.1 不同管电压下金属 W 的连续 X 射线谱

特征 X 射线为一线性光谱，由若干互相分离且具有特定波长的谱线组成，其强度大大超过连续谱线的强度并可叠加于连续谱线之上。这些谱线不随 X 射线管的工作条件而变，只取决于阳极靶物质。图 2.2 给出了金属 Mo 靶在 35 kV 下的 X 射线谱。

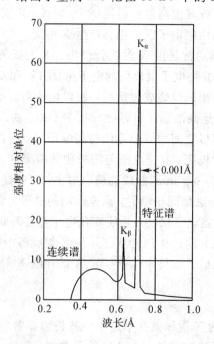

图 2.2 Mo 靶 X 光管产生的 X 光强度（39 kV）

根据原子结构壳层理论，原子核周围的电子分布在若干壳层中，处于每一壳层的电子有其自身特定的能量。按光谱学的分类，将壳层由内至外分别命名为 K、L、M、N…壳层，相应的主量子数为 $n=1$，2，3，4…。每个壳层中最多能容纳 $2n^2$ 个电子，其中处于 K 层中的电子能量为最低，L 壳层次之，依次能量递增，构成一系列能级。

通常情况下，电子总是首先占满能量最低的壳层，如 K、L 层等。在具有足够高能量的高速电子撞击阳极靶时，会将阳极靶物质中原子 K 层电子撞出，在 K 壳层中形成空位，原子系统能量升高，使体系处于不稳定的激发态，按能量最低原理，L、M、N…层中的电子会跃迁入 K 层的空位，为保持体系能量平衡，在跃迁的同时，这些电子会将多余的能量以 X 射线光量子的形式释放。

对于从 L、M、N…壳层中的电子跃入 K 壳层空位时所释放的 X 射线，分别称之为 K_α、K_β、K_γ…谱线，共同构成 K 标识 X 射线。类似 K 壳层电子被激发，L 壳层、M 壳层…电子被激发时，也会产生 L 系、M 系…标识 X 射线，而 K 系、L 系、M 系…标识 X 射线共同构成了原子的特征 X 射线。由于一般 L 系、M 系标识 X 射线波长较长，强度很弱，因此在衍射分析工作中，主要使用 K 系特征 X 射线。表 2.1 给出了 X 射线分析常用阳极材料的 K 系特征谱线。

表 2.1　X 射线分析常用阳极材料 K 系特征谱线

阳极元素	$K_{\alpha 1}$ 波长 /Å	$K_{\alpha 2}$ 波长 /Å	相对强度	K_α 波长 /Å*(2)	K_β 波长 /Å*(2)	相对强度(1)	K 吸收限 /Å	K 线系的中肯电压 /kV
24Cr	2.289 70	2.293 606	51	2.291 002	2.084 87	21	2.070 20	6.0
25Mn	2.1018 20	2.105 78	55	2.103 14	1.910 21	22	1.896 43	6.5
26Fe	1.936 042	1.939 980	49	1.937 355	1.756 61	18	1.743 46	7.5
27Co	1.788 965	1.792 850	53	1.790 260	1.620 79	19	1.608 15	7.7
28Ni	1.657 910	1.661 747	48	1.659 189	1.500 135	17	1.488 07	8.3
29Cu	1.540 562	1.544 390	46	1.541 838	1.392 218	16	1.380 59	8.9
42Mo	0.709 300	0.713 590	51	0.710 73	0.632 288	23	0.619 78	20.0
47Ag	0.559 407 5	0.563 798	52	0.560 871	0.497 069	24	0.485 89	25.5

注：(1) 以 $K_{\alpha 1}$ 线的强度作 100 求得的强度。

(2) 1967 年后公认 $\lambda(W_{K\alpha 1})=0.209\ 010\ 0\pm5\times10^{-6}$ Å，并被作为标准采用；本表的波长值都是以此为标准并令 $\lambda(W_{K\alpha 1})=0.209\ 010\ 0$Å* 求得的，故波长都以 Å* 为单位。1973 年国际科协科技数据委员会的正式公式比值 $\lambda(Å)/\lambda(Å*)=1.000\ 020\ 5\pm5.6\times10^{-6}$，故若以 Å 为单位表示波长，则表中各波长值都要乘以 1.000 020 5。

2.2　X 射线衍射原理

当一束 X 射线投射到某一晶体时，在晶体背后置一照相底片，会发现在底片上存在有规律分布的斑点,如图 2.3 所示。X 射线作为电磁波投射到晶体中时,会受到晶体中原子的散射,而散射波就好像是从原子中心发出,每一个原子中心发出的散射波又好比一个源球面波。由于原子在晶体中是周期排列,这些散射球面波之间存在着固定的位相关系,它们之间会在空间产生干涉,结果导致在某些散射方向的球面波相互加强,而在某些方向上相互抵消,从而也就出现如图 2.3 所示的衍射现象,即在偏离原入射线方向上,只有在特定的方向上出现散射线加强而存在衍射斑点,其余方向则无衍射斑点。

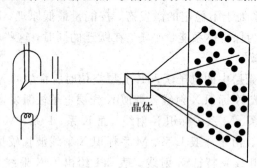

图 2.3 X 射线穿过晶体产生衍射示意图

2.2.1 劳厄方程

波长为 λ 的一束 X 射线,以入射角 α 投射到晶体中原子间距为 a 的原子列上(图 2.4)。假设入射线和衍射线均为平面波,且晶胞中只有一个原子,原子的尺寸忽略不计,原子中各电子产生的相干散射由原子中心点发出,那么由图 2.4 可知,相邻两原子的散射线光程差为

$$\delta = OQ - PR = OR(\cos\alpha' - \cos\alpha) \tag{2.1}$$

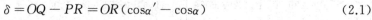
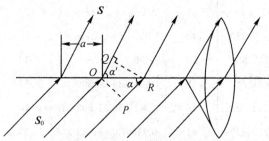

图 2.4 一维原子列的衍射示意图

若各原子的散射波互相干涉加强,形成衍射,则光程差 δ 必须等于入射 X 射线波长 λ 的整数倍,即

$$\delta = n\lambda \quad \text{或} \quad a(\cos\alpha' - \cos\alpha) = n\lambda \tag{2.2}$$

式中,n 为整数($0, \pm 1, \pm 2, \pm 3 \cdots$),称为衍射级数。

当入射 X 射线的方向 S_0 确定后,α 也就随之确定,那么,决定各级衍射方向 α' 角可由式(2.3)求得

$$\cos\alpha' = \cos\alpha + \frac{n\lambda}{a} \tag{2.3}$$

由于只要 α' 角满足式(2.3)就能产生衍射,因此,衍射线将分布在以原子列为轴,以 α'

角为半顶角的一系列圆锥面上，每一个 n 值对应于一个圆锥。

在三维空间中，设入射 X 射线单位矢量 $\boldsymbol{S}_0$ 与三个晶轴 a、b、c 的交角分别为 α、β、γ。若产生衍射，则衍射方向的单位矢量 $\boldsymbol{S}$ 与三个晶轴的交角 α'、β'、γ' 必须满足

$$\begin{cases} a(\cos\alpha' - \cos\alpha) = H\lambda \\ b(\cos\beta' - \cos\beta) = K\lambda \\ c(\cos\gamma' - \cos\gamma) = L\lambda \end{cases} \tag{2.4}$$

式中：H、K、L 均为整数；a、b、c 分别为三个晶轴方向的晶体点阵常数。

式（2.4）由劳厄在 1912 年提出，称为劳厄方程，是确定衍射线方向的基本方程。由于 $\boldsymbol{S}$ 与三晶轴的交角具有一定的相互约束，因此，α'、β'、γ' 不是完全相互独立的。对于立方晶系，α'、β'、γ' 则有如下关系：

$$\cos^2\alpha' + \cos^2\beta' + \cos^2\gamma' = 1 \tag{2.5}$$

因此，对于给定一组 H、K、L，方程组（2.4）和方程（2.5）将决定三个变量 α'、β'、γ'。只有选择适当的入射线波长 λ 或选取适当的入射方向 $\boldsymbol{S}_0$，才能使方程组（2.4）和方程（2.5）有确定的解。

2.2.2　布拉格方程

如图 2.5 所示，面网 1、2、3 代表晶面符号为 hkl 的一组平行面网，面网间距为 d。入射 X 射线 $\boldsymbol{S}_0$（波长为 λ）沿着与面网成 θ 角（掠射角）的方向射入，与 $\boldsymbol{S}_1$ 方向上的散射线满足"光学镜面反射"条件（散射线、入射线与原子面法线共面）时，各原子的散射波将具有相同的位相，干涉结果产生加强，同一晶面相邻两原子和的散射波光程差为零，相邻面网相邻原子 A 和 B 的"反射线"光程差 δ 为入射波长 λ 的整数倍，过 A 点分别做 $\boldsymbol{S}_0$ 和 $\boldsymbol{S}_1$ 的垂线，交点为 D 和 F，则

$$\delta = DB + BF = d\sin\theta + d\sin\theta = n\lambda$$

即

$$2d\sin\theta = n\lambda \tag{2.6}$$

式（2.6）即为著名的布拉格方程。布拉格方程是 X 射线晶体学中最基本的公式之一，它与光学反射定律加在一起，称之为布拉格定律，或 X 射线"反射"定律。式中 n 为整数；θ 角称为布拉格角或掠射角，又称半衍射角，而一般实验中所测得的 2θ 角则称为衍射角。X 射线在晶体中产生衍射，其入射角 θ、晶面间距 d 及入射线波长 λ 必须满足布拉格方程。

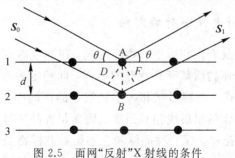

图 2.5　面网"反射"X 射线的条件

布拉格方程中的整数 n 称为衍射级数。当 $n=1$ 时，相邻两晶面的"反射线"的光程差为 1 个波长，称为 1 级衍射；$n=2$ 时，相邻两晶面的"反射线"的光程差为 2λ，产生 2 级衍射……相邻两晶面的"反射线"光程差为 $n\lambda$ 时，产生 n 级衍射，对于整数 n，受到 $\sin\theta \leqslant 1$ 的限制，即

$$n \leqslant \frac{2d}{\lambda} \tag{2.7}$$

由此可见，当 X 射线的波长 λ 和衍射面的 d 选定后，晶体可能的衍射级数 n 也就被确定。一组晶面只能在有限的几个方向"反射"X 射线，而且晶体中能产生衍射的晶面数也是有限的。

在常规的衍射工作中，往往将晶面族 (hkl) 的 n 级衍射作为假想晶面族 (nh, nk, nl) 的一级衍射来考虑，那么，布拉格方程可改写为

$$2\left(\frac{d_{hkl}}{n}\right)\sin\theta = \lambda \tag{2.8}$$

根据晶面指数的定义，指数为 (nh, nk, nl) 的晶面是与 (hkl) 面平行且面间距为 d_{hkl}/n 的晶面族，故布拉格方程又可写作

$$\frac{2d_{nh, nk, nl}}{n}\sin\theta = \lambda \tag{2.9a}$$

指数 (nh, nk, nl) 称为衍射指标，可用 HKL 来表示，所以应用衍射指标，布拉格方程可简化为

$$2d\sin\theta = \lambda \tag{2.9b}$$

X 射线在晶面上的所谓"反射"，实质上是所有受 X 射线照射原子（包括表面和晶体内部）的散射线干涉加强而形成，只有在满足布拉格方程的某些特殊角度下才能"反射"，是一种有选择的反射。

对于一定面间距 d 的晶面，由于 $\sin\theta \leqslant 1$，因此，只有当 $\lambda \leqslant 2d$ 时才能产生衍射。但是，$\lambda/2d \leqslant 1$ 时，由于 θ 太小而不易观察或探测到衍射信号，所以，实际衍射分析用的 X 射线波长与晶体的晶格常数较为接近。

2.3 X 射线粉末衍射物相定性分析

2.3.1 X 射线衍射物相定性分析的判据

物相定性分析的目的是判定物质中的物相组成，即确定物质中所包含的结晶物质以何种结晶状态存在。每种晶体物质都有其特有的结构，即特定的晶胞形状和大小，晶胞内原子的种类、数目及排列方式。晶胞形状和大小决定了晶面间距，晶胞内原子的种类、数目及排列方式决定了不同晶面的衍射线相对强度。因而每种晶体都具有各自特有的晶面间距和相对衍射强度，即衍射花样。每一种晶体和它的衍射花样都是一一对应的。当物质中包含有两种或两种以上的晶体物质时，它们的衍射花样也不会相互干涉。根据这些表征各自

晶体的衍射花样就能确定物质中的晶体。进行物相定性分析时，一般采用粉末衍射法测定所含晶体的衍射角，根据布拉格方程获得晶面间距 d，再估计出各衍射线的相对强度，最后与标准衍射花样进行比较鉴别。

2.3.2　X 射线粉末衍射法

为了测得有用的衍射实验数据来进行晶体的组织结构研究，发展了许多衍射实验方法，最基本的衍射实验方法有：粉末法、劳厄法和转晶法三种。由于粉末法在晶体学研究中应用最广泛，而且实验方法及样品制备简单，所以在科学研究和实际生产工作中的应用不可缺少。

X 射线衍射仪是采用衍射光子探测器和测角仪来记录衍射线位置及强度的分析仪器，其通过一系列的技术处理能准确地测量衍射线强度和线形。自 20 世纪 50 年代开始发展起来的此项技术到目前已日臻成熟，并广泛地应用于科学研究和工业生产控制。衍射仪的分析用途有多种形式，如测定多晶粉末试样的粉末衍射仪、测定单晶结构的四圆衍射仪、用于特殊用途的微区衍射仪和表层衍射仪等，其中粉末衍射仪应用最为广泛，由于其检测快速、操作简单、数据处理方便，已逐步取代粉末照相法成为物相分析的通用测试仪器。

常用粉末衍射仪主要由 X 射线发生系统、测角及探测控制系统、记录和数据处理系统三大部分组成。粉末衍射仪的核心部件是测角仪，其结构如图 2.6 所示。测角仪由两个同轴转盘构成，小转盘(试样台)中心装有样品支架，大转盘支架(摇臂)上装有辐射探测器及前段接收狭缝，K 为测角仪圆，目前常用的辐射探测器有正比计数器和闪烁探测器两种。X 射线源固定在仪器支架上，它与接收狭缝均位于以 O 为圆心的圆周上，此圆称为衍射仪圆，一般半径是 185 mm。当试样围绕轴 O 转动时，接收狭缝和探测器则以试样转动速度的两倍绕 O 轴转动，转动角可由转动角度读数器或控制仪上读出，这种衍射光学的几何布置被称为 Bragg - Brentano 光路布置，简称 B - B 光路布置。

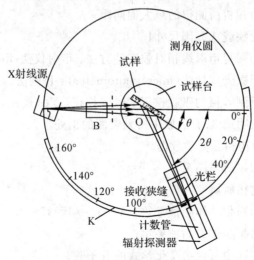

图 2.6　测角仪构造示意图

2.3.3　PDF 卡片

为了获取这些公认的标准衍射花样，早在 1938 年，哈那瓦尔特(J.D.Hanawalt)等研究者就开始收集并摄取各种已知物质的衍射花样，并将这些衍射数据进行科学分析，分类整理。1942 年，美国材料实验协会(ASTM.The American Society for Testing Materials)整理出版了最早的一套晶体物质衍射数据标准卡，共计 1300 张，称之为 ASTM 卡。随着工作的深入开展，这种 ASTM 卡片逐年增加，应用越来越广泛。1969 年，由美国材料实验协会与英国、法国、加拿大等国家的有关组织联合组建了名为"粉末衍射标准联合委员会(The Joint Committee on Powder Diffraction Standards)"，简称 JCPDS 的国际组织，专门负责收集、校订各种物质的衍射数据，并将这些数据统一分类和编号，编制成卡片出版。这些卡片，即被称为 PDF 卡(The Power Diffraction File)，有时也称其为 JCPDS 卡片。目前，这些 PDF 卡已有几万张之多，而且，为便于查找，还出版了集中检索手册。

卡片共有十个区域，分别作如下说明。

(1) $1a$，$1b$，$1c$ 区域为从衍射图的透射区($2\theta<90°$)中选出的三条最强线的面间距。$1d$ 为衍射图中出现的最大面间距。

(2) $2a$，$2b$，$2c$，$2d$ 区间中所列的是 1 区域中四条衍射线的相对强度。最强线为 100，但当最强线的强度比其余线强度高很多时，也会将最强线强度定为大于 100。

(3) 第三区间列出了所获实验数据时的实验条件。

Rad.	所用 X 射线的种类($Cu K_\alpha$，$Fe K_\alpha$…)；
λ_0	X 射线的波长(Å)；
Filter.	为滤波片物质名。当用单色器时，注明"Mono"；
Dia.	照相机镜头直径，当相机为非圆筒形时，注明相机名称；
Cut off.	为相机所测得的最大面间距；
Coll.	为狭缝或光阑尺寸；
I/I_1	为测得衍射线相对强度的方法、衍射仪法(diffractometer)、测微光度计法(microphotometer)、目测法(visual)；
Dcorr.abs	所测 d 值的吸收校正(No 未校正，Yes 校正)；
Ref.	说明第 3、9 区域中所列资源的出处。

(4) 第 4 区间为被测物相晶体学数据。

Sys.	物相所属晶系；
S·G.	物相所属空间群；
a_0，b_0，c_0	为物相晶体晶格常数，$A=a_0/b_0$ 和 $C=c_0/b_0$ 为轴率比；
α，β，γ	物相晶体的晶轴夹角；
Z	晶胞中所含物质化学式的分子数；
Ref.	为第四区域数据的出处。

（5）第五区间是该物相晶体的光学及其他物理常量。

ε_a，$n\omega\beta$，ε_γ	晶体折射率；
Sign.	晶体光性正负；
2V	晶体光轴夹角；
D	物相密度；
Mp	物相的熔点；
Color	物相的颜色，有时还会给出光泽及硬度；
Ref	第 5 区间数据的出处。

（6）第 6 区间为物相的其他资料和数据。包括试样来源、化学分析数据、升华点（S-P）、分解温度（D-T）、转变点（T-P）、处理条件以及获得衍射数据时的温度等。

（7）第 7 区间是该物相的化学式及英文名称。

有时在化学式后附有阿拉伯数字及英文大写字母，其阿拉伯数字表示该物相晶胞中原子数，而大写英文字母则代表 14 种布拉维点阵：C 为简单立方；B 为体心立方；F 为面心立方；T 为简单立方；U 为体心四方；R 为简单三方；H 为简单六方；O 为简单正交；P 为体心正交；Q 为底心正交；S 为面心正交；M 为简单单斜；N 为底心单斜；E 为简单正斜。

（8）第 8 区为该物相矿物学名称或俗称。

某些有机物还在名称上方列出了其结构式或"点"式（"dot"formula），而名称上有圆括号则表示该物相为人工合成。此外，在第 8 区还会有下列标记：☆表示该卡片所列数据高度可靠；○表示数据可靠程度较低；I 表示已作强度估计并指标化，但数据不如☆号可靠；C 表示所列数据是从已知的晶胞参数计算而得到；无标记卡片则表示数据可靠性一般。

（9）第 9 区间是该物相所对应晶体晶面间距 $d(\text{Å})$；相对强度 I/I_1 及衍射指标 hkl。

在该区间，有时会出现下列意义的字母：

b 为宽线或漫散线；d 为双线；n 为并非所有资料来源中均有；nc 为与晶胞参数不符；np 为给出的空间群所不允许的指数；ni 为用给出的晶胞参数不能指标化的线；β 为因 β 线存在或重叠而使强度不可靠的线；tr 为痕迹线；t 为可能有另外的指数。

（10）第 10 区为卡片编号。

若某一物相需两张卡片才能列出所有数据，则在两张卡片的序号后加字母 A 标记。

2.3.4　X 射线衍射物相定性分析过程

1. 样品制备

被测试样制备良好，才能获得正确良好的衍射信息。对于粉末样品，通常要求其颗粒平均粒径控制在 5 μm 左右，亦即通过 320 目的筛子，而且在加工过程中，应防止由于外加物理或化学因素而影响试样原有的性质。目前，实验室衍射仪常用的粉末样品形状为平板形，其支承粉末样品的支架有两种，即透过试样板和不透过试样板。两种试样板在压制试样时，都必须注意不能造成样品表面区域产生择优取向，以防止衍射线相对强度的变化而造成误差。

2. 用粉末衍射仪法获取被测试样物相的衍射图样

如图 2.7 所示为典型的 XPD 衍射图样，纵坐标为强度（任意单位 a. U），横坐标为衍

射角 2θ（单位为 Degree）。

3. 分析计算获得各衍射线条的 2θ、d 及相对强度大小 I/I_1

通过对所获衍射图样的分析和计算，获得各衍射线条的 2θ、d 及相对强度大小 I/I_1。在这几个数据中，要求对 2θ 和 d 值进行高精度的测量计算，而 I/I_1 相对精度要求不高。目前，一般的衍射仪均由计算机直接给出所测物相衍射线条的 d 值。

在一般情况下，可以用峰高法比较同一试样中各衍射线的强度。峰高法就是以衍射线的峰高来表示该线的强度。

衍射线峰位 2θ 的确定是晶体点阵参数、宏观应力测定、相分析等工作的关键。峰位确定方法常用图形法，如图 2.7 所示。

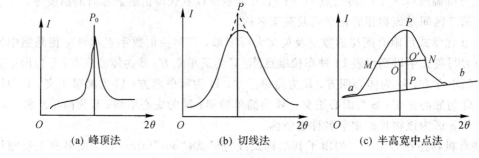

| (a) 峰顶法 | (b) 切线法 | (c) 半高宽中点法 |

图 2.7　衍射线峰位确定示意图

图形法中根据对图形处理采用的方法不同，分为下列几种常用确定峰位的方法：

1）**峰顶法**

图 2.7(a)中以衍射线的强度最大值所对应的 2θ 角位置为此峰峰位。此法通常适用于峰形较尖锐的情况。

2）**切线法**

图 2.7(b)中将衍射峰两侧的直线部分延长相交，过交点作背底线垂线，垂足所对应的衍射角 2θ 为该峰的峰位。

3）**半高宽中点法**

如图 2.7(c)所示作出衍射峰背底线 a 和 b，过强度极大值 P 点作 ab 垂线 PP'，选定 PP' 中点 O'，过 O' 作 ab 平行线 MN，那么 MN 中点 O 所对应的 2θ 即为此衍射峰位置。

4. 利用计算机检索物相 PDF 卡片号

从目前所应用的粉末衍射仪看，绝大部分仪器均是由计算机进行自动物相检索过程，但其结果必须结合专业人员的丰富专业知识，判断物相，给出正确的结论。常用的计算机检索软件为 Jade，Jade 的物相检索功能非常强大，通过软件基本上能检索出样品中全部物相。物相检索的步骤包括：

（1）给出检索条件：包括检索子库（有机还是无机、矿物还是金属等）、样品中可能存在的元素等；

（2）计算机按照给定的检索条件进行检索，将最可能存在的前 100 种物相列出一个表；

（3）从列表中检定出一定存在的物相（人工完成）。

一般来说，判断一个物相的存在与否有三个条件：

第一，标准卡片中的峰位与测量峰的峰位是否匹配；

第二，标准卡片的峰强比与样品峰的峰强比要大致相同；

第三，检索出来的物相包含的元素在样品中必须存在。

5. 多相分析

若是多物相分析，则在上述第(3)步完成后，对剩余的衍射线重新根据相对强度排序，重复(3)步骤，直至全部衍射线能基本得到解释。

6. 物相定性分析应注意的问题

(1) 一般在对试样分析前，应尽可能详细地了解样品的来源、化学成分、工艺状况，仔细观察其外形、颜色等性质，为其物相分析的检索工作提供线索。

(2) 对于数据 d 值，由于检索主要利用该数据，因此处理时精度要求高，而且在检索时，只允许小数点后第二位才能出现偏差。

(3) 特别要重视低角度区域的衍射实验数据，因为在低角度区域，衍射线对应了 d 值较大的晶面，不同晶体差别较大，在该区域衍射线相互重叠机会较小。

(4) 在进行多物相混合试样检验时，应耐心细致地进行检索，力求全部数据都能合理解释，但有时也会出现少数衍射线不能解释的情况，这可能是由于混合物相中，某物相含量太少，只出现一、二级较强线，以致无法鉴定。

(5) 在物相定性分析过程中，尽可能地与其他的相分析实验手段结合起来，互相配合，互相印证。

2.3.5　X 射线衍射物相定性分析实例

在玻璃衬底上用磁控溅射法镀一层 Mo 薄膜，在 Mo 薄膜上旋涂由 Cu_2ZnSnS_4(CZTS) 纳米颗粒配置的墨水进行旋涂制膜，然后将旋涂之后的薄膜放到热盘上烘干，使墨水中的溶剂全部挥发，然后将涂有 CZTS 纳米颗粒的 Mo 玻璃取下冷却至室温。为了得到一定厚度的 CZTS 薄膜，重复上述工艺一定次数。将多次旋涂烘干后的样品进行硫化处理。对硫化后的薄膜进行 XRD 衍射分析，确定其组成。具体的分析过程如下：

首先将样品进行 XRD 衍射分析测试，获得原始.TXT 数据，用 Jade 软件进行数据分析。通过"File""Read"导入 .TXT 数据，得到如图 2.8(a)所示的衍射花样图，通过"Analyze""Find Peaks"获取如图 2.8(b)所示的相关峰的衍射数据，通过"Identify""Search/Match Setup"列出可能匹配的所有物质，如图 2.8(c)。

再依次逐个选择所列出的物质，将其标准衍射花样和样品衍射花样对照。如图 2.8(c)所示，当选择 Cu_2ZnSnS_4 时，样品的衍射花样除了 $2\theta=40.340$、$d=2.2339$ 和 $2\theta=76.478$、$d=1.2445$ 峰不能和 Cu_2ZnSnS_4 的峰位对应外，其他 8 个主要的峰都和 Cu_2ZnSnS_4 的峰位对应。双击"Cu_2ZnSnS_4"得到其 PDF 卡片信息，图 2.8(d)为卡片中的衍射花样数据。将样品的衍射花样数据和 Cu_2ZnSnS_4 的衍射花样对应的峰值数据对照，样品和 d 值的误差都在小数点后两位。初步判定，薄膜的主要成分含高结晶质量的多晶 Cu_2ZnSnS_4。

进而继续比对其他物质，如图 2.8(e)所示，当选择 ZnS 时，其标准衍射花样和样品的衍射花样主要峰位也基本重叠，说明 Cu_2ZnSnS_4 的晶格常数与立方结构的 ZnS 较为接近，不能排除 ZnS 的存在。XRD 很难完全分辨出薄膜中是否存在这类第二相，所以需要结合其他的表征方法比如后续章节讨论的拉曼光谱做进一步表征分析。锌黄锡矿结构 Cu_2ZnSnS_4 的 Raman 光谱只有一个峰，峰位于 $336~cm^{-1}$，而 ZnS 的 Raman 光谱峰值应在 $351~cm^{-1}$ 和 $274~cm^{-1}$。本例中的样品的 Raman 谱只有一个峰，位于 $336~cm^{-1}$，因此可以确定产物为 Cu_2ZnSnS_4。但是样品衍射花样的峰强度比和 Cu_2ZnSnS_4 标准衍射花样的峰强度比不一致，说明样品在 $d=3.1335$ 晶向有明显的择优取向。

最后分析样品中的 $2\theta=40.340$、$d=2.2339$ 和 $2\theta=76.478$、$d=1.2445$ 峰，由于薄膜镀在 Mo 衬底上，薄膜很薄，X 射线有可能透过薄膜照到衬底。如图 2.8(f)将 Mo 标准谱图与样品对照，如图 2.8(g)，$d=2.2339$ 恰为 Mo 的最强峰 Mo(110)，$d=1.2445$ 亦为 Mo 的第二强峰 Mo(112)，因此能够确定 $2\theta=40.340$、$d=2.2339$ 和 $2\theta=76.478$、$d=1.2445$ 峰是 Mo 衬底峰。

至此，样品的 XRD 物相鉴定完成，是 Cu_2ZnSnS_4 单相。用 Origin 绘图软件绘制样品的 XRD 衍射花样图并对照 Cu_2ZnSnS_4 的 PDF 卡片衍射花样数据标明每一个峰对应的晶向，见图 2.8(h)。

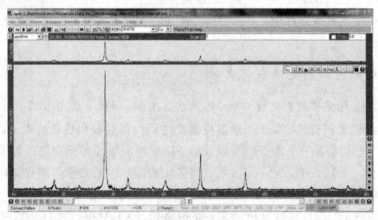

(a) 样品的衍射花样图

Peak Search Report (10 Peaks, Max P/N = 16.3) - [ww-60.txt] 1

Close Print Save Copy Erase Customize Rescale Help

#	2-Theta	d(A)	BG	Height	I%	Area	I%	FWHM
1	16.359	5.4139	19	34	3.1	435	2.2	0.218
2	18.261	4.8542	22	91	8.2	1472	7.5	0.275
3	23.120	3.8438	23	38	3.4	587	3.0	0.263
4	28.461	3.1335	45	1112	100.0	19497	100.0	0.298
5	29.682	3.0072	18	45	4.0	833	4.3	0.315
6	33.036	2.7092	19	107	9.6	1836	9.4	0.292
7	40.340	2.2339	15	81	7.3	2145	11.0	0.450
8	47.360	1.9179	16	314	28.2	5462	28.0	0.296
9	56.199	1.6354	15	150	13.5	2794	14.3	0.317
10	76.478	1.2445	6	36	3.2	762	3.9	0.360

(b) 样品相关峰的衍射数据

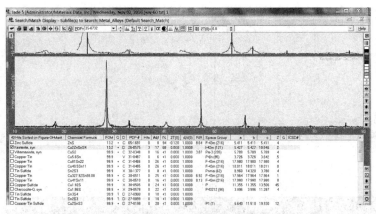

(c) Cu₂ZnSnS₄的衍射花样图

d(A)	I(f)	I(v)	h	k	l	n^2	2-Theta	Theta	1/(2d)	2pi/d
5.4210	1.0	0.0	0	0	2		16.338	8.169	0.0922	1.1590
4.8690	6.0	3.0	1	0	1		18.205	9.102	0.1027	1.2904
3.8470	2.0	1.0	1	1	0		23.101	11.550	0.1300	1.6333
3.1260	100.0	68.0	1	1	2		28.530	14.265	0.1599	2.0100
3.0080	2.0	1.0	1	0	3		29.675	14.837	0.1662	2.0888
2.7130	9.0	7.0	2	0	0		32.989	16.494	0.1843	2.3160
2.4260	1.0	1.0	2	0	2		37.025	18.512	0.2061	2.5899
2.3680	3.0	3.0	2	1	1		37.966	18.983	0.2111	2.6534
2.2120	1.0	1.0	1	1	4		40.758	20.379	0.2260	2.8405
2.0130	2.0	2.0	1	0	5		44.996	22.498	0.2484	3.1213
1.9190	90.0	100.0	2	2	0		47.331	23.666	0.2606	3.2742
1.6360	25.0	33.0	3	1	2		56.177	28.088	0.3056	3.8406
1.6180	3.0	4.0	0	0	3		56.858	28.429	0.3090	3.8833
1.5650	10.0	14.0	2	1	4		58.969	29.485	0.3195	4.0148
1.4500	1.0	1.0	3	1	4		64.177	32.088	0.3448	4.3332
1.3560	3.0	3.0	0	0	8		69.229	34.615	0.3687	4.6336
1.2450	10.0	17.0	3	3	2		76.442	38.221	0.4016	5.0467

(d) Cu₂ZnSnS₄相关峰的衍射数据

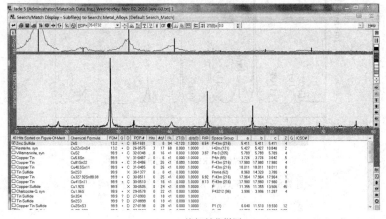

(e) ZnS 的衍射花样图

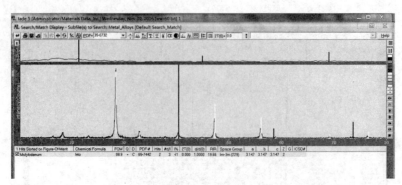

(f) Mo 的衍射花样图

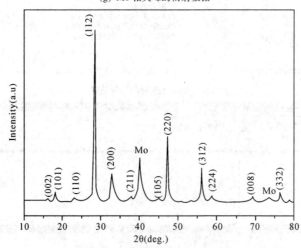

(g) Mo 相关峰的衍射数据

(h) 样品的 XRD 的衍射分析结果

图 2.8 CZTS 薄膜 XRD 衍射物相分析实例

2.3.6 微观应力及晶粒大小的测定

晶粒细化和微观应力均会引起衍射线发生漫散、宽化，因此可以通过衍射线形的宽化程度来测定微观应力和晶粒尺寸。

1. 晶粒大小的测定

当微晶尺度在 1~100 nm 的相干散射区时，这种尺度足以引起可观测的衍射线宽化。利用微晶相干散射导致衍射宽化的原理，Scherrer 导出了微晶宽化表达式：

$$D_{hkl} = \frac{0.89\lambda}{\beta_{hkl}\cos\theta} \tag{2.10}$$

式中，D_{hkl} 为垂直于反射面(hkl)的晶粒平均尺度；λ 为入射 X 射线波长；β_{hkl} 为衍射线的半高宽；θ 为半衍射角。Scherrer 公式的适用范围 D_{hkl} 为 30~2000Å。

2. 微观应力的测定

微观应力是发生在数个晶粒甚至单个晶粒中数个原子范围内存在并平衡着的应力。因微应变不一致，有的晶粒受压，有的晶粒受拉，还有的弯曲且弯曲程度也不同，这些均会导致晶面间距有的增加，有的减少，致使晶体中不同区域的同一衍射晶面所产生的衍射线发生位移，从而形成一个宽化峰。由于晶面间距有的增加，有的减小，服从统计规律，因而宽化峰的峰位基本不变，只是峰宽同时向两侧增加。

根据微观应力使 X 射线衍射线宽化的现象，经过数学推导，可得到微观应力的公式

$$\sigma = E \cdot \frac{\pi\beta\cot\theta}{180° \times 4} \tag{2.11}$$

式中，E 为材料的弹性模量；β 为 X 射线线型的半高宽；θ 为半衍射角。

2.4　小角 X 射线散射

2.4.1　小角 X 射线散射概述

早在 1930 年，Ktishnamurti 就观察到炭粉、炭黑和各种亚微观大小的微粒在 X 射线透射光附近出现连续散射现象。此后，1932 年，Mark 通过观察纤维素以及 Hendricks 和 Warren 观察胶体粉末证实了 X 射线在小角区域的散射现象，并由此引发了人们对小角 X 射线散射的关注和兴趣。1938 年以后，Kratky、Guinier、Debye 和 Porod 等相继建立和发展了 SAXS 理论。到 20 世纪 60 年代末和 70 年代初，Ruland 和 Perrer 把热漫散射用于高聚物。

小角 X 射线散射(SAXS)是指当 X 射线透过试样时，在靠近原光束 2°~5° 的小角度范围内发生的散射现象。根据布拉格方程，对于一定波长的 X 射线，晶面间距 d 和半衍射角 θ 之间存在反比关系，即区域结构越大，散射角越小。晶体的结构单元是原子或基团，其晶面间距大多小于 1.5 nm，如用 X 射线波长(CuK$_\alpha$)$\lambda = 0.15$ nm，则 2θ 大于 5°，且反映的都是衍射现象。由于两相体系一相(分散相或称微区)分散在另一相(连续相)中，如合金、乳液和蛋白质溶液等，分散相的区域结构和间距往往大于 1.5 nm，有的甚至可达几百纳米以上，而且分散相的排列周期性很差，反映的大多数是散射现象，这种微区结构或周期性排列一般都反映在 2θ 小于 5° 的范围内。

X 射线衍射的研究对象是固体，而且主要是晶体结构，即原子尺寸上的排列。小角 X

射线散射是研究亚微观结构和形态特征的一种技术和方法，其研究对象远远大于原子尺寸的结构，涉及范围更广，如微晶堆砌的颗粒、非晶体和液体等，如图 2.9 所示。

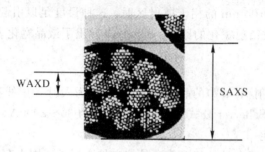

图 2.9　小角 X 射线散射与广角 X 射线衍射在研究对象上的区别

小角 X 射线散射研究的对象大致可以分为以下两大类：

（1）散射体是明确定义的粒子，如大分子或者分散物质的细小颗粒，包括聚合物溶液、生物大分子（如蛋白质等）。由小角 X 射线散射可以给出明确定义的几何参数，如粒子的尺寸和形状等。

（2）散射体中存在亚微米尺寸上的非均匀性，如悬浮液、乳胶、胶体溶液、纤维、合金、聚合物等。这样的体系非常复杂，其非均匀区域或微区并不是严格意义上的粒子，不能用简单粒子模型来描述。通过小角 X 射线散射测定，可以得到微区尺寸和形状、非均匀长度、体积分数和比表面积等统计参数。

2.4.2　散射的基本性质

X 射线通过物质时，物质中原子的电子将围绕其平衡位置发生振荡。任何带电粒子发生振荡时都可以成为一个电磁波的辐射源，这个粒子起着散射中心的作用，向其四周辐射出电磁波，这个现象称为散射。散射 X 射线波长与入射 X 射线波长相同的散射称为汤姆逊散射，又称为相干散射或非弹性散射。X 射线衍射和小角 X 射线散射相关理论都和散射线的干涉有关，因此都是建立在汤姆逊散射基础上的。由于 X 射线衍射的理论基础劳厄方程和布拉格方程分别讨论的是原子阵列和原子面对 X 射线散射的干涉现象，因此在相关章节中没有讨论电子散射理论。小角 X 射线散射理论是建立在电子对 X 射线的散射及散射线相互作用基础上的，因此有必要简单介绍电子对 X 射线散射的原理。在此对复杂的理论公式不作讨论，只介绍由相关理论公式得出的结论。

1. 一个电子的散射

一个电子散射 X 射线的性质：经一个电子散射的 X 射线强度在不同的方向上分布不同，与散射线及入射线之间的夹角有依赖关系，并且散射强度 I_e 与质量平方成反比，即

$$I_e = I_0 \cdot \frac{7.90 \times 10^{-26}}{R^2} \tag{2.12}$$

式中：I_e 为一个电子的散射强度；I_0 为入射 X 射线强度；R 为电子到观察点的距离。

原子核因质量太大，所得散射强度极小，实际上可以忽略不计。因此，在一个原子中可以看做仅仅是电子散射 X 射线。

2. 两个电子的散射

设沿入射 X 射线和散射 X 射线方向的单位矢量分别为 S_0 和 S_1，两者的夹角为 2θ。若以一个电子为原点，电子 K 与原点 O 相距为 r，如图 2.10 所示。以 O 点的散射波为基准，散射点 K 的散射波与 O 点的光程差为

$$\delta = r \cdot 2\sin\theta \tag{2.13}$$

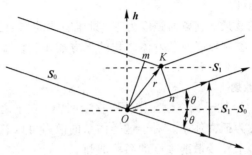

图 2.10　两个电子的散射示意图

此式和布拉格方程中两平行原子晶面的散射光的光程差形式相同，但在布拉格方程中，不是两个电子的距离 r，而是两个平行的原子晶面的面间距 d。两个电子的散射也符合干涉条件，即当散射体比入射 X 射线波长大得多时，从构成此散射体的各个电子产生的散射波之间将出现光程差。光程差是波长的整数倍时，发生相长干涉，散射波互相加强。但是和 XRD 直接以衍射角 2θ 表示 X 射线入射角度变化的基本参数不同，研究小角 X 射线散射时，将光程差转化成相位差为

$$\varphi = 2\pi \cdot \frac{\delta}{\lambda} = 2\pi \cdot \frac{r \cdot 2\sin\theta}{\lambda} = r \cdot \frac{4\pi\sin\theta}{\lambda} \tag{2.14}$$

并定义了散射矢量 h，其模为

$$h = \frac{4\pi\sin\theta}{\lambda} \tag{2.15}$$

在研究散射现象中，散射矢量 h 是一个很重要的量，h 的方向垂直于 S_0 和 S_1 的夹角。在许多文献中，散射矢量也常常用 q 表示，其值与 h 等同。也有文献中用 s 表示散射矢量，其模应为

$$s = \frac{2\sin\theta}{\lambda} \tag{2.16}$$

那么，h 与 s 的关系为

$$h = 2\pi s \tag{2.17}$$

3. 单粒子中的多电子散射

当单个粒子体系中包含多电子时，将有许多散射点，它们相互之间的光程差不相等，相应的相位差也不相等，由此导致了散射波的干涉现象。散射波的干涉作用使散射强度增强或者减弱。体系的总散射强度依赖于体系中各散射点之间的相对位置，因此可以通过测定散射强度来研究散射体的结构。

4. 多粒子体系的散射

上述多电子体系的散射，实际上是单个粒子体系的散射。对于多粒子体系，体系的总散射强度与每个粒子的性质、粒子内散射波干涉、粒子的位置及空间取向分布、粒子之间散射波的干涉效应等有关。如果粒子相互之间的距离远远大于粒子本身的尺寸，其散射强度是单个粒子散射强度的简单加和，此原理对于任意数量的粒子体系都能适用。

5. 散射体散射的重要性质

(1) 对于完全均匀的物质，其散射强度为零，即唯有不均匀的物体才有散射。

(2) 对于三维体系，散射强度与散射体体积的平方成正比。如果球状散射体的半径增大一倍，散射强度增大 $2^6 = 64$ 倍。

6. 两相稀疏体系的散射

稀疏体系的定义是每个粒子孤立地无序分布在空间中，粒子之间的距离远远大于粒子本身的尺寸，因此又被称为孤立体系。对于这样体系的散射可以忽略粒子之间散射波的相互干涉，其散射强度是每个粒子散射强度的简单加和。

对于两相稀疏体系的散射有如下性质：

(1) 散射的绝对强度 $I(h)$ 与两相体系的电子密度差 $\Delta\rho = (\rho_0 - \rho_s)$ 的平方成正比，电子密度差越大，散射越强。如果两相体系的电子密度相同，即 $\rho_0 = \rho_s$，则没有散射。

(2) 散射的绝对强度与散射体的大小、形状及散射方向有关，与体积平方成正比。由粒子形状不同产生的强度分布差异主要表现在趋向大角一侧。对于任何形状的粒子，如果旋转半径 R_g 相等(关于旋转半径 R_g 将在本节 2.4.4 中讨论)，在小角一侧的散射强度分布是等同的。

(3) 电子密度为 ρ_0 的粒子在电子密度为 ρ_s 的介质中的散射与电子密度为 ρ_s 的粒子在电子密度为 ρ_0 的介质中的散射是等同的(互补原理)。

(4) 如果 $\rho_0 \ll \rho_s$ 时，可以认为是特定形状空洞的散射。

(5) 对于具有电子密度差的任何两相都适用，例如：结晶聚合物(结晶相和非晶相的电子密度)、嵌段共聚物(A 相和 B 相微区的电子密度)等。

7. 模糊效应和未经消模糊的散射强度

小角 X 射线散射理论公式中所涉及的散射强度分布 $I(h)$ 是在理想的实验条件下得到的，实际测试中不可能实现理想条件。实际测量条件对试样散射强度的影响称为模糊效应。模糊效应产生的现象是：① 散射曲线的峰不高，谷不低，即平滑了试样真实的散射强度分布；② 峰形变宽且不对称；③ 峰位向小角一侧偏移，即引起散射角的误差。实际应用中，需要将实测的散射强度经过处理以消除这种影响，得到正确的散射数据，这个过程叫消模糊。未经消模糊的实测散射强度分布记为 $\tilde{I}(h)$，经过消模糊的散射强度分布即真实的理论散射强度分布为 $I(h)$。小角散射在趋向大角一侧的强度分布往往都很弱，并且起伏很大，给消模糊的处理带来一定的困难，经消模糊后数据点的起伏更为显著，产生较大的统计误差。有时可直接采用模糊数据来计算结构参数，但是理论公式需要进行一定的修正。

2.4.3 旋转半径与 Guinier 公式

旋转半径 R_g 定义为：粒子中各个电子与其质量重心的均方根距离。

Guinier 公式给出了 M 个不相干涉的粒子体系在小角一侧区域的散射强度和旋转半径的关系：

$$I(\boldsymbol{h}) = I_e M n^2 \exp\left(-\frac{\boldsymbol{h}^2 R_g^2}{3}\right) \tag{2.18}$$

式中：I_e 为单电子的散射强度；M 为不相干涉的粒子数目；n 为电子数目；$\boldsymbol{h}$ 为散射矢量；R_g 为旋转半径。

将 Guinier 公式两边取对数：

$$\ln I(\boldsymbol{h}) = \ln(I_e M n^2) - \frac{R_g^2}{3}\boldsymbol{h}^2 \tag{2.19}$$

可见，$\ln I(\boldsymbol{h})$ 与 $\boldsymbol{h}^2$ 成线性，以 $\ln I(\boldsymbol{h})$ 对 $\boldsymbol{h}^2$ 作图（一般称为 Guinier 图），为一直线，斜率为 $R_g^2/3$，进而可求出粒子的旋转半径 R_g。不同形状粒子尺寸和旋转半径存在特定关系（表 2.2），据此可以根据旋转半径 R_g 求出球、薄圆片、纤维、立方体等简单形状粒子尺寸。

表 2.2　各种形状粒子尺寸和旋转半径的关系

粒子的形状	尺　　寸	旋转半径 R_g
球	半径 R	$\left(\dfrac{3}{5}\right)^{1/2} R$
球壳	半径 R，内径 cR	$\left(\dfrac{3}{5}\right)^{1/2} R \left(\dfrac{1-c^3}{1-c^5}\right)^{1/2}$
棱柱体	棱长 A、B、C	$\left(\dfrac{A^2+B^2+C^2}{12}\right)^{1/2}$
椭球体	半轴长 a、b、c	$\left(\dfrac{a^2+b^2+c^2}{5}\right)^{1/2}$
旋转椭球体	半轴长 a、a、va	$a\left(\dfrac{2+v^2}{5}\right)^{1/2}$
圆柱体	高 $2H$，半径 R	$\left(\dfrac{R^2}{2}+\dfrac{H^2}{3}\right)^{1/2}$
薄圆片	半径 R	$\dfrac{R}{\sqrt{2}}$
薄椭圆片	半轴长 a、b	$\dfrac{1}{2}(a^2+b^2+c^2)^{1/2}$
椭圆形圆柱体	半轴长 a、b，高 h	$\left(\dfrac{a^2+b^2}{4}+\dfrac{h^2}{12}\right)^{1/2}$
空心圆柱体	半径 r_1、r_2，高 h	$\left(\dfrac{{r_1}^2+{r_2}^2}{2}+\dfrac{h^2}{12}\right)^{1/2}$
纤维	长 $2H$	$\dfrac{H}{\sqrt{3}}$
立方体	边长 $2a$	a
长方体	长 $2a$，宽 $2b$，高 $2c$	$\left(\dfrac{a^2+b^2+c^2}{3}\right)^{1/2}$

当平均电子密度为 ρ_0 的粒子稀疏分散在平均电子密度为 ρ_s 的介质中形成两相稀疏体系时，Guinier 公式（2.19）中的 M、n 应该用两相间的电子密度差 $\rho_0 - \rho_s$ 与体积 V 来代

替,有

$$I(\boldsymbol{h}) = I_e(\rho_0 - \rho_s)^2 V^2 \exp\left(-\frac{\boldsymbol{h}^2 R_g^2}{3}\right) \tag{2.20}$$

根据表 2.2,球形粒子半径 R 和旋转半径 R_g 的关系为

$$R_g = \sqrt{\frac{3}{5}} R \tag{2.21}$$

代入式(2.20)得

$$I(\boldsymbol{h}) = I_e(\rho_0 - \rho_s)^2 V^2 \exp\left(-\frac{\boldsymbol{h}^2 R^2}{5}\right) \tag{2.22}$$

Guinier 公式只适用于稀疏体系粒子间无干涉的体系,对于稠密体系应考虑粒子间的相干干涉对散射强度的影响。

根据 Guinier 公式,在小角一侧散射强度分布与旋转半径 R_g 有依赖关系,只要旋转半径相等,不管粒子的形状如何,其散射强度和分布是等同的。由式(2.19)可知,旋转半径越大,Guinier 图的斜率越大,曲线越陡。但是随着散射角增大,粒子的散射强度分布不仅和旋转半径有关,还和粒子形状有关。当两种不同大小的粒子混合在一起时,大粒子的散射曲线较陡,其散射贡献趋于小角处;小粒子的散射曲线比较平缓,其散射贡献趋于大角处。假设大粒子的旋转半径为 R_{g1},小粒子的旋转半径为 R_{g2},且 $R_{g1} = 2R_{g2}$,将大粒子和小粒子按质量比为 1:1 混合在一起,其 Guinier 图在小角处的斜率对应为单一大粒子的斜率,在大角的斜率对应为单一小粒子的斜率。

2.4.4 分子量与 Zimm 图

高分子稀溶液可以看做稀疏体系。设溶液浓度为 $c(\text{g/cm}^3)$,溶质粒子密度为 $d(\text{g/cm}^3)$,摩尔质量为 $M(\text{g/mol})$,分子量在数值上等于摩尔质量,溶质粒子及溶剂的电子密度分别为 ρ_2、ρ_1(电子数/cm^3),溶液的总体积为 V。

扣除溶剂后每克溶质粒子的物质的量为

$$\Delta Z_e = \frac{1}{d}\left(\frac{\rho_2 - \rho_1}{N_A}\right) \tag{2.23}$$

式中,N_A 为阿佛加德罗常数。

令

$$K = I_e V N_A (\Delta Z_e)^2, \quad \langle S^2 \rangle = \frac{1}{N}\left\langle \sum_i R_i^2 \right\rangle \tag{2.24}$$

式中,$\langle S^2 \rangle$ 表示溶质粒子的均方旋转半径;N 是亚单元(如原子、统计链段)的总数;R_i 是溶质粒子重心至第 i 散射亚单元的距离;$\langle R_i^2 \rangle$ 是溶质粒子重心到第 i 散射元的均方距离。

当浓度 $c \to 0$ 时,有

$$\lim_{c \to 0} \frac{Kc}{\Delta I(\boldsymbol{h}, c)} = \frac{1}{M}\left(1 + \frac{\langle S^2 \rangle}{3} \cdot \boldsymbol{h}^2 + \cdots\right) \tag{2.25}$$

当 $h \to 0$ 时,有

$$\lim_{h \to 0} \frac{Kc}{\Delta I(\boldsymbol{h}, c)} = \frac{1}{M}(1 + 2 A_2 M \cdot c + \cdots) \tag{2.26}$$

式中，A_2 为高分子第二维利系数，$\Delta I(h, c)$ 指溶质的散射强度。

式(2.25)和式(2.26)适用于散射角非常小的情况。如在不同的浓度 c 下，分别以 $\dfrac{Kc}{\Delta I(\boldsymbol{h}, c)}$ 对 $\boldsymbol{h}^2$ 作图(Zimm 图)，然后将浓度外推到零，得到式(2.25)所对应的直线，设直线在 y 轴的截距为 a，斜率为 k_h，则分子量 $M = 1/a$，均方旋转半径 $\langle S^2 \rangle = 3k_h/a$。

如果将 h 外推到零，得到式(2.26)所对应的直线，设直线在 y 轴的截距和式(2.25)对应的直线截距相等，也为 $1/M$，设斜率为 k_c，则第二维利系数 $A_2 = k_c/2$。如存在分子量分布时，用此方法求得的分子量为重均分子量。

由模糊散射强度分布 $\tilde{I}(\boldsymbol{h})$ 外推到零散射角 $\tilde{I}(0)$。$I(0)$ 和 $\tilde{I}(0)$ 的关系：

$$I(0) = \tilde{I}(0) \cdot \sqrt{\left(\frac{\ln 10 \cdot \tan\alpha}{\pi} \right)} \tag{2.27}$$

式中，$\tan\alpha$ 是 Guinier 直线的斜率(即 $\lg I(\boldsymbol{h})$ 对 $\boldsymbol{h}^2$ 作图的斜率)。

2.4.5　相关函数的求法及应用

2.4.3 和 2.4.4 小节中讨论的散射体都是以明确的几何形状为对象，用特定的模型对这些体系的散射进行了描述。但散射体的形状和尺寸因不规则而难以明确定义，这些理论对于内部不均匀并具有复杂的电子密度分布的体系就不适用，而需要用统计的方法来处理。本节将从电子密度涨落的观点来讨论这种体系的散射现象，进而用距离分布函数对粒子的形状进行表征。

1. 相关函数与 Debye‑Bueche 散射公式

设两散射元 k 与 j 到原点 O 的距离分别为 r_k 和 r_j，则两散射元相距为 r_{kj}。设体系的平均电子密度为 ρ_0，两散射元 k 与 j 的电子密度分别为 $\rho(r_k)$ 和 $\rho(r_j)$，与平均密度 ρ_0 之差分别为 $\eta(r_k)$ 和 $\eta(r_j)$，称作散射元 k 与 j 的电子密度涨落。为了简化起见，令 $\eta(r_k) = \eta_k$，$\eta(r_j) = \eta_j$，$r_{kj} = r$。对于一个不均匀体系，电子密度涨落可正可负。用 $\langle \eta_k \eta_j \rangle_r$ 表示对相距为 r 的两散射元的电子密度涨落乘积取平均，用 $\langle \eta^2 \rangle$ 表示均方电子密度涨落，定义相关函数 $\gamma(r)$ 如下：

$$\gamma(r) = \frac{\langle \eta_k \eta_j \rangle_r}{\langle \eta^2 \rangle} \tag{2.28}$$

相关函数 $\gamma(r)$ 的物理意义是：在任意一个方向上，相距为 r 的两散射元 k 和 j 在同一相中的概率，也就是它们具有相同电子密度的概念。两端散射元在同一相中时，$r = 0$，$\gamma(r) = \gamma(0) = 1$；两端散射元不在同一相中时，$r = \infty$，$\gamma(r) = \gamma(\infty) = 0$。

Debye‑Bueche 从电子密度涨落的观点讨论了体系的散射现象，提出体系的散射强度由相关函数和均方电子密度涨落决定，得出 Debye‑Bueche 散射公式如下：

$$I(\boldsymbol{h}) = I_e V \langle \eta^2 \rangle \int_r \gamma(r) \exp[-\boldsymbol{i}(\boldsymbol{h} \cdot \boldsymbol{r})] \mathrm{d}V \tag{2.29}$$

式中，I_e 表示单电子的散射强度；V 为体系被辐照体积；i 表示 r 坐标中的单位矢量。

2. Fourier 变换法求相关函数 $\gamma(r)$、均方电子密度涨落 $\langle\eta^2\rangle$ 及理想两相体系电子密度差

式(2.29)表明，用统计方法处理一个具体体系的散射，问题在于如何得出该体系的相关函数 $\gamma(r)$ 和均方电子密度涨落 $\langle\eta^2\rangle$，以下介绍 Fourier 变换法计算相关函数 $\gamma(r)$ 和均方电子密度涨落 $\langle\eta^2\rangle$，进而计算理想两相体系电子密度差。

对于球对称体系，将球的体积及体系相关参数代入式(2.29)，经过 Fourier 变换法得

$$\gamma(r) = \frac{1}{2\pi^2 I_e V\langle\eta^2\rangle}\int_0^\infty I(h) h^2 \frac{\sin hr}{hr}\mathrm{d}h \tag{2.30}$$

当 $r=0$ 时，$\gamma(0)=1$ 时，有如下关系式，并将其定义为不变量 Q：

$$Q = \int_0^\infty I(h) h^2 \mathrm{d}h = \frac{1}{2}\int_0^\infty h\tilde{I}(h)\mathrm{d}h = 2\pi^2 I_e V\langle\eta^2\rangle \tag{2.31}$$

将式(2.31)代入式(2.30)有

$$\gamma(r) = \frac{\displaystyle\int_0^\infty I(h) h^2 \frac{\sin hr}{hr}\mathrm{d}h}{\displaystyle\int_0^\infty I(h) h^2 \mathrm{d}h} \tag{2.32}$$

对于非球对称体系，不变量 Q 和相关函数分别为

$$Q = \int_0^\infty I(h)\mathrm{d}h = 8\pi^3 I_e V\langle\eta^2\rangle \tag{2.33}$$

$$\gamma(r) = \frac{\displaystyle\int_0^\infty I(h)\cos(h\cdot r)\mathrm{d}h}{\displaystyle\int_0^\infty I(h)\mathrm{d}h} \tag{2.34}$$

只要实验测得散射的绝对强度分布，就可以根据式(2.31)和(2.33)求得不变量 Q，进而求得均方电子密度涨落 $\langle\eta^2\rangle$；另一方面只要实验测得散射的相对强度分布，就可以根据式(2.32)和式(2.34)求得相关函数 $\gamma(r)$。

通过上述所求的均方电子密度涨落 $\langle\eta^2\rangle$，可以进一步求理想的两相体系的两相电子密度差的数值大小。所谓理想的两相体系是指 A 相分散在 B 相中，两相互不相溶，具有微观的相分离，界面分明，即不存在过渡层。例如：嵌段、接枝共聚物的微区结构、多孔性物质（如催化剂）中空洞和介质以及有些结晶高分子中的晶相和非晶相都可近似地看做理想的两相体系。

设 A 相为分散相、B 相为连续相，A、B 两相的电子密度分别为 ρ_A、ρ_B，体积分数分别为 ϕ_A、ϕ_B，则有

$$1 = \phi_A + \phi_B = \phi_A + (1-\phi_A) \tag{2.35}$$

两相体系的平均电子密度为

$$\rho_0 = \rho_A\phi_A + \rho_B\phi_B \tag{2.36}$$

A、B 两相的电子密度涨落分别为

$$\eta_A = \rho_A - \rho_0 = \rho_A - (\rho_A \phi_A + \rho_B \phi_B) = (\rho_A - \rho_B)\phi_B \tag{2.37}$$

$$\eta_B = \rho_B - \rho_0 = \rho_B - (\rho_A \phi_A + \rho_B \phi_B) = (\rho_B - \rho_A)\phi_A \tag{2.38}$$

由此，均方电子密度涨落是

$$\langle \eta^2 \rangle = \phi_A \eta_A^2 + \phi_B \eta_B^2 = \phi_A \phi_B^2 (\rho_A - \rho_B)^2 + \phi_B \phi_A^2 (\rho_A - \rho_B)^2$$
$$= \phi_A \phi_B (\rho_A - \rho_B)^2 \tag{2.39}$$

由式(2.39)可知，均方电子密度涨落$\langle \eta^2 \rangle$与两相电子密度差$(\rho_A - \rho_B)^2$成正比，如已知两相的体积分数，就可以根据式(2.31)和式(2.33)从散射强度分布求得$\langle \eta^2 \rangle$，根据式(2.39)求得$(\rho_A - \rho_B)$。而$\langle \eta^2 \rangle$和$(\rho_A - \rho_B)^2$的数值大小可以反映体系的微相分离状况。另外，$\langle \eta^2 \rangle$与$\phi_A \phi_B$有依赖关系，当$\phi_A = \phi_B = 1/2$时，散射强度为最大。

3. 指数函数形式近似表示相关函数及用于相关距离的计算

对于球对称体系，相关函数可以用指数函数形式表示为

$$\gamma(r) = e^{-r/a} \tag{2.40}$$

式中，a是相关距离，其物理意义是均方根电子密度涨落$\langle \eta^2 \rangle^{1/2}$随$r$周期变化的距离的平均值。

将式(2.40)、球的体积及体系相关参数代入式(2.29)，经过 Laplace 变换可得

$$I(\boldsymbol{h}) = K \frac{a^3}{(1 + a^2 \boldsymbol{h}^2)^2} \tag{2.41}$$

式中，$K = 8\pi^3 I_e V \langle \eta^2 \rangle$。

将式(2.41)改为以下形式表示：

$$I^{-1/2}(\boldsymbol{h}) = K^{-1/2} \cdot \frac{1 + a^2 \boldsymbol{h}^2}{a^{3/2}} \tag{2.42}$$

用$I^{-\frac{1}{2}}(\boldsymbol{h})$对$\boldsymbol{h}^2$作图，斜率是$(Ka^3)^{-1/2}a^2$，截距是$(Ka^3)^{-1/2}$。通过下式就能求得相关距离$a$，即

$$a = \left(\frac{斜率}{截距} \right)^{1/2} \tag{2.43}$$

用$I^{-\frac{1}{2}}(\boldsymbol{h})$对$\boldsymbol{h}^2$作图往往不是一根直线，在小角处与直线偏离，如图 2.11 所示。这表明相关距离不均一，具有一定的分布，这种情况$\gamma(r)$一般表示为

$$\gamma(r) = \sum_i f_i e^{-r/a_i} \tag{2.44}$$

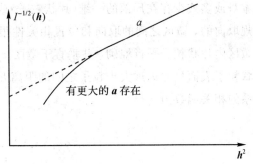

图 2.11　$I^{-\frac{1}{2}}(\boldsymbol{h})$对$\boldsymbol{h}^2$作图小角一侧偏离

式中，f_i是分布因子，表示大小不等的相关距离a_i重叠在一起，可以考虑有更大的相关距离a存在。

4. Gauss 函数形式近似表示相关函数及用于相关距离的计算

对于球对称体系，相关函数可以用 Gauss 函数形式表示：

$$\gamma(r) = e^{-r^2/a^2} \tag{2.45}$$

将式(2.45)、球的体积及体系相关参数代入式(2.29)，经过变换可得

$$I(h) = I_e V(\eta^2) \pi^{3/2} a^3 e^{-h^2 a^2/4} \tag{2.46}$$

两边取对数得

$$\ln I(h) = \ln[I_e V(\eta^2) \pi^{3/2} a^3] - \frac{h^2 a^2}{4} \tag{2.47}$$

用 $\ln I(h)$ 对 h^2 作图，从斜率可求得相关距离 a 为

$$a = 2 \times (斜率)^{1/2} \tag{2.48}$$

用 $\ln I(h)$ 对 h^2 作图往往不是一根直线，在大角一侧与直线偏离，如图 2.12 所示，说明有更小的 a 存在。这种情况，$\gamma(r)$ 一般表示为

$$\gamma(r) = \sum_i f_i e^{-r^2/a_i^2} \tag{2.49}$$

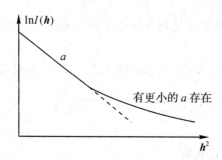

图 2.12 $\ln I(h)$ 对 h^2 作图大角一侧偏离

5. 棒状或片状粒子聚集体一维相关函数及体系参数

式(2.29)中，$\gamma(r)$ 与 $|r|$ 有依赖关系。由棒状或片状粒子聚集体(微区)构成的体系，微区本身或多或少存在局部的一维(片状粒子)或二维(棒状粒子)有序。宏观上，体系本身是无规取向的，微区之间的取向和位置相关性很小，但微区内粒子与其取向和位置相关。假定微区内片状粒子平行堆砌，并垂直于微区 z 轴完全取向，具有一维相关，垂直于 z 轴的片状粒子表面尺寸远远大于粒子之间的距离 L 和粒子的厚度 d，对于完全取向一维相关的体系的相关函数为

$$\gamma(z) = \frac{\int_0^\infty I(h)\cos hz\, dh}{\int_0^\infty I(h)\, dh} \tag{2.50}$$

一维电子密度分布和对应的相关函数如图 2.13 所示。图中，d_c 为片晶平均厚度[取 $\gamma(z)$ 的斜直线与第一个极小(峰谷)水平线的交点在 z 坐标上的值]，d_a 为非晶区域的平均厚度($d_a = L - d_c$)，L 为片晶之间的平均距离(即长周期)[取 $\gamma(z)$ 第一个极大(峰顶)在 z 轴上的坐标值]，$L_m/2$ 表示片晶重心与邻近非晶区域重心之间的平均距离[取 $\gamma(z)$ 第一个极小(峰谷)在 z 坐标上的值]。

对于理想两体系，$L = L_m$。设 $\gamma(z)$ 的斜直线在 Z 坐标轴上的截距 B，有

$$B = W_{Cl}(1 - W_{Cl})L \qquad (2.51)$$

式中，W_{Cl} 为线性结晶度。

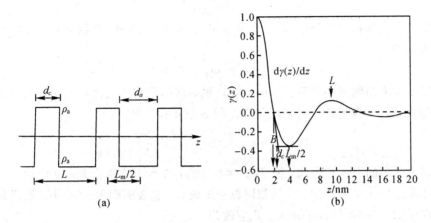

图 2.13　一维电子密度分布和相关函数

2.4.6　表面积与 Porod 定律

1. 孤立粒子的表面积

所谓孤立粒子，指的是在稀疏体系中无序分布的粒子，其相关函数用 $\gamma_0(r)$ 表示为

$$\gamma_0(r) = 1 - \frac{3r}{4R} + \frac{1}{16}\left(\frac{r}{R}\right)^3 = 1 - \frac{3}{2}\left(\frac{r}{D}\right) + \frac{1}{2}\left(\frac{r}{D}\right)^3 = 1 - \left(\frac{S}{4V}\right) \cdot r + \cdots \qquad (2.52)$$

式中，R 为球粒的最大半径；D 为球粒的最大直径；S 为表面积。

$\gamma_0(r)$ 与 r 的依赖关系如图 2.14 所示。

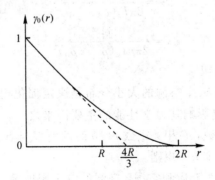

图 2.14　均匀球的相关函数

由图 2.14 可知，在 r 很小时，$\gamma_0(r)$ 具有以虚线表示的斜率 $-3/4R = -S/(4V)$ 线性减小，说明在 r 很小时，$\gamma_0(r)$ 与 r 的依赖性与粒子的大小程度密切相关；同时 $\gamma_0(r)$ 的斜率与比表面积（$S_{sp} = S/V$）有依赖。

$$S_{sp} = 4 \times 斜率 \qquad (2.53)$$

上述关系对任意形状的孤立粒子都适用。

2. 理想两相体系的表面积与 Porod 定律

对于理想的两相体系，在 r 很小时，有与孤立体系式(2.52)相类似的相关函数：

$$\gamma(r) = 1 - \left(\frac{S_{sp}}{4\Phi_A\Phi_B}\right) \cdot r + \cdots \tag{2.54}$$

若已知两相的体积分数分别为 Φ_A 和 Φ_B，以 $\gamma(r)$ 对 r 作图，根据 r 趋于 0 时的斜率可以求出比表面积为

$$S_{sp} = 4\Phi_A\Phi_B \times 斜率 \tag{2.55}$$

还可以根据大角侧尾部的散射强度计算理想的两相体系的表面积。在大角一侧尾部的散射强度随 h^4 减小，散射的绝对强度与表面积 S 成正比，即

$$I(\boldsymbol{h} \to \infty) = I_e(\rho_A - \rho_B)^2 \frac{2\pi S}{h^4} \tag{2.56}$$

上式就是著名的 Porod 公式，把 $I(\boldsymbol{h}) \propto h^{-4}$ 或 $I(\boldsymbol{h}) \propto h^{-D}$ 称作 Porod 定律。

如果体系是由 n 个表面积为 s 的相同粒子组成时，总表面积为：$S = ns$，假设每个粒子不受其他粒子的存在而影响，Poros 公式应改为

$$I(\boldsymbol{h} \to \infty) = nI_e(\rho_A - \rho_B)^2 \frac{2\pi s}{h^4} \tag{2.57}$$

即总散射强度是每个粒子散射强度的 n 倍。换言之，在 $\boldsymbol{h}^{-4}$ 规则所成立的大角一侧，粒子间的干涉效应可以忽略。但必须注意，将式(2.56)和式(2.57)应用于片状粒子时，可能出现很大误差，其原因是片状粒子相互平行排列堆砌时，界面消失，使 S 比 ns 小得多，由此散射强度降低很多。

根据式(2.56)和式(2.57)，以 $I(\boldsymbol{h} \to 0)$ 对 $\boldsymbol{h}^{-4}$ 作图，由大角一侧的斜率求出表面积 S 或 s 如下：

$$S = \frac{斜率}{2\pi I_e(\rho_A - \rho_B)^2} \tag{2.58}$$

$$s = \frac{斜率}{2\pi n I_e(\rho_A - \rho_B)^2} \tag{2.59}$$

3. 多孔性物质的比表面积

多孔性物质的比表面积 S_{sp}、空洞的大小分布是决定催化剂活性的重要因素。对于高分子物质，两相体系的 S_{sp} 是影响其力学性能的重要因素之一。多孔性物质的体系的散射强度符合指数形式的相关函数，在相关函数 $r = 0$ 时的斜率与 S_{sp} 有关，且在大角一侧的散射强度分布服从 Porod 定律即 $\boldsymbol{h}^{-4}$ 规则。

由于多孔性物质的两相为介质和空洞，空洞的电子密度等于 0，设介质的电子密度为 ρ_1，空洞的体积分数为 Φ，则介质的体积分数为 $1 - \Phi$。

若已知多孔性物质体系的相关函数，则可以根据式(2.54)和式(2.55)计算比表面积 S_{sp}，此时 $\Phi_A\Phi_B = \Phi(1 - \Phi)$。

若已知多孔性物质体系的散射强度 $I(\boldsymbol{h})$，可根据式(2.56)至式(2.59)将 Porod 定律用于多孔性物质求表面积，此时 $\rho_A - \rho_B = \rho_1$。

对于空洞在介质中无规存在的多孔性物质体系，相关函数符合式(2.40)所示的指数形

式 $\gamma(r)=\mathrm{e}^{-r/a}$，式中相关距离为

$$a=\frac{4\Phi(1-\Phi)}{S_{\mathrm{sp}}} \tag{2.60}$$

根据式(2.41)和式(2.42)，由 $I^{-1/2}(\boldsymbol{h})$ 对 $\boldsymbol{h}^2$ 作图，由其斜率和截距，用式(2.43)求出相关距离 a，然后用式(2.60)求出 $S_{\mathrm{sp}}=S/V$。

有时 $I^{-1/2}(\boldsymbol{h})$ 对 $\boldsymbol{h}^2$ 的曲线在小角一侧与直线偏离(见图 2.11)。此时，应在相关函数 $\gamma(r)$ 中加上更大相关距离 a_2 的 $\mathrm{e}^{-(r/a_2)^2}$ 项进行修正。这种情况表明，实际上 a_2 与空洞(或粒子)的空间分布不均匀性有关。

$$\gamma(r)=f_2\mathrm{e}^{-(r/a_2)^2}+f_1\mathrm{e}^{-r/a_1} \tag{2.61}$$

式中

$$f_1+f_2=1 \tag{2.62}$$

式(2.61)中的相关距离 a_1 比式(2.40)的 a 小。如体系中包含较大幅度涨落的 a_2 和较小幅度涨落的 a_1，用式(2.61)表示相关函数时，把式(2.61)代入球对称体系的散射公式中，用式(2.41)和式(2.46)计算，得

$$I(\boldsymbol{h})=I_eV\langle\boldsymbol{\eta}^2\rangle\left\{8\pi f_1\frac{a_1^3}{(1+a_1^2\boldsymbol{h}^2)^2}+\pi^{3/2}+f_2a_2^3\exp\left[-\frac{(\boldsymbol{h}a_2)^2}{4}\right]\right\}$$

$$=\frac{A_1}{(1+a_1^2\boldsymbol{h}^2)^2}+A_2\exp\left(-\frac{\boldsymbol{h}^2a_2^2}{4}\right) \tag{2.63}$$

式中

$$\left.\begin{array}{l}A_1=I_eV\langle\boldsymbol{\eta}^2\rangle8\pi f_1a_1^3\\A_2=I_eV\langle\boldsymbol{\eta}^2\rangle\pi^{3/2}f_2a_2^3\end{array}\right\} \tag{2.64}$$

由上式可求出

$$f_1=\left[1+\frac{8}{\sqrt{\pi}}\left(\frac{a_1}{a_2}\right)^3\frac{A_2}{A_1}\right]^{-1}=1-f_2 \tag{2.65}$$

由此，用大角一侧的强度分布，以 $I^{-1/2}(\boldsymbol{h})$ 对 $\boldsymbol{h}^2$ 作图，可求出 a_1；用小角一侧的强度分布，以 $\ln I(\boldsymbol{h})$ 对 $\boldsymbol{h}^2$ 作图，可求得 a_2；通过 (a_1/a_2) 之比和 (A_2/A_1) 之比，可以评价短程非均匀性 $\gamma_1(r)=\mathrm{e}^{-r/a_1}$ 和长程非均匀性 $\gamma_2(r)=\mathrm{e}^{-(r/a_2)^2}$ 对相关函数的相对贡献 f_1 和 f_2。

2.4.7　界面厚度参数与 Porod 修正式

2.4.5 和 2.4.6 讨论的两相体系是理想两相体系，即电子密度从 A 相移到 B 相时是梯形变化的，界面分明，不存在过渡层。而准两相体系电子密度从 A 相移到 B 相时不是梯形变化的，而是两相之间具有一段过渡区域变化的体系，这一过渡区域称为界面相或界面层。由于界面相的存在，这样的体系成为三相体系。界面层厚度直接与两相体系的微相分离程度或相容性有关。嵌段、接枝共聚物和结晶聚合物等体系实际上有可能并不是理想的两相体系，界面相的存在及其大小对聚合物的宏观性能有很大影响。因此，界面层的结构表征

一直受到人们的重视。在定量评价界面层结构方面，小角 X 射线散射被认为是最有效的方法。

计算界面层厚度的一种方法是测试散射的绝对强度，根据式（2.31），利用不变量 Q 求得 $\langle \eta^2 \rangle$ 为

$$\langle \eta^2 \rangle = (\rho_A - \rho_B)^2 \left[\Phi_A \Phi_B - \frac{S}{V} \cdot \frac{t}{6} \right] \tag{2.66}$$

式中，S/V 为界面的比表面积，界面相的体积分数 $\Phi_c = St/V$。由界面相的体积分数和界面的比表面积求得界面层厚度 t。

计算界面层厚度另一种方法是利用小角散射在大角一侧的强度分布与 Porod 公式偏离定量分析界面层厚度。各向同性的准两相体系的散射强度公式如下：

$$I_c(\boldsymbol{h}) = 2\pi I_e S (\rho_A - \rho_B)^2 \boldsymbol{h}^{-4} \exp(-\sigma^2 \boldsymbol{h}^2) \approx \frac{K_p}{\boldsymbol{h}^4}(1 - \sigma^2 \boldsymbol{h}^2) \tag{2.67}$$

上式就是 Porod 修正式。在此，σ 定义为界面厚度参数。由上述讨论可知，σ 用于描述界面相为反曲形梯度变化的模型，表示垂直于界面方向梯度的标准偏差。如果不能确定界面相梯度变化的类型，那么 σ 也可相对比较准两相体系界面相的厚度。目前发表的文献中大多直接采用 σ 来表示界面层的大小。

因此，以 $\ln[\boldsymbol{h}^4 I(\boldsymbol{h})]$ 对 $\boldsymbol{h}^2$ 作图，此图称之为 Porod 图，或者以 $\boldsymbol{h}^4 I(\boldsymbol{h})$ 对 $\boldsymbol{h}^2$ 作图，散射曲线外推到 $\boldsymbol{h}^2 = 0$，由直线的截距和斜率通过以下关系可求得 σ^2，如图 2.15 所示。

$$\left| \frac{\text{斜率}}{\text{截距}} \right| = \sigma^2 \tag{2.68}$$

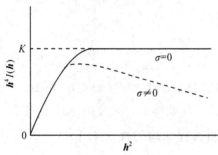

图 2.15　以 $\boldsymbol{h}^4 I(\boldsymbol{h})$ 对 $\boldsymbol{h}^2$ 作图的示意图

如果斜率为零，即 $\sigma = 0$（如图中的实线），表明该体系不存在界面相，应该是理想两相体系。如果 $\sigma^2 \neq 0$（如图中的虚线），说明是准两相体系。

也可以用 $\boldsymbol{h}^2 I(\boldsymbol{h})$ 对 $\boldsymbol{h}^{-2}$ 作图，如图 2.16 所示。此时有

$$\left| \frac{\text{截距}}{\text{斜率}} \right| = \sigma^2 \tag{2.69}$$

如果用这种方法作图，对于理想两相体系，截距应该为零。图中曲线（a）为理想两相体系；（b）为准两相体系。

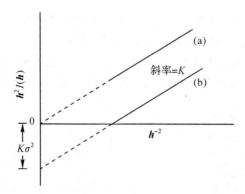

图 2.16　以 $h^2 I(h)$ 对 h^{-2} 作图的示意图

如用模糊数据计算界面厚度参数，式(2.67)应改写为

$$\tilde{I}(h) = \frac{K\pi}{2}(h^{-3} - 2\sigma^2 h^{-1}) \tag{2.70}$$

或

$$h^3 \tilde{I}(h) = \left(\frac{K\pi}{2}\right)(1 - 2\sigma^2 h^2) \tag{2.71}$$

如果是以 $h^3 \tilde{I}(h)$ 对 h^2 作图，式(2.68)改写为

$$\sigma^2 = \left(\frac{1}{2}\right)\left|\frac{斜率}{截距}\right| \tag{2.72}$$

如果是以 $h\tilde{I}(h)$ 对 h^{-2} 作图，式(2.69)改写为

$$\sigma^2 = \left(\frac{1}{2}\right)\left|\frac{截距}{斜率}\right| \tag{2.73}$$

用以上两式求得界面厚度参数 σ。

目前，界面层厚度的精确计算依然是比较困难的事情，主要原因是：

(1) 在趋向大角一侧的散射强度一般都很弱，X 射线光子技术中统计误差较大，这种散射给消模糊的处理本身带来困难，而经消模糊后又变得更为显著；

(2) 在小角散射区域内，准两相体系的散射与各相内微小的电子密度涨落引起的热漫散射(或称背景散射)，两者贡献的分离较为困难。用不同的方法扣除背景散射，计算得到的界面厚度参数 σ 有所差异。

2.4.8　粒子的形状与距离分布函数

距离分布函数 $P(r)$：

$$P(r) = r^2 \gamma(r) \tag{2.74}$$

距离分布函数 $P(r)$ 具有明确的几何定义：对于均匀粒子体系，此函数(乘上因子 4π)表示粒子内的距离数，即在任何小单元 j 与任何另一散射元 K 组成的粒子中，找到长度为 r 的直线(即距离)数。对于非均匀粒子体系，此情况较为复杂，必须计算散射元的电子密度差。

由距离分布函数 $P(r)$ 可以直接对粒子的形状进行表征，如图 2.17 所示。图中显示了

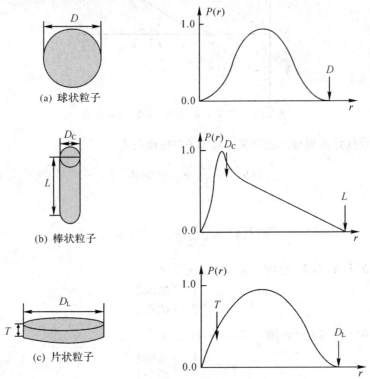

几种主要的粒子形状与 $P(r)$ 的特征。从 $P(r)$ 还可以得到其他结构参数，如 $P(r)$ 的曲线降低为 0，此 r 值即为粒子内最大距离 D（或 L、D_L 等）。以下讨论单分散稀溶液不同粒子形状的均匀粒子的距离分布函数 $P(r)$。对于均匀粒子，电子密度差 $\Delta\rho = \rho_c$ 为常数，那么正如前面提及的距离分布函数 $P(r)$ 具有简单的几何定义——距离数。

(a) 球状粒子

(b) 棒状粒子

(c) 片状粒子

图 2.17 粒子的形状和 $P(r)$ 的特征（示意图）

1. 球形粒子

球形粒子的距离分布函数 $P(r)$ 的数学式表示如下：

$$P(r) = 12\,x^2(2 - 3x + x^3) \tag{2.75}$$

式中，$x = r/D$。在此，假定 D 为球粒的直径，$P(r)$ 在 $r = D/2$（即 $x = 0.525$）附近有一个极大值，设 r_{max}/D 中球状粒子大于片状粒子大于棒状粒子。

2. 棒状粒子

棒状粒子是一维方向伸长，并具有恒定任意形状（如长圆柱体和棱柱体）的截面。该截面 A（具有最大尺寸 D_C）与整个粒子的长度 L 相比要小得多，即 $D_C \ll L$；$L = (D^2 - D_C^2)^{1/2} \approx D$。在此注意：上式中的 D 为粒子内的最大距离，即相当于 L [见图 2.17(b)]。

棒状粒子的距离分布函数 $P(r)$ 由下式表示：

$$P(r) = \frac{1}{2\pi}\rho_C^2 A^2(L - r) \tag{2.76}$$

对于这样的粒子，$P(r)$ 从 $r = L$ 开始，随 r 的减小而线性增大，如图 2.18 所示。图中显示了各种均匀棱柱体的距离分布函数 $P(r)$，边长分别为：① 50 Å×50 Å×500 Å；② 50 Å×

50 Å×250 Å；③ 50 Å×50 Å×150 Å。由 $P(r)$ 的曲线降低为 0(即 $r=D$)得到粒子内最大距离 D 分别为：① 500 Å、② 250 Å；③ 150 Å。

式(2.76)表明：曲线线性部分的斜率与截面积的平方成正比：

$$\tan\alpha = -\frac{\mathrm{d}P(r)}{\mathrm{d}r} = \frac{A^2 \rho_c^2}{2\pi} \tag{2.77}$$

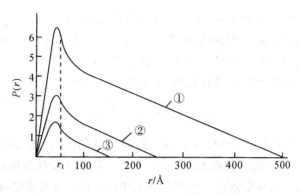

图 2.18　各种边长的均匀棱柱体的 $P(r)$

如果已知粒子的电子密度 ρ_c，就可以用式(2.77)从 $P(r)$ 线性部分的斜率得到棒状粒子的截面积 A。在 $0 \leqslant r \leqslant D_c$ 的区域，$P(r)$ 有一个极大值(实际位置取决于界面的形状和 D_c/D 之比)，而 $P(r)$ 在 $r > D_c$ 时为线性(见图 2.18)。由计算表明：出现线性部分的近似限值为

$$\frac{D}{D_c} > 2.5 \tag{2.78}$$

图 2.18 中，$P(r)$ 的极大值与线形区域之间的拐点用 r_1 表示，表 2.3 中的几个例子和图 2.18 显示拐点的距离 r_1 与截面尺寸(即截面最大尺寸 D_c)基本吻合。由此表明，r_1 可以近似表示截面的大小。

表 2.3　r_1 为各种棱柱体尺寸的函数

截面尺寸/Å	长度/Å	对应于拐点的距离/Å
50×50	150	52
50×50	250	52
50×50	500	52
40×40	400	42
80×20	400	78
160×10	400	155

在此，顺便强调 r_1 通常难以精确地确定，特别是对于式(2.78)显示此限值附近的粒子。r_1 仅对于圆柱体具有明确的几何意义，因为其 r_1 等于直径。

3. 片状粒子

片状粒子是二维伸长(如圆片、扁平棱柱体等)，其距离分布函数 $P(r)$ 的形式较为复杂。对于无限薄圆片 $P(r)$ 表示如下：

$$P(r) = \frac{16}{\pi}\chi[\arccos\chi - \chi\sqrt{(1-\chi^2)}], \quad \chi = \frac{r}{D} \tag{2.79}$$

片状粒子的主要特征是：在薄片中心取一个点，对于每个非常小的 $r(r \leqslant T；T=$ 薄片的厚度)，$P(r)$ 随 r 的二次方增大。如果 $r>T$，$P(r)$ 随 r 大致线性增大。当 r 更大并且圆柱体的中心位于薄片边缘的附近，圆柱体的一些部分处于薄片的外面，则导致"界面损失"，界面损失随 r 增大而增大。当 $r \gg D$ 时，$P(r)$ 最终降为 0。因此，$P(r)$ 通常不出现上述的"线性"区域。

由此可见，片状粒子的 $P(r)$，在 $r<T$ 区域以二次方增大，在 $r>T$ 区域或多或少线性增大，在 $r=D$ 时降低为 0，此曲线如图 2.19 所示。图中显示了三种不同厚度 T 薄片的 $P(r)$，平面尺寸相同（100Å×100Å），厚度分别为 10 Å，20 Å，30 Å。从曲线看到：$r=T$ 的转变点不太清晰。如果用以下函数处理，此情况就大为改观。

$$f(x) = \gamma(r)r = \frac{P(r)}{r} \tag{2.80}$$

对于片状粒子，$f(r)$ 比 $P(r)$ 较为适用。把图 2.19 的 $P(r)$ 用式(2.80)的方法处理后，如图 2.20 所示。曲线一开始线性增大，在 $r=T$ 后，几乎以线性缓慢降低，这是由于界面损失引起的。从曲线中的转变点可以得到片状粒子的厚度，由线性部分外推到 $r=0$，得到 $f(r)$ 的极限值 $A(A$ 包含有关薄片平面面积的信息)：

$$A = f(r)\big|_{r \to 0} = \frac{\rho_C^2}{r} \int \frac{2\pi r T}{4\pi} \mathrm{d}\nu = \frac{\rho_C^2 VT}{2} \tag{2.81}$$

对于 D/T 较大的片状粒子，用外推到 $r=0$ 的方法计算较为精确。

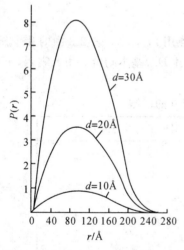

图 2.19 各种厚度片状粒子的 $P(r)$

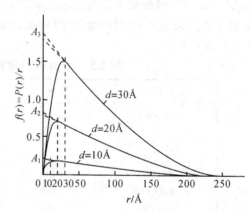

图 2.20 各种厚度片状粒子的 $f(r)$

以截面积($ab=$ 常数)和长度($c=L$)相同的三个棱柱体(边长 a，b，c)为例进一步分析片状粒子的特征，如图 2.21 所示。

三个棱柱体的边长分别是：① 4：4：40；② 2：8：40；③ 1：16：40。

由于三个粒子长度相同，截面积相同，并都满足式(2.78)，因此对应的 $P(r)$ 以相同的斜率 $\mathrm{d}P(r)/\mathrm{d}r$ 线性降低，并且截面尺寸从①增大到③，引起 $P(r)$ 线性下降的长度依次缩短，使 $P(r)$ 的极大值偏移到较大的 r 的位置，如图 2.21(a)所示。从图 2.21(b)中 $f(r)$ 函数可以看到，片状特征的增加正方棱柱体①未显示任何片状结构，而棱柱体②和③可以容易地识别出具有薄片形状，由此可以计算厚度和截面积 $A = ab$。正如上述，由图中的曲线拐点 r_1 可以得到截面中较大边长的近似尺寸。

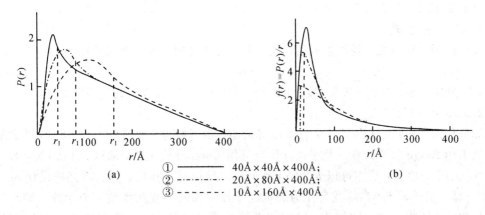

① ————— 40Å×40Å×400Å；
② —·—·— 20Å×80Å×400Å；
③ ------- 10Å×160Å×400Å

图 2.21　三种不同棱柱体的 $P(r)$ 和 $f(r)$

图 2.22 显示球状粒子(球 $r = 19.1$Å)、棒状粒子(半轴长 10∶10∶30 的长椭球体)和片状粒子(半轴长 23.2∶23.2∶4.6 的扁椭球体)之间的比较，它们都具有相同的 $I(O)$ 和旋转半径。从图中看到，D 依次是长椭球体＞扁椭球体＞球，但 $P(r)$ 极大值位置依次是长椭球体＜扁椭球体＜球。正如前述，从 $P(r)$ 和 $f(r)$ 可以判别粒子的形状，如长椭球体的曲线向 $r = D$ 方向非线性降低表明，其 $P(r)$ 可归类为不同截面的棒状粒子。由 $f(r)$ 比较，可认为扁椭球体是片状粒子。由长椭球体 $P(r)$ 的拐点 r_1 显示平均半径为 18Å，从扁椭球体 $f(r)$ 转变点的位置得到平均厚度约 8Å。然而，这些函数并不能显示出各种厚度。

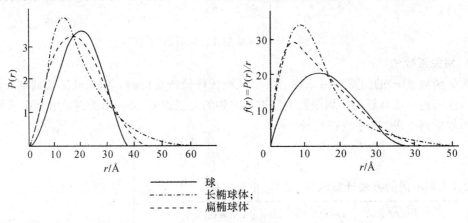

————— 球
—·—·— 长椭球体；
------- 扁椭球体

图 2.22　球、长椭球体和扁椭球体 $P(r)$ 和 $f(r)$ 的比较

2.4.9　长周期

长周期的定义是粒子之间的统计平均距离。对于稠密体系，散射曲线会出现散射极大(峰)，随着体系中粒子大小的均一和间距的均一，散射峰将越来越明锐，甚至还会出现二

级以上的散射极大，这是粒子之间散射干涉的反应。反之，粒子大小不等、间距不等，散射峰就呈现宽而低，有时仅仅呈现一个肩，这表明大小不等的长周期在曲线中重叠，而这种现象较为普遍。

计算长周期通常有以下三种方法。

1. 用 Bragg 公式

对于散射曲线出现明锐散射峰的情况，可以直接采用 Bragg 公式计算：

$$2L\sin\theta = \lambda \tag{2.82}$$

式中，L 为长周期，将散射峰位（散射角：$2\theta/2$）代入上式，计算得到长周期 L。

2. Lorentz 修正法

如散射曲线中仅出现一个肩，就难以准确确定散射峰位，如图 2.23(a) 所示，为此就不能直接采用 Bragg 公式计算。对于这种情况可用 Lorentz 修正法，即以 $\theta^2 I(\theta)$ 对 θ 作图中的实线 [见图 2.23(b)]，亦可以 $h^2 I(h)$ 对 h 和 $s^2 I(s)$ 对 s 作图，然后将其峰位代入式(2.82)中计算。另外，其半高峰宽可作为表征粒子尺寸和间距规整性的一个参数。如 $\theta^2 I(\theta)$ 对 θ 的曲线中不出现峰（见图 2.23(b) 中的虚线），即无长周期，表明粒子的间距无周期性。峰越高和越窄，说明粒子的尺寸和间距越规整。长周期大表明粒子间距大，但也有可能包含着粒子的尺寸大，应视研究的试样，并结合其他手段（如电镜等）来判定。

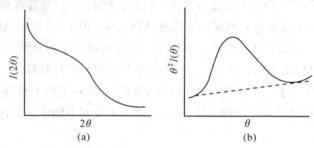

图 2.23　$\theta^2 I(\theta)$ 对 θ 作图计算长周期（示意图）

3. 相关函数法

相关函数 $\gamma(r)$ 的图形如图 2.24 所示，从曲线峰位所对应的 r 值来确定长周期 L。

上述三种方法计算的长周期数值是有所差别的。以聚 ε-己内酯为例，用上述三种方法计算的数值列于表 2.4 中进行比较。

表 2.4　用不同的方法计算的长周期　　单位：Å

试样名称	Bragg 公式	Lorentz 修正法	相关函数法
聚 ε-己内酯	161	148	140

图 2.24　相关函数曲线（示意图）

由此看到，三种方法得到的长周期是 Bragg 公式＞Lorentz 修正法＞相关函数法。因此，对于一组试样要用同一种方法计算，以便相对比较。

2.4.10　试样的制备

研究试样有块状、片状、薄膜状、纤维状、粉末状、颗粒状以及液体等。这些不同类型的试样在进行小角散射测试时，其厚度尽可能满足最佳厚度 t_{opt}。试样的厚度可用测微计或显微镜直接测量。

1. 块状试样

块状试样因其太厚，初束无法透过，因此必须减薄。对于合金试样，金属的最佳厚度为几至几十微米。因此，使试样减薄而不改变试样内部的结构是必须重视的关键问题。

2. 薄膜试样

如薄膜试样厚度不够，可以用几片相同的试样叠加在一起测试。

3. 粉末试样

粉末试样应研磨成无颗粒感，测试时，需用载体(如胶带、毛细管等)支撑，比如均匀的黏在胶带上或装入毛细管中，或用非常薄的铝箔包住，也可以把粉末均匀搅拌在火棉胶中，制成合适厚度的片状试样(火棉胶基本上无散射贡献)。

4. 纤维试样

对于纤维试样，尽可能地剪碎，如同粉末试样那样进行制备。如果观察取向状态的结构变化，应把纤维梳理整齐，以伸直状态夹在试样架中，也可以用火棉胶固定纤维的伸直状态。

5. 颗粒状试样

对于无法碾磨的粗颗粒状试样是比较麻烦的。一个方法是将颗粒尽可能切割成相同厚度的薄片，然后整齐地平铺在胶带上；另一个方法是将颗粒熔融或溶解，制成片状试样，但前提是不能破坏试样原有的结构。

研究试样(如薄膜、纤维和橡胶等)在拉伸状态下的结构变化，需特制一种能对试样进行拉伸的试样架。值得强调的是，研究试样在取向状态时的结构变化必须用点光源或针孔形狭缝的光学系统进行测试，如结合照相机或摄影板等，可得到散射的二维图像。如配备的是一维记录仪，需特制一种既能对试样进行拉伸又能沿着方位角转动的试样架，根据所需方位角(如赤道线或子午线方向)测试结构取向的状况，但这样的测试非常费时。

6. 液体试样

溶液试样只能放在透明容器(如毛细管)中方能测试。制备溶液时要注意：① 溶质在溶剂中完全溶解，即无沉淀；② 溶质与溶剂的电子密度差应尽可能大。

由于容器管壁的吸收将影响试样的散射强度，对于铜靶辐射而言，水或有机溶剂的高分子溶液，其最佳厚度为 $1\sim2$ mm。因此，应选择对 X 射线的吸收和散射尽可能小的容器材料。容器的管壁须尽可能薄，并具有均匀的厚度、均一的直径。容器的吸收必须事先测定。

注意：凡是在测试中，试样用到其他载体时，因载体也具有散射，因此必须在相同条件下测试(如管压、管流、狭缝、2θ 范围等)。

研究试样的结构随温度、电场、磁场、应力、光等影响下的动态变化，其试样架应根据需要进行特制。

关于生物大分子的试样制备和测试要求等在 2.4.12 中详细介绍。

2.4.11　小角X射线散射与其他方法的比较

前面几节已经详细介绍了小角X射线散射的理论，并给出很多结构参数的计算公式，人们不禁会问，小角射线得到的数据可靠和准确吗？

在此，以粒子尺寸为例，并与电镜比较，验证一下小角X射线散射数据的可靠性和精确性。1951年，Yudowitch分别用电镜和小角散射测试了一种均一的乳胶球粒，电镜测定这些粒子的平均直径为2780Å，用小角散射测定的结果是2740 Å。此试样给三个不同的实验室进行重复测试，得到的结果分别是2750 Å、2732 Å和2692 Å。

用Guinier图计算旋转半径是较为普遍的方法，已被多次核实。如Turkevitch等人测试了胶体金粒子，其尺寸变化非常小，约10%。由小角散射给出的直径为824 Å，电镜是700 Å。Fournet研究了许多较小的胶体银粒子，此粒子尺寸变化比金粒子大。用小角散射测定的直径为130 Å，由电镜得到120 Å。Rieker等人用小角散射测试了三种Stöber(沉淀硅)球试样的粒子尺寸分布，并与透射电镜(TEM)进行了比较，两者的结果非常吻合。因此从实验上证明了小角X射线散射理论公式的正确性和有效性。

如果试样是由微晶组成的，用广角X衍射，根据衍射峰宽，通过Scherrer公式计算，得到晶体尺寸的结果较为精确。但颗粒有可能是由许多微晶组成，微晶的大小仅仅影响衍射峰宽，因此微晶的尺寸将小于散射测定的结果。也就是说，颗粒的尺寸比晶粒的尺寸大得多。再次强调：小角散射给出的是颗粒尺寸，广角衍射Scherrer公式给出的是颗粒内晶粒的尺寸。

如果材料的无序度增加，从微晶态转变到非晶态，衍射图的变化完全与粒子的尺寸无关。但是，用小角衍射仍然可以测定粒子的尺寸。例如珀思配克斯有机玻璃(商标名称)，在固态或溶解在丙酮中，都给出同样的衍射图，然而在溶液中，用小角散射的测定，得到的是胶体溶液中胶束的尺寸。因此，只有特别完美的晶体颗粒，并具有相对大的体积，小角散射与Scherrer公式才可以得到相同的结果。

不考虑试样的均匀性和致密性，电镜和小角散射都能测定粒子的尺寸和形状，但结果的精确性，电镜应比小角散射高得多。如果电镜和小角散射得到的结果不一致，可以预知小角散射得到的数据可能较小。原因是电镜对研究试样的观察是局部的，并且是放大的。而小角散射观察研究试样是整体的，因而是统计的结果，数据具有代表性。

电镜观察的试样必须在真空中干燥，但干燥可能会引起原有的结构变化或破坏。因此，对于液体如悬浮液和胶体溶液等，不能用电镜观察，但对于小角散射来说则可以直接测试。

小角散射与其他仪器(如原子力显微镜、透射电镜)比较测定时间较短(约几分钟)。

综上所述，小角X射线散射与电镜等各有所长，两者可以互补。因此，为了了解未知试样和亚微观结构，常常把小角X射线散射与其他技术结合在一起研究。

2.4.12　小角X射线在生物大分子研究中的应用

小角X射线散射被广泛应用于聚合物、生物大分子、凝聚态物理和材料科学等学科，研究的领域涉及合金、悬浮液、乳液、胶体、高分子溶液、天然大分子、液晶、薄膜、聚电解质、复合物、纳米材料和分形等。本节以生物大分子为例讨论小角X射线散射的应用。

研究生物大分子的结构与功能是生物学中的主要课题，而获得生物大分子详细的三维结构是了解生物功能的关键。目前，X 射线衍射是分析生物大分子晶体结构的重要手段之一，通过此方法可以从原子水平上得到详尽的结构信息，但此方法也有某些限制和不足。

（1）生物大分子必须结晶，对于蛋白质必须制备成原子衍生物，有许多生物大分子欲得到合适的晶体较为困难，在某些条件下（如溶剂、离子强度、pH 等）研究生物大分子时，必须要通过结晶这一过程，然后才能进行测定，因而通常不可能照顾到各种生物条件。

（2）晶体生物大分子是通过某些力聚集在一起的，而这些力在溶液的生物条件下却不存在，按照目前得到的经验，溶剂条件和结晶化对其结构几乎没有或少许有些影响，但也发现某些例子，晶体中和溶液中的生物大分子结构有所差异。

（3）大分子的生物过程往往是动态的，而 X 射线结晶学的研究主要是静态的。当然，小角 X 射线散射研究通常也是静态的，但采用高功率 X 射线源和位敏探测器等也能研究生物大分子的动态情况。

小角 X 射线散射的最大优点在于能够在生物条件下、任何要求的溶剂中进行测试，并能够观察由于改变外部条件而可能发生的结构变化。

1. 溶液的制备

蛋白质的结构通常分为两大类：纤维状蛋白质和球状蛋白质。纤维状蛋白质如角蛋白、丝蛋白、肌浆球蛋白和胶原质，一般不溶于含水的介质中；球状蛋白质除了以膜结构整体组成具有特殊基团的蛋白质外，通常都能溶于含水的缓冲溶液中。在本节中所介绍的小角 X 射线散射方法仅限于在生物大分子溶液中的应用，如球状蛋白质，包括酶、核酸、抗体和激素等。

1）试样的总量

按一般规律，试样总量的低限约 20 mg，多次重复的精确测量需要 100～200 mg，然而 5～10 mg 也可满足初步测定分子大致的各种参数的需要。

2）溶剂选择

散射强度是溶质和溶剂之间电子密度差的函数。通常蛋白质溶解在缓冲溶液或低浓度的盐溶液中，由于蛋白质和水之间的电子密度差并不是很高，因此，盐浓度要小于 1 mol/L，并且轻离子优于重离子，高盐浓度（特别是重离子，如 $CsCl$）的溶剂易掩盖蛋白质的散射。

对于球状蛋白质，当浓度低于 1 mg/mL 时，其浓度效应才能忽略。然而，在水溶液中的蛋白质浓度低于 3 mg/mL 时，溶质的散射就很弱，统计误差太大。因此，需要测试一系列浓度，然后外推得到无限稀溶液。作为规律，一般应测试 3～30 mg/mL 范围内 4～5 个浓度的溶液。随着浓度增加，粒子间的散射干涉也随之增大，使小角处的散射程度降低，趋于大角的散射曲线（归一化到单位浓度，即 $\tilde{I}(h)/c$ 曲线）应吻合。因此，高于 50～100 mg/mL 的浓度常被用于研究散射曲线的尾部。

3）均匀性

为了得到精确的数据，体系中的所有大分子粒子必须是尺寸和形状完全一致，唯有真正单分散溶液才有可能得到精确的结构参数。由于蛋白质往往倾向于形成聚集体，因此在研究之前，需要其他物理技术测试溶液，最小的判据是用超离心机分析的沉降图中，溶质应显示一个对称的峰。

假如存在聚集体，必须通过凝胶过滤、电泳、电聚焦或离心分离等方法进行消除。当然，这些方法中，有缔合和解缔合的平衡问题。在这种情况下有时可得到有关蛋白质的基本信息，有时还可通过改变温度、缓冲溶液、离子强度或加入一些试剂等阻止聚集体的形成。但在许多情况下，必须仔细证实这些条件是否改变了蛋白质的自然形态。

4）辐射损害

在非常小的角度测试时，由于试样吸收 X 射线，光源可能会破坏大分子的结构。小角散射仅记录生物大分子的形态，而与其功能活性无关。唯有生物形态上伴随显著的变化，通过小角散射才能分析出活性的损失。仅影响部分链或变位几个原子这样微小的结构变化，小角散射通常是观察不到的。由于辐射或其他因素破坏了分子，在上述数量级内，只要无结构变化，通常并不影响其原有的散射曲线形状。

一般来说，X 射线持续辐照不超过 10 h（用通常的功率 50 kV，30 mA），蛋白质就不会受到很大破坏。但有些生物大分子对辐射较为敏感，出现分裂或聚集，如 IgG 抗体和酶。因此在这种情况下，要尽可能设法阻止分裂和聚集的条件，如通过加入合适的溶剂来阻止这种现象的发生。

将散射强度变化作为时间的函数来监测辐照期间可能会发生的形态变化。重复测量易察觉和有助于消除这些影响。

2. 实验数据处理

测试一系列浓度的单分散溶液，为使数据准确，每个浓度应重复测试多次。然后叠加并除以测试的次数，这用计算机处理极为方便，得到的实验数据都必须经过以下几个步骤。

（1）扣除背景散射即溶剂的散射。应强调的是，用于空白溶液的溶剂必须与用于大分子溶液的溶剂组成和化学位完全相同。

（2）实验数据进行消模糊。有时相对比较，也可用模糊强度 $\tilde{I}(h)$ 直接计算各种参数，不过消模糊数据和模糊数据是有差异的（例如：鳌虾血清蛋白，其旋转半径 R_g 的模糊值为 6.56 nm，消模糊值为 6.90 nm）。

（3）如果计算与质量有关的参数还须将相对强度换算为绝对强度。

（4）各浓度的散射强度外推到零浓度，其目的是消除浓度效应。外推到零浓度有如下几种方法。

① 以 $I(h)/c$ 对 h 作图。

② 作 Zimm 图。如果研究高浓度溶液，用 Zimm 图外推较为精确。

③ 先从每个浓度的 Guinier 图求出旋转半径，然后用旋转半径对浓度作图。外推到零浓度既可以用模糊曲线也可以用消模糊曲线，两者的误差不是很大。

④ 采用距离分布曲线 $P(r)$。随着浓度增加，在粒子最大距离 D 区域的极小值（负值）随之降低，外推到零浓度的曲线就没有出现极小值，由此可容易识别浓度效应。

3. 分子参数

表征溶解粒子最常用的分子参数如下。

1）旋转半径

旋转半径 R_g 是 SAXS 得到的最为重要并最为精确的参数之一。最普通的方法是作 Guinier 图（见图 2.25）。

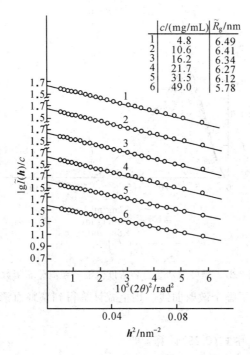

	$c/(mg/mL)$	$\tilde{R}_g/nm$
1	4.8	6.49
2	10.6	6.41
3	16.2	6.34
4	21.7	6.27
5	31.5	6.12
6	49.0	5.78

图 2.25　Guinier 图

从直线斜率计算旋转半径：

$$I(\boldsymbol{h}) = I(0) \cdot \exp\left(-\frac{\boldsymbol{h}^2 R_g^2}{3}\right) \tag{2.83}$$

$$R_g = K \cdot \sqrt{\tan\alpha} \tag{2.84}$$

式中，$I(0)$ 是 $\boldsymbol{h}^2$ 外推到零的强度；K 为斜率转换为旋转半径的系数。若以 $\ln I(\boldsymbol{h})$ 对 $\boldsymbol{h}^2$ 作图，则 $K=\sqrt{3}$；若以 $\lg I(\boldsymbol{h})$ 对 $\boldsymbol{h}^2$ 作图，则 $K=2.303\sqrt{3}$。然后用各浓度的旋转半径 R_g 对浓度作图（见图 2.26），外推到零浓度，截距即为 R_g 值。

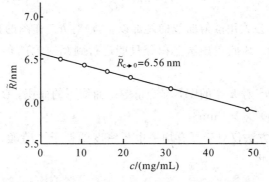

图 2.26　鳌虾血清蛋白溶液的旋转半径对浓度作图

用距离分布函数 $P(r)$（图 2.27）也能计算旋转半径 R_g，如下式：

$$R_g^2 = \frac{\int_0^\infty P(r)r^2\mathrm{d}r}{\int_0^\infty P(r)\mathrm{d}r} \tag{2.85}$$

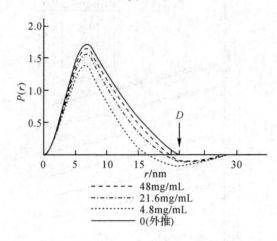

图 2.27 螯虾血清蛋白各浓度溶液的距离分布函数

此方法的优点是运用了整个散射曲线。用上式计算得到螯虾血清蛋白的 $R_g = 6.92$ nm。

2）分子量

分子量 M 根据 2.4.4 中式（2.25）计算，即

$$M = \frac{\Delta I(0)}{I_e V N_A (\Delta Z_e)^2 C} \tag{2.86}$$

式中，$\Delta I(0)$ 是浓度外推到零，在零角度的强度。螯虾血清蛋白的 $M = 854\,000 \times (1 \pm 5\%)$。

3）体积

大分子粒子的体积 V 可用不变量 Q 进行计算：

$$Q = \int_0^\infty I(h)h^2\mathrm{d}h = \int_0^{h^*} I(h)h^2\mathrm{d}h + \frac{K}{h^*} \tag{2.87}$$

$$V = 2\pi^2 \frac{I(0)}{Q} \tag{2.88}$$

式中，K 是按照 Porod 公式用散射曲线的尾部以 $I(h)$ 对 h^{-4} 作图的直线斜率。显然，散射强度不可能记录至 ∞ 角。因此在数学上积分只能进行到相对大的角度 h^*，这样处理尽可能减少误差。

图 2.28 是以 $I(h)h^2$ 对 h 作的图，不变量等于曲线下的面积，在 h^* 开始积分，得到螯虾血清蛋白的体积是 1.07×10^4 nm^3。

在此必须指出：此方法仅对于具有均一电子密度的粒子才精确。因而，测定体积比旋转半径的精确性稍差一些。

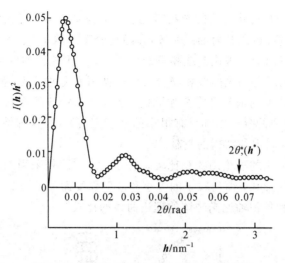

图 2.28　鳌虾血清蛋白的 $I(\boldsymbol{h})\boldsymbol{h}^2$ 对 $\boldsymbol{h}$ 作图

4）水合度

用 SAXS 测定溶解蛋白质的体积或多或少含有水分子的"水合体积"，水分子与折叠多肽链和形成全部结构的亚单元之间松散结合。如已知水合粒子体积 V，分子量 M 和分比容 ν_2，就可以从下式计算水合度（或溶胀度）：

$$f_s = \frac{N_A V}{\nu_2 M \times 10^{21}} \tag{2.89}$$

由此可计算每克蛋白质中含水的质量 m（单位：g）为

$$m = \nu_2 (f_s - 1) \tag{2.90}$$

鳌虾血清蛋白的 $f_s = 1.37$，相当于每克蛋白质约含 $0.37\mathrm{gH_2O}$。

5）最大尺寸

按照距离分布函数 $P(r)$ 的定义，当浓度外推到零时，$P(r)$ 为零的值 D 就是粒子的最大距离（见图 2.27）。鳌虾血清蛋白的最大距离 $D = 21.5$ nm。

6）比表面积和截线长度

比表面积 O_s 和截线长度 $\overline{L}$ 用于描述一般线团状大分子的结构参数了。根据 Porod 公式（2.56）和不定量 Q 的定义（2.31），可求得比表面积为

$$O_s = \frac{S}{V} = \frac{\pi \lim\limits_{h \to \infty}[I(\boldsymbol{h})\boldsymbol{h}^4]}{Q} \tag{2.91}$$

式中，S 相当于溶解粒子的表面积。此式的计算可以不用绝对强度。

截线长度（intersection length 或 transversal）定义为分散相在所有可能方向上横截的平均弦长，它与比表面积的倒数成正比。对于全同粒子体系，有

$$\overline{L} = \frac{4}{O_s} = \frac{4V}{S} \tag{2.92}$$

4. 形状参数

上述的分子参数都是直接从散射曲线或通过 Fourier 变换计算得到，而这些参数与模

型无关。但生物大分子与形状有关的参数却是通过实验曲线与各种模型计算的理论曲线进行比较而得到的，此过程可用散射曲线 $I(h)$ 和距离分布函数 $P(r)$ 来进行。不同模型的散射不会相同，接受散射曲线与理论曲线相符的模型，排除不相符的模型。

应该指出：实验曲线与理论曲线相吻合仅证明两者在散射上是等价的，并不表明生物大分子的内部结构和模型的细节是完全相同的。此外，SAXS 的形状分析仅对均一的化学结构才有意义（如蛋白质的分子内部只有很小的密度涨落），在这种情况下，散射主要由粒子的形状所决定，而忽略内部结构的贡献。

实验曲线与各种形状的理论曲线相比较，最方便的方法是采用双对数图。因为这种图的比较仅取决于分子的形状，而与粒子的大小和散射强度无关。图 2.29 显示了鳌虾血清蛋白的实验曲线与球形和各种轴比椭球体的理论曲线的比较。

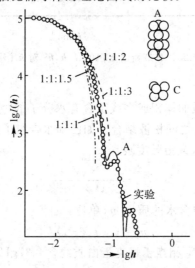

图 2.29　鳌虾血清蛋白的实验曲线与理论曲线的比较

如果实验曲线与理论曲线出现差异，可以考虑以一个较复杂的模型来模拟。有时可把蛋白质分成碎片、分解产物或较小的亚基，这并不改变它们的构象。由这些碎片或亚基的整个形状和结构参数有助于找到整个蛋白质的模型。从生物化学研究获取的信息（如多肽链的数目和大小）可以给出亚基的数目和大小。电镜可提供与它们排列的有关信息，最后从 SAXS 曲线本身得到亚基的信息。

通过实验曲线与理论曲线的比较，可知鳌虾血清蛋白的轴比约为 $1:1:2$，其形状近似于椭球体或圆柱体。从生物化学研究得到的信息是，鳌虾血清蛋白可以分成两个单体的二聚物，每个单体由 6 个近似相同的亚基组成，表明符合模型 C。

接下来问题是找出这些单体以哪种方式排列形成二聚物。通过距离分布函数的比较，图 2.30 中的模型 A 较为吻合，而模型 B 有明显差异。

虽然大部分水溶性生物大分子呈球形，但也有一些单体是细长型的或以棒状、片状的聚集体形式存在。对于细棒状粒子，有

$$I(h) = Kh^{-1}\exp\left[-\frac{(hR)^2}{4}\right] \tag{2.93}$$

将表 2.2 中薄圆片 $R^2 = 2R_C^2$ 的关系式代入上式得

$$I(\boldsymbol{h}) = K\boldsymbol{h}^{-1}\exp\left[-\frac{(\boldsymbol{h}R_C)^2}{2}\right] \tag{2.94}$$

以 $\lg I(\boldsymbol{h}) \cdot \boldsymbol{h}$ 对 $\boldsymbol{h}^2$ 作图可求得截面旋转半径 R_C。

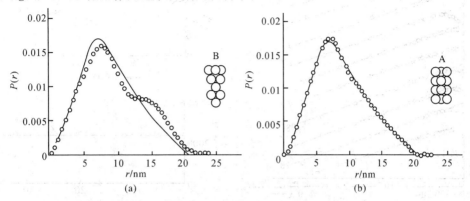

图 2.30　距离分布函数的实验曲线（实线）和理论曲线（虚线）的比较

当蛋白质粒子的长度不超过 100 nm 时，如已知整个粒子的旋转半径 R_g 和截面旋转半径 R_C，可从下式直接计算粒子的长度 L。

① 菱柱体：

$$R_g^2 - R_C^2 = \frac{L^2}{12} \tag{2.95}$$

② 椭球体：

$$R_g^2 - R_C^2 = \frac{c^2}{12} \tag{2.96}$$

式中，c 为最大半轴长。

棒状粒子的截面积 A 和片状粒子的厚度 T 可分别从下式求得

$$A = \frac{[I(\boldsymbol{h}) \cdot \boldsymbol{h}]_{h \to 0}}{Q}2\pi \tag{2.97}$$

$$T = \frac{[I(\boldsymbol{h}) \cdot \boldsymbol{h}]_{h \to 0}}{Q}\pi \tag{2.98}$$

但是这两个值精确性不太高。

如已知分子量 M 和分子长度 L，即可求出单位长度的质量 M_c 为

$$M_c = \frac{M}{L} \tag{2.99}$$

Sund 等人研究了牛肝脏谷氨酸脱氢酶，在浓度为 $1 \sim 33$ mg/mL 的范围内（图 2.31 曲线 $1 \sim 11$），这种酶会形成细长的聚集体，随浓度增加，平均分子量 M 从约 0.5×10^6 增大到 2×10^6，整个粒子的旋转半径和分子量变化很大。但截面曲线呈现几乎相同的斜率，如图 2.31 所示。从直线斜率计算的截面旋转半径 R_C 和从零角强度计算的单位长度的质量 M_c 也随浓度呈现相同的值，如图 2.32 所示。由此表明：截面旋转半径和单位长度的质量与浓度无关，并与缔合分子的大小无关。证明这种酶线性聚集发生在长轴方向，而截面保持不变。

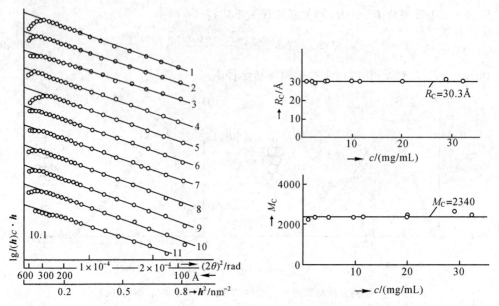

图 2.31　谷氨酸脱氢酶的 Ginier 图　　图 2.32　谷氨酸脱氢酶在各浓度的 Ginier 图 R_c 和 M_c

实验曲线和各种轴比（1∶1～1∶0.4）椭圆截面的理论曲线比较还可以得到截面形状的信息，如图 2.33 所示。可以看到，截面呈圆形和稍微椭圆形，与浓度无关。

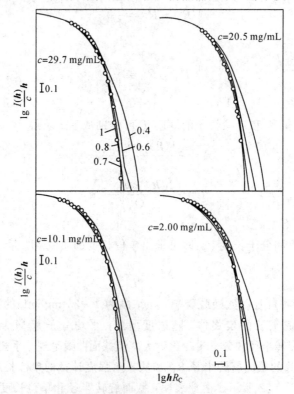

图 2.33　谷氨酸脱氢酶的实验曲线（虚线）与理论曲线（实线）的比较

将聚合体平均长度 L 对平均分子量 M 作图（见图 2.34），可以看到长度的增加与聚集体分子量成正比，表明是线性缔合。一般来说，如得到离子截面有关的数据，就能得到其形状的较为详细的图。对于非常长的粒子（数千埃），SAXA 不能测定，换言之，不能准确计算粒子的长度，但至少可以得到粒子的形状和截面单位长度的质量以及缔合类型。

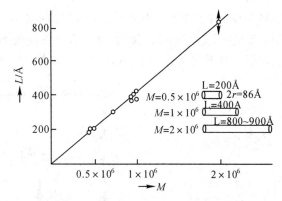

图 2.34　谷氨酸脱氢酶的长度 L 对平均分子量 M 作图

对于片状粒子，有

$$I(\boldsymbol{h}) = K\boldsymbol{h}^{-2} \exp\left[\frac{-(\boldsymbol{h}L)^2}{12}\right]（薄片状粒子） \tag{2.100}$$

以 $\ln I(\boldsymbol{h}) \cdot \boldsymbol{h}^2$ 对 $\boldsymbol{h}^2$ 作图，从直线斜率可求得粒子的长度 L（或厚度 T）。因 $L = 2\sqrt{3}R_{\mathrm{t}}$（见表 2.2 中纤维长度 L 与旋转半径的关系），由此可求出厚度旋转半径 R_{t}。如果粒子的宽度和长度仅比厚度大约 2～3 倍，仍然可以测试和计算。

Zipper 和 Durchschla 研究了片状蛋白质——苹果酸合酶，其形状近似于扁平的椭圆体，轴 $a = b = 6.1$ nm，轴 $c = 2.2$ nm，发现旋转半径和分子量随 X 射线辐照时间而增大，表明聚集成大粒子。图 2.35(a) 显示，厚度旋转半径 R_{t} 基本上保持不变，排除了碟状粒子在旋转轴方向的叠加。图 2.35(b) 显示，较小聚集体呈现一个截面旋转半径 R_{c}，较大的聚集体显示两个截

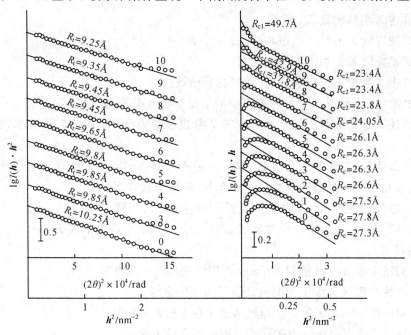

图 2.35　苹果酸合酶的厚度(a)和截面(b)图（测试间隔 5.7 h）

面旋转半径。由此提出了苹果酸合酶聚集的示意图，见图 2.36。首先几个分子在一个方向上聚集，形成粒子并行的线形排列，片状粒子的厚度不变，只有相当于粒子线形排列的一个截面旋转半径。对于较大低聚物，在两个方向聚集，就存在两个截面旋转半径。

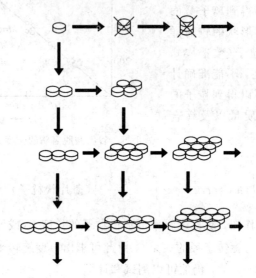

图 2.36　苹果酸合酶聚集示意图

习　题

2.1　试述 X 射线的定义、性质。

2.2　试述连续 X 射线的产生和特点。

2.3　试述特征 X 射线的产生和特点。

2.4　试述 X 射线粉末衍射法物相定性的分析过程。

2.5　试推导 Bragg 方程，并对方程中的主要参数范围的确定进行讨论。

2.6　试述布拉格方程 $2d\sin\theta = \lambda$ 中三个参数分别表示什么，该方程有哪两方面主要用途。

2.7　什么是 K_α 射线？什么是 K_β 射线？这两种射线中哪种射线强度大？哪种射线波长短？X 射线衍射用的是哪种射线？为什么 K_α 射线中包含 $K_{\alpha 1}$ 和 $K_{\alpha 2}$？

2.8　试述 X 射线粉末衍射法物相定性分析应注意的问题。

2.9　简述小角 X 射线散射法和电子显微镜法、广角 X 射线衍射 Scherrer 公式法测试粒子尺寸的区别。

2.10　简述小角 X 射线散射 Guinier 作图法测试粒子尺寸的原理。

2.11　简述小角 X 射线散射测试计算长周期的方法。

2.12　简述用 Porod 定律计算理想两相体系表面积的原理。

2.13　简述用修正 Porod 定律计算界面层厚度的方法。

第 **3** 章　电子显微分析方法

自从德布罗意(L. V. de Broglie)和汤姆逊(G. P. Thomson)分别在 1923 年和 1927 年从理论上和实验上证明了电子的波动性本质之后，1933 年首先由卢斯卡(Ernst E. Ruska)等应用电子束做照明光源制造出世界上第一台透射电子显微镜(TEM)，被誉为"本世纪重大的发明之一"。1938 年，Von Ardenne 对扫描透射电镜的理论基础和实践情况作了详细讨论，并描述了扫描电镜的构造。1942 年，Zworykin、Hiller 和 Suyder 等设计了第一台观察块状样品用的扫描电镜(SEM)，并阐释了扫描电镜有关的基础理论。1965 年开始制造出第一批商品扫描电镜(SEM)。目前，电子显微镜已成为固体物理、固体化学、材料科学、地质矿物学、生命科学和医学等各领域中不可缺少的重要研究手段。

另外，由于电子技术、真空技术以及新材料、精密机械制造工业的进步，使科学设想能够成为可以运转的仪器设备；电子计算机技术的发展和应用更使这些分析仪器如虎添翼，进入一个全新的阶段。如今，扫描电子显微镜和透射电子显微镜已成为一种用途广、快速、直观、综合的现代分析仪器。

3.1　扫描电子显微镜

3.1.1　扫描电子显微镜的工作原理

扫描电子显微镜(扫描电镜)通过聚焦电子束与固体样品相互作用产生的各种物理信号，分析固体样品的微区形貌和化学组成。扫描电镜所收集的各种成像信号均来源于运动的电子与物质之间的相互作用。本节首先介绍电子与物质相互作用产生物理信号的基本物理过程，并简要介绍这些信号在电子显微分析中的应用。

1. 电子与物质的相互作用

如图 3.1 所示，当高能入射电子束轰击样品表面时，入射电子的能量将以从样品中激发出来的各种信号的方式释放，其中主要有二次电子、背散射电子、特征 X 射线、俄歇电子、透射电子和吸收电子。

1) 二次电子

二次电子(Secondary Electron)是指被高能入射电子轰击出来的核外电子。由于原子核和外层价电子间的结合能很小，因此外层的电子比较容易和原子脱离。当原子的核外电子从入射电子获得了大于相应的结合能的能量后，可离开原子而变成自由电子。如果这种

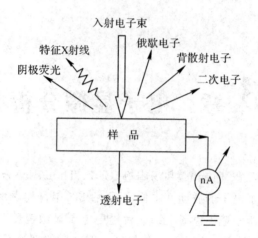

图 3.1　入射电子束轰击样品产生的信号示意图

散射过程发生在比较接近样品的表面处，那些能量大于材料逸出功的自由电子可以从样品表面逸出，变成真空中的自由电子，即二次电子。一个能量很高的入射电子束射入样品时，可以产生大量自由电子，而在样品表面上方检测到的二次电子大部分来自价电子。

二次电子来自表面 5～50 nm 的区域，能量约为 0～50 eV，它对样品表面状态非常敏感，能有效地显示样品表面的微观形貌。由于二次电子来自样品表面层，入射电子还没有发生较多次散射，因此产生二次电子的面积与入射电子的入射面积相近，所以二次电子的分辨率较高，一般达到 5～10 nm。扫描电镜的分辨率通常就是二次电子分辨率。

2) 背散射电子

背散射电子(Backscatting Electron)是指被固体样品中的原子核反弹回来的一部分入射电子，其中包括弹性背散射电子和非弹性背散射电子。弹性背散射电子是指被固体样品中原子核反弹回来的散射角大于 90° 的入射电子，其能量基本上没有变化，能量为数千电子伏到数万电子伏。非弹性背散射电子是入射电子和固体样品核外电子发生撞击产生非弹性散射造成的，能量和方向均发生变化。非弹性背散射电子的能量分布较宽，从数十电子伏到数千电子伏。在数量上看，弹性背散射电子远比非弹性电子的份额多。背散射电子的产生的深度范围在 100 nm 至 1 μm。背散射电子的信号强度随原子序数的增加而增加，因此利用背散射电子作为成像信号不仅能分析形貌特征，也可用于显示原子序数衬度，对成分进行定性分析。在扫描电镜中应用背散射电子成像称为背散射电子像。

3) 特征 X 射线

特征 X 射线是原子的内层电子受到激发后，在能级跃迁过程中直接释放的具有特征能量和波长的一种电磁波辐射。入射电子与核外电子作用，产生非弹性散射，外层电子脱离原子变成二次电子，使原子处于能量较高的激发状态，它是一种不稳定态，外层的电子会迅速填补内层电子空位，使原子降低能量，趋于较稳定的状态。具体说来，如在高能入射电子作用下使 K 层电子逸出，原子就处于 K 激发态，能量为 E_K，如图 3.2 所示。当 L_2 层电子填补 K 层空位，原子体系由 K 激发态变成 L_2 激发态，能量从 E_K 降为 E_{L_2}，这时就有

$\Delta E = (E_K - E_{L_2})$ 的能量释放出来。若这一能量以 X 射线形式放出，这就是该元素的 K_a 辐射，如图 3.2(b) 所示。X 射线的波长为

$$\lambda_{k_a} = \frac{hc}{E_K - E_{L_2}} \tag{3.1}$$

式中：h 为普朗克常数；c 为光速。

对于每一个元素，E_K、E_{L_2} 都有确定的特征值，所以发射的 X 射线波长也有特征值，这种 X 射线称为特征 X 射线。X 射线一般在样品 500 nm～5 μm 深处发出。

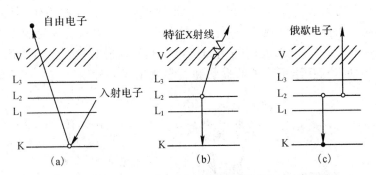

图 3.2　原子的 K 电子激发及其后的跃迁过程示意图

4）俄歇电子

如果原子内层电子能级跃迁过程中释放出来的能量不以 X 射线的形式释放，而是用该能量将核外另一电子打出，脱离原子变成二次电子，则这种二次电子叫俄歇电子（Auger Electron）。因每一种原子都有自己特定的壳层能量，所以它们的俄歇电子能量也各有特征值，一般在 50～1500 eV 范围之内。俄歇电子是由样品表面极有限的几个原子层中发生的，这说明俄歇电子信号适用于表面化学成分分析。显然，一个原子中至少有 3 个以上的电子才能产生俄歇效应，因此铍是产生俄歇电子的最轻元素。

5）透射电子

当样品厚度小于入射电子的穿透深度时，入射电子将穿透样品，从另一表面射出，称为透射电子（Transmission Electron）。一般要求样品的厚度在 10～20 nm 之间，透射电子的主要组成部分是弹性散射电子，是透射电子显微镜成像的主要信号，成像比较清晰，电子衍射斑点也比较明锐。

6）吸收电子

入射电子经多次非弹性散射后，能量损失殆尽，不再产生其他效应，一般被样品吸收，这种电子称为吸收电子（Adsorption Electron）。如果将样品与一个电流表连接并接地，就会显示出吸收电子产生的吸收电流。样品的厚度越大，密度越大，原子序数越大，吸收电子就越多，吸收电流就越大。因此不但可以利用吸收电流作为信号成像，还可以得出原子序数不同的元素的定性分布，可广泛应用于扫描电镜和电子探针仪中。

上述的不同信号，是在入射电子束轰击样品时，同时从样品中激发出来的、不同的信号，反映出样品本身不同的显微结构和元素组成等性质。

2. 相互作用体积

电子射入固体样品，经过多次的散射后完全失去方向性，也就是向各个方向散射的概率相等，这种现象称为扩散或漫散射。由于存在这种扩散过程，电子与物质的相互作用不限于电子入射方向，而是有一定的体积范围，此体积范围即为相互作用体积。

电子与固体物质相互作用的体积可以通过蒙特-卡洛(Monte-Carlo)电子弹道模拟技术显示。电子与固体样品相互作用形成的体积和大小与入射电子的能量、样品原子序数和电子束入射方向有关。图 3.3 为电子与固体样品相互作用体积的形状和大小与入射电子的能量、样品原子序数的关系。从图中可以看出对轻元素样品，相互作用体积呈梨形；对于重元素样品，相互作用体积则呈现半球形。入射电子能量增加只是改变相互作用体积的大小，但形状基本不变。与垂直入射电子相比，电子倾斜入射时相互作用体积在靠近试样表面处横向尺寸增加。相互作用体积的形状和大小决定了各种物理信号产生的深度和广度范围。

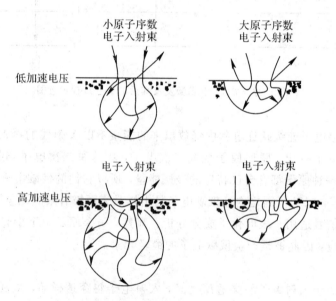

图 3.3　入射电子能量与样品原子序数不同时相互作用体积示意图

3. 物理信号的深度和广度

电子与固体样品的相互作用体积呈梨形时各种信号产生的深度和广度范围如图 3.4 所示。从图中可以看出，俄歇电子仅在表面 1 nm 层内产生，适用于表面分析；二次电子在表面 10 nm 层内产生，电子在此深度内没有经过多次散射，基本上还是按入射方向前进，因此二次电子发射的广度与入射电子束的直径相差无几。在扫描电镜的各种成像信号中，二次电子像具有最高的分辨率。背散射电子由于其能量较高，可以从离样品表面较深处射出，此时如果电子已充分扩散，发射背散射电子的广度要比电子束直径大，因此其成像分辨率要比二次电子低，它主要取决于入射电子能量和样品原子序数。X 射线信号产生的深度和广度范围则更大。此外，由于 X 射线在固体样品中具有较强的穿透能力，因此特征 X 射线的范围更广，这样使得 X 射线图像分辨率低于二次电子、背散射电子和吸收电子图像，

X 射线显微分析的区域也远大于入射电子束作用的面积，这点在微区成分分析时需要特别注意。

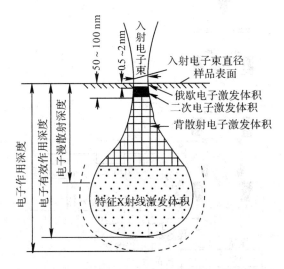

图 3.4　入射电子产生的各种信号的深度和广度范围示意图

3.1.2　扫描电镜

扫描电镜是用聚焦电子束在样品表面逐点扫描成像。样品可以为块状、粉末或颗粒，二次电子和背散射电子是最主要的成像信号。

1. 扫描电镜的结构

图 3.5 为扫描电镜组成结构图，由电子枪发射的能量为 $5 \sim 35$ keV 的电子，以其交叉斑作为电子源，经两级聚光镜及物镜的聚焦形成一定能量、一定束流强度和束斑直径的微细电子束，在扫描线圈驱动下，于样品表面按一定时间、空间顺序作栅网式扫描。聚焦电子束与样品相互作用，产生二次电子发射（以及其他物理信号），二次电子发射量随样品表面形貌而变化。二次电子信号被探测器收集转换成电信号，经视频放大后输入显像管，调制与入射电子束同步扫描显像管亮度，得到放映样品表面形貌的二次电子像。扫描电镜主要有真空系统、电子光学系统和成像系统三大部分组成。

1）真空系统

真空系统首先可以防止电子束系统中的灯丝因氧化而失效，除了在使用扫描电镜时需要用真空以外，平时还需要以纯氮气或惰性气体充满整个真空柱；其次，真空系统增大电子的平均自由程，从而使得用于成像的电子更多。

真空系统主要包括真空柱和真空泵两部分。真空柱是一个密封的柱形容器。真空泵用来在真空柱内产生真空，有机械泵、油扩散泵以及涡轮分子泵三大类，机械泵与油扩散泵的组合可以满足配置钨灯丝的扫描电镜的真空要求，但是对于装置场发射电子枪或六硼化镧枪的扫描电镜，则需要机械泵与涡轮分子泵的组合。成像系统和电子光学系统均内置于真空柱中。真空柱低端的密封室，用于放置样品即样品室。

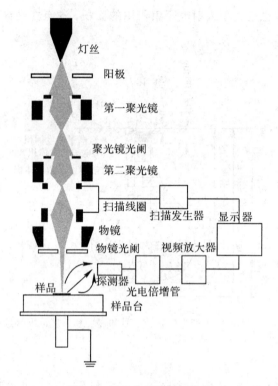

灯丝

阳极

第一聚光镜

聚光镜光阑

第二聚光镜

扫描线圈   扫描发生器   显示器

物镜

物镜光阑   视频放大器

探测器

样品   光电倍增管

样品台

图 3.5　扫描电镜组成结构图

2）电子光学系统

扫描电镜的电子光学系统由电子枪、电磁透镜等部件组成。电子光学系统主要产生一束能量分布极窄的、电子能量确定的电子束用于扫描成像。

电子枪用于产生电子，与透射电镜电子枪相似，只是加速电压稍低。目前扫描电子显微镜所采用的电子枪主要有两大类，共三种。第一类是利用场发射效应产生电子，称为场发射电子枪。此类电子枪较昂贵，需要小于 10^{-10} torr 的极高真空，但其寿命在 1000 h 以上，且不需要电磁透镜系统。另一类则是利用热发射效应产生电子，有钨枪和六硼化镧枪两种。钨枪寿命在 30～100 h 之间，价格便宜，但成像不如其他两种明亮，常作为廉价或标准扫描电镜配置。六硼化镧枪寿命介于场发射电子枪与钨枪之间，为 200～1000 h，价格适中，图像比钨枪明亮 5～10 倍，需要略高于钨枪的真空，一般需要 10^{-7} torr 以上，但比钨枪容易产生过度饱和和热激发问题。各种电子枪的性能比较如表 3.1 所列。

表 3.1　不同电子枪的性能比较

名　称	亮度/A/(sr·cm²)	电子源头直径/μm	寿命/h	能量分散/eV	真空要求/torr
钨丝电子枪	$10^4 \sim 10^6$	20～50	～50	1.0	10^{-4}
六硼化镧电子枪	$10^5 \sim 10^7$	1～10	～1000	1.0	10^{-6}
场发射电子枪	$10^8 \sim 10^9$	<0.01	>1000	0.2	10^{-6}

电磁透镜由会聚透镜和物镜两部分组成，会聚透镜装配在真空柱中，位于电子枪下，

主要用于会聚电子束。通常设有两组，分别为第一聚光镜和第二聚光镜，并分别有一组会聚光圈与之相配。但会聚透镜仅仅用于汇聚电子束，与成像聚焦无关。

位于真空柱最下方即样品上方的电磁透镜为物镜，它负责将电子束的焦点会聚到样品表面。电磁透镜的作用是将电子枪产生的电子束会聚成微细的电子束（探针）。当电子枪交叉斑（电子源）的直径为 $20\sim50~\mu m$，亮度为 $10^4\sim10^5~A/(sr\cdot cm^2)$ 时；电子束流为 $1\sim10~\mu A$。调节透镜的总缩小倍数即可得到不同直径的电子束斑。随着束斑直径的减小，电子束流将减小。

3）成像系统

电子经过一系列电磁透镜会聚成电子束后，轰击到样品上，与样品相互作用，会产生二次电子、背散射电子以及 X 射线等信号。需要不同的探测器，如二次电子探测器、背散射电子探测器、X 射线能谱仪等来区分这些信号以获得所需要的信息。通常成像系统有扫描系统、信号探测放大系统和图像显示和记录系统等几部分组成。

扫描系统由扫描信号发生器、扫描放大控制器、扫描偏转线圈等组成。扫描系统的作用是提供入射电子束在样品表面以及显像管电子束在荧光屏上同步扫描的信号，通过改变入射电子束在样品表面扫描的幅度，可以获得所需放大倍数的扫描像。

信号探测放大系统的作用是探测样品在入射电子束作用下产生的物理信号，然后经信号放大，作为显像系统的调制信号。不同的物理信号，要用不同类型的探测系统，其中最主要的是电子探测器和 X 射线探测器。

图像显示和记录系统包括显像管、照相机等，其作用是把信号探测系统输出的调制信号转换为在荧光屏上显示的、放映样品表面某种特征的扫描图像，以供观察、照相和记录。

3.1.3　扫描电镜的性能指标

1. 放大倍率

扫描电镜是通过控制扫描区域的大小来控制放大率的。如果需要更高的放大倍率，只需要扫描更小的一块面积。放大率由屏幕（照片）面积除以扫描面积得到。对高分辨率显像管，其最小光点尺寸为 0.1 mm，当显像管荧光屏尺寸为 100 mm×100 mm 时，一副图像约有 1000 条扫描线构成。

如果入射电子束在样品上扫描幅度为 l，显像管电子束在荧光屏上扫描幅度为 L，则扫描电镜放大倍率（M）为

$$M = \frac{L}{l} \tag{3.2}$$

由于显像管荧光屏尺寸是固定的，因此只要通过改变入射电子束在样品表面扫描幅度，即可改变扫描电镜放大倍率，目前高性能扫描电镜放大倍率可以从 20 倍连续调节到 800 000 倍。

2. 分辨率

分辨率是扫描电镜的主要性能指标之一，对于微区成分分析而言，它是指分析的最小区域，而对于扫描电镜图像而言，其分辨率指能分开两点之间的最小距离。

扫描电镜图像的分辨率取决于以下因素：

（1）入射电子束束斑的大小。扫描电镜是通过电子束在样品上逐点扫描成像的，因此任何小于电子束斑的样品细节不能在荧光屏图像上得到显示，也就是说扫描电镜图像的分辨率不可能小于电子束斑直径。

（2）成像信号。扫描电镜用不同信号成像时分辨率是不同的，二次电子像的分辨率最高，X 射线像的分辨率最低。由此可以看出，不同成像信号具有不同的分辨率。表 3.2 列举了不同型号的成像分辨率。

表 3.2　成像信号与分辨率对应表

信号	二次电子	背散射电子	吸收电子	特征 X 射线	俄歇电子
分辨率/nm	5～10	50～200	100～1000	100～1000	5～10

（3）场深与工作距离。在扫描电镜中，位于焦平面上下的一小层区域内的样品都可以得到良好的聚焦而成像。这一小层的厚度成为场深，通常为几纳米厚。工作距离指从物镜到样品最高点的垂直距离。如果增加工作距离，可以在其他条件不变的情况下获得更大的场深；如果减少工作距离，则可以在其他条件不变的情况下获得更高的分辨率。通常使用的工作距离在 5～10 mm 之间。扫描电镜的场深如表 3.3 所示。

表 3.3　扫描电子显微镜的场深（工作距离 10 mm）

放大倍数/倍	光阑孔径/μm		
	$100(\beta=53\times10^{-3}\,\mathrm{rad})$	$200(\beta=10^{-2}\,\mathrm{rad})$	$600(\beta=3\times10^{-2}\,\mathrm{rad})$
10	4000	2000	670
100	400	200	67
1000	40	20	6.7
10 000	4	2	0.67
100 000	0.4	0.2	0.067

3.1.4　扫描电镜衬度及显微图像

扫描电镜的显微图像所对应的衬度是信号衬度，即

$$C=\frac{i_2-i_1}{i_1} \tag{3.3}$$

式中：C 为信号衬度；i_1 和 i_2 代表电子束在样品上扫描时从任何两点探测到的信号强度。

扫描电镜的衬度根据其形成的依据，可以分为形貌衬度、原子衬度和电压衬度。形貌衬度（Topographic Contrast）是由于样品表面形貌差异而形成的衬度。原子序数衬度（Atomic Number/Composition Contrast）是由于样品表面原子序数（或化学成分）差异而形成的衬度。电压衬度是由于样品表面电位差别而形成的衬度。利用对样品表面电位状态敏感的信号，如二次电子，作为显像管的调制信号，可得到电压衬度像。但实际应用中，主要

应用形貌衬度（Topographic Contrast）和原子序数衬度（Atomic Number/Composition Contrast）成像。

1. 形貌衬度及显微成像

形貌衬度是由于样品表面形貌差别而形成的衬度。利用对样品表面形貌变化敏感的物理信号如二次电子、背散射电子等作为显像管的调制信号，可以得到形貌衬度像，其强度是样品表面倾斜角度的函数。而样品表面微区形貌差别实际上就是各微区表面相对于入射束的倾角不同，因此电子束在样品上扫描任何两点的形貌差别，表现为信号强度的差别，从而在图像中形成显示形貌的衬度。二次电子像的衬度是最典型的形貌衬度，下面以二次电子为例说明形貌衬度形成过程及显微图像。

1) 表面倾角与二次电子产额

二次电子只能从样品的表面层 5～10 nm 深度范围内被入射电子束激发出来，深度大于 10 nm 时，虽然入射电子也能使核外电子脱离原子而变成自由电子，但是因其能量较低以及平均自由程较短，不能逸出样品表面，最终只能被样品吸收。

二次电子信号的强弱与二次电子的数量有关，而被入射电子束激发出来的二次电子数量和原子序数没有明显的关系，但是与微区表面的几何形状关系密切。二次电子的主要特点是其对样品表面的几何形状十分敏感，因此二次电子信号主要用于分析样品的表面形貌。二次电子的产额随着样品表面各部位倾斜角 θ（即电子束入射角）的不同而发生变化。如图 3.6 所示，当入射电子束和样品表面法线平行时，如图 3.6(a) 中 $\theta=0°$，二次电子的产额最少；当 θ 增加时，二次电子的等效发射体积增大，即增大了样品表面以下 10 nm 范围内所包含的作用体积，从而增大了二次电子的发射量；当 $\theta=45°$ 时，电子束形成二次电子的有效深度增加到 $\sqrt{2}$ 倍，入射电子使距表面 10 nm 的作用范围内产生二次电子的数量增多，如图 3.6(b) 中黑色区域所示。但是，如果入射电子束射程较深时（图 3.6 中的 A 点），虽然也能激发出一定数量的自由电子，但因 A 点距离表面大于 L（L 为 5～10 nm），自由电子被样品吸收而无法逸出表面，因此不能用于调制成像。

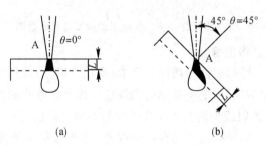

(a)　　　　　　　　(b)

图 3.6　二次电子产额与入射角度的关系

2) 二次电子形貌衬度的产生

如果样品的表面由如图 3.7 所示的 A、B 和 C 三个平面区域组成，其中 A 面的倾斜度小于 C 面，故 A 面与 C 面相比，其二次电子产额较少，检测到的二次电子强度较弱，亮度较低，B 面倾斜角最小，故亮度最小。实际样品表面的形貌非常复杂，基本上由具有不同大小倾斜角的曲面、尖棱、沟槽等组成，但是形成二次电子像衬度的原理相同。

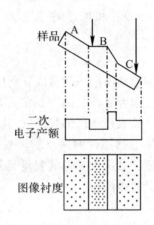

图 3.7　二次电子形貌衬度形成示意图

在样品表面的尖棱、小粒子、比较陡的斜面、坑穴边缘等部位会产生较多的二次电子，其图像较亮，平面处的二次电子较少，图像较暗。然而，在深凹槽的底部区域虽然激发二次电子较多，但这些二次电子不易被检测器收集，槽底的衬度同样较暗。因此形成了明暗清晰的样品表面形貌衬度图像，如图 3.8 所示。

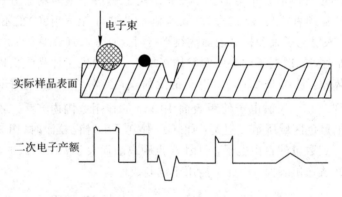

图 3.8　实际样品中二次电子的激发过程示意图

2. 原子序数衬度及显微图像

原子序数衬度是由于样品表面物质原子序数（或化学成分）差别而形成的衬度。利用对样品表面原子序数（或化学成分）变化敏感的物理信号作为显像管的调制信号。可以得到原子序数衬度图像。特征 X 射线像的衬度是原子序数衬度，背散射电子像、吸收电子像的衬度包含有原子序数衬度。如果样品表面存在形貌差，则背散射电子像还包含有形貌像。

1）背散射电子原子序数衬度像

对于表面光滑无形貌特征的厚样品，当样品由单一元素构成时，则电子束扫描到样品上不同点时产生的信号强度是一致的，得到的像中不存在衬度。当样品由两种不同的元素构成，其原子序数分别为 Z_1、Z_2($Z_1 > Z_2$)，则元素 Z_1、Z_2 所对应的区域 1 和区域 2 产生的背散射电子数不同，因此探测器探测到的背散射电子信号强度就不同，从而形成背散射电子的原子序数衬度。原子序数与被散射电子产额的关系如图 3.9 所示，由图可以看出原子序数大，电子的产额多，故原子序数衬度像中，原子序数（或平均原子序数）大的区域比原子序数小的区域更亮。

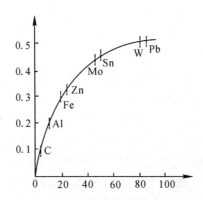

图 3.9　原子序数与背散射电子产额的关系

2) 背散射电子原子序数衬度（成分）像与形貌衬度像的分离

采用背散射成像时，既包含形貌衬度像，又有成分衬度像。对于平面光滑的样品基本观测不到形貌衬度像，因此测试得到的即为原子序数衬度像，但如果测试的样品表面不光滑时，那么测试时就会同时包含两种像，需要进行分离。采用两个探测器收集样品同一部位信号，通过计算机处理，可以分别得到形貌信号和成分信号，其原理如图 3.10 所示。在对称入射电子束的方向上装上一对半圆形半导体电子探测器，两个探测器有相同的探测效率。对原子序数信息，两个探测器探测到样品上同一扫描点产生的背散射电子信号和二次电子信号，将两个探测器探测到的信号经过运算放大器处理，成为分别反映成分和形貌的

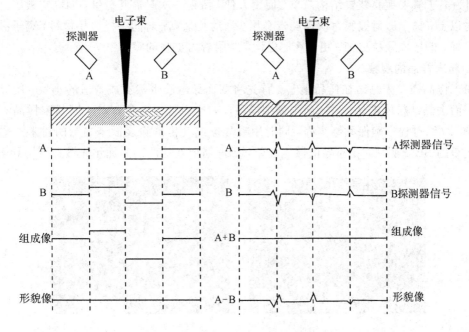

图 3.10　背散射电子成分像和形貌像的分离

信号，经过信息分离的信号调制显像管亮度，可分别得到背散射电子成分像和二次电子形貌像。

3.1.5 扫描电镜的应用

1. 样品的要求

扫描电镜对样品的要求较低，可以是块状或粉末颗粒，在真空中能保持稳定。含水分的样品应先烘干除去水分，或使用临界点干燥设备进行处理。表面受到污染的样品，要在不破坏样品表面结构的前提下进行适当清洗，然后烘干。新断口或断面，一般不需要进行处理，以免破坏断口或表面结构形态。有些样品的表面、断口需要进行适当的腐蚀，才能暴露某些细节，则在腐蚀后应将表面或断口清洗干净，然后烘干。对磁性样品要预先消磁，以免观察时电子束受到磁场的影响。样品大小要适合仪器专用样品座的尺寸，不能过大，各仪器样品座尺寸不尽相同，一般小的样品座直径为 3～5 mm，大的样品座在 30～50 mm，以分别来放置不同大小的样品，样品的高度也有一定的限制，一般为 5～10 mm。

2. 镀膜

为了改善样品的导电性，需要在样品的表面镀膜处理。镀膜的金属有金、铂、银等重金属，其中，金是最常使用的镀膜材料，其熔点较低、易蒸发，与通常的加热器不反应，二次电子和背散射电子的发射率高。由于铂的原子半径较小，镀膜质量好，能形成颗粒更细、更致密、更均匀的导电膜，因此铂开始逐渐取代金成为样品镀膜材料。此外，背散射电子像观察分析时，碳、铝或其他原子序数较小的材料作为镀膜材料更加适合。

镀膜的方法有两种，一种是真空镀膜，另一种是离子溅射镀膜。通常采用离子溅射镀膜，因为离子溅射镀膜装置结构简单，使用方便，溅射一次只需几分钟，而真空镀膜则要半个小时以上；离子溅射镀膜每次消耗贵金属少，约几毫克；对同一样镀膜材料，离子溅射镀膜质量好，能形成颗粒更细、更致密、更均匀、附着力更强的膜。

3. 粉末样品的观察

粉末样品需要先黏结在样品座上。首先将双面导电胶带裁剪成合适的小块，用导电胶带的一面去黏结粉体样品，另一面则黏结样品座，这样可以避免制备不同粉末样品时的相互污染，黏结过程中确保黏结牢固，同时用吸耳球或气枪清除表面未黏结的粉末。图 3.11 为某花粉的 SEM 照片，花粉导电性能较差，因此需要在探测的表面预先镀上一层导电膜，

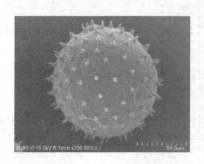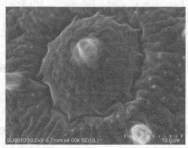

图 3.11　某花粉的 SEM 照片

然后才能放在扫描电子显微镜下观察，观察中一般先用小倍率观察，再对局部进行放大，观察更加细微的结构。对于磁性粉末样品，必须预先做消磁处理，或做其他特殊处理，以免污染扫面电子显微镜的物镜。

对于某些水热法、溶胶-凝胶法等制备的纳米颗粒或纳米粉体，为能更好地观察其分散时的状态和形貌，可以先将少量纳米粉体超声分散在无水乙醇溶液中，然后滴加在抛光后的单晶硅片上，只要硅片表面隐约能看见有粉体颗粒即可，长时间烘干后方可观察，避免未充分烘干，观察时发现无水乙醇等留下的印记。图 3.12 为水热合成的粉体样品的 SEM 照片，从照片中可以看出采用抛光后的单晶硅取代导电胶带，其导电效果依然良好，尤其采用抛光后的单晶硅后，样品的背景更加平整、光滑，适于得到高质量的扫描电镜照片。

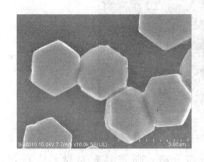

图 3.12　水热法合成的粉体的 SEM 照片

4. 块状样品的观察

扫描电镜的块状样品制备比较简单。对于块状导电材料，除了大小要适合仪器样品座尺寸的要求外，基本上不需要进行特殊处理，用导电胶把样品黏在样品座上即可。对于块状非导电或导电性较差的样品，则需要尽量地薄，并在探测的表面镀上一层导电膜，必要情况下，再用导电胶将表面与样品座黏结，以避免电子束照射下产生电荷积累，影响图像质量，并可防治样品的热损伤。图 3.13 为陶瓷块体的表面（a）和断面（b）的 SEM 照片，陶瓷块体材料表面较容易观察到大陶瓷内部晶粒的大小和晶界，陶瓷的断面容易观察到陶瓷内部的气孔，由于陶瓷材料的力学性能的差异，某些穿晶断裂的陶瓷断面则不利于观察晶体的大小。

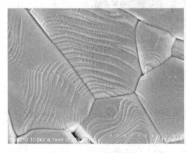
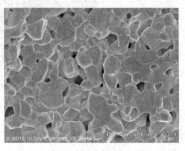

(a) 表面　　　　　　　　　　　(b) 断面

图 3.13　陶瓷块体的表面和断面的 SEM 照片

5. 材料断面的观察

由于材料力学性能的差异，脆性的陶瓷材料断开后能形成便于电镜观察的断口，但是对于韧性的高分子材料，则需要采用在液氮下降温，然后使高分子材料发生脆断，这样形成的样品才便于电镜观察。图 3.14 为表面处理后的硅材料断口 SEM 照片，脆性的硅材料掰断后，其表面平滑均匀，由于表面进行了一点的处理，表面和内部存在原子序数衬度，因此显示的基体较暗，表面层较亮。

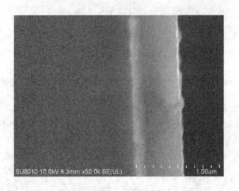

图 3.14 表面处理后的硅材料断口 SEM 照片

对于断面分层、性能差异较大的材料的断面分析，则需要先对材料进行包埋处理。首先用黏度较低的高分子(如甲基丙烯酸甲脂)浸泡待测材料，排除气孔，待高分子固化后形成坚硬的固体，再沿断面切割开，采用梯度的砂纸(1000 目～5000 目)研磨断面，直至形成光滑的表面。镀膜后，采用扫描电镜的背散射电子模式观察。图 3.15 为表面处理后的某金属材料断面 BSEM 照片，最右边处黑色则为包埋的高分子材料，包埋后较好地保持了金属表面处理后的原始断面结构；最左边为金属基体，表面处理后，明显有新相形成，但是与基体黏结性较差，形成了间隙。

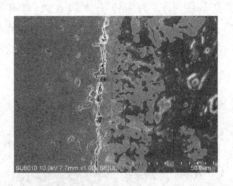

图 3.15 表面处理后的某金属材料断面 BSEM 照片

6. 背散射电子图像的应用

图 3.16 为某两相陶瓷材料的断面 BSEM 照片，陶瓷断口首先经过梯度的砂纸(1000 目～5000 目)研磨，清洗研磨的断面，在烧结温度以下进行热腐蚀，随炉冷却。表面镀膜处理后，采用扫描电镜的背散射电子模式观察，其表面光滑，二次电子信号均匀，但由于两相陶瓷存在

原子序数衬度，原子系数较大的地方较亮，采用背散射电子成像后可以得到两相的分布。如果和第三节的能谱仪的面扫描功能结合起来，则可以得到更直观的两相分布情况。

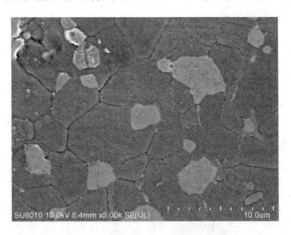

图 3.16　某两相陶瓷材料的断面 BSEM 照片

7. 生物材料表面形态的观察

随着生物材料研究的不断深入，各学科研究的交叉，需要研究生物材料表面的细胞相容性等，这给扫描电镜的分析带来了新的挑战。图 3.17 为某生物材料表面的大肠杆菌细胞的 SEM 照片，在生物材料表面进行大肠杆菌培养后，首先采用生理盐水多次清洗，随后采用福尔马林或戊二醛溶解固定，固定若干天后，用清水洗涤数次，再用梯度乙醇溶液对表面细胞脱水，脱水完毕后，采用超临界干燥，去除细胞内部的水分，保持细胞原有的形态。镀膜后，使用较低的加速电压采用二次电子信号观察图像，图 3.17(a)为大肠杆菌的初始形态，材料表面具有抗菌性能，导致大肠杆菌形态发生变化(图 3.17(b))。

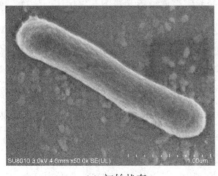
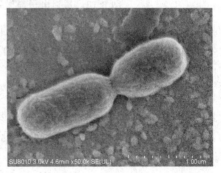

(a) 初始状态　　　　　　　　　　　　(b) 形态变化

图 3.17　某生物材料表面的大肠杆菌细胞的 SEM 照片

3.2　透射电子显微镜

透射电子显微镜(透射电镜)是把经加速和聚集的电子束投射到非常薄的样品上，电子与样品中的原子碰撞而改变方向，从而产生立体角散射。散射角的大小与样品的密度、厚度相关，因此可以形成明暗不同的影像，影像将在放大、聚焦后在成像器件(如荧光屏、胶片以及感光耦合组件)上显示出来。

3.2.1 透射电镜的工作原理

透射电镜的工作原理与光学显微镜一样，仍然是阿贝成像原理。图 3.18 为光学显微镜和透射电子显微镜的光路图。透射电子显微镜中由电子枪发射出来的电子，在阳极加速电压的作用下，经过聚光镜汇聚成电子束作用在样品上，透过样品后的电子束携带样品的结构和成分信息，经过物镜、中间镜和投影镜的聚焦及放大过程，最终在荧光屏上形成图像或衍射花样。

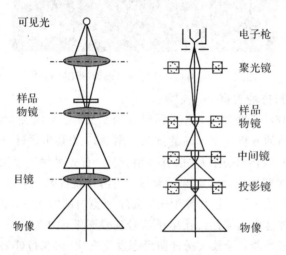

图 3.18　透射电子显微镜与光学显微镜的光路图

但是透射电镜和光学显微镜还存在以下几点区别：

(1) 透射电镜的信息载体是电子束，而光学显微镜则是可见光；电子束的波长可以通过调整加速电压获得所需值。

(2) 透射电镜的透镜是由线圈通电后形成的磁场构成，故名为磁透镜，磁透镜的焦距也可通过电流调节，而光学显微镜的透镜由玻璃或树脂制成，焦距是固定的，无法调节。

(3) 透射电镜在物镜和投影镜之间增设了中间镜，用于调节放大倍数，或进行衍射操作。

(4) 电子波长一般比可见光的波长低 5 个数量级，因而具有较高的分辨率，能同时分析材料的微区结构和形貌，而光学显微镜仅能分析材料微区的形貌。

(5) 透射电镜的成像必须在荧光屏上显示，而光学显微镜可在毛玻璃或白色屏幕上显示。

3.2.2 透射电镜的结构

透射电镜的结构与扫描电镜有显著的差异。尽管目前电镜的种类繁多，高性能多用途的透射电镜不断出现，但其成像原理相同，结构类似。图 3.19 是透射电镜的结构示意图。透射电镜主要由电子光学系统、电源控制系统和真空系统三大部分组成，其中电子光学系统为透射电镜的核心部分，它包括照明系统、成像系统和观察记录系统，以下主要介绍电子光学系统及其主要附件。

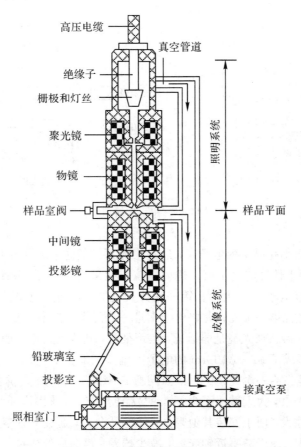

图 3.19　透射电镜的结构示意图

1. 照明系统

照明系统主要由电子枪和聚光镜组成，电子枪发射电子形成照明光源，聚光镜是将电子枪发射的电子汇聚成亮度高、相干性好、束流稳定的电子束照射样品。

1）电子枪

与扫描电镜的电子枪相似，透射电镜的电子枪也是产生稳定的电子束的装置，根据产生电子束原理的不同，可分为热发射和场发射两种。

热发射电子枪的阴极是由钨丝或六硼化镧单晶制成的灯丝，在外加高压的作用下发热，升至一定温度时发射电子，热发射的电子束为白色（图 3.20(a)）。六硼化镧单晶体的功函数远低于钨丝，故其发射率比钨丝高得多，且六硼化镧阴极尖端的曲率半径可以加工到很小，因而能在相同束流时获得比钨丝更细更亮的电子束斑光源，直径约 $5 \sim 10\ \mu m$，可进一步提高透射电镜的分辨率。

由于隧道效应，场发射电子枪阴极在强的电场作用下内部电子穿过势垒从针尖表面发射出来，场发射的电子束可以是某一种单色电子束(图 3.20(b))，相同条件下，场发射产生的电子束斑直径更细，亮度更高。

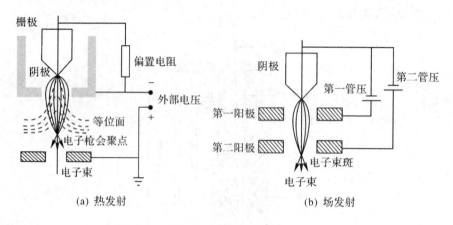

图 3.20　电子枪原理图

2) 聚光镜

从电子枪的阳级小孔射出的电子束，通过聚光系统后进一步汇聚缩小，可以获得一束强度高、直径小、相干性好的电子束。透射电镜一般采用双聚光镜系统工作，双聚光镜可以在较大范围内调节电子束的大小。第一聚光镜是强磁透镜，焦距 f 很短，放大倍数为 $1/50 \sim 1/10$，也就是说第一聚光镜是将电子束进一步汇聚、缩小，第一级聚光后形成 $\phi 1 \sim \phi 5\ \mu m$ 的电子束斑；第二聚光镜是弱透镜，焦距很长，其放大倍数一般为 2 倍左右，这样通过二级聚光后，就形成了 $\phi 2 \sim \phi 10\ \mu m$ 的电子束斑。

此外，透射电镜当第一聚光镜的后焦点与第二聚光镜的前焦点重合时，电子束通过二级聚光后应是平行光束，大大减小了电子束的发散度，便于获得高质量的衍射花样；第二聚光镜与物镜的间隙大，便于安装其他附件，如样品台等；通过安置聚光镜光阑，可使电子束的孔径进一步减少，便于获得近轴光线，减少球差，提高成像质量。

2. 成像系统

成像系统由物镜、中间镜和投影镜组成。

1) 物镜

物镜是电子束在成像系统中通过的第一个电磁透镜，其质量直接影响到整个系统的成像质量。物镜未能分辨的结构细节，中间镜和投影镜同样不能分辨，它们只是将物镜的成像进一步放大而已。因此，提高物镜分辨率是提高整个成像系统的关键。物镜一般采用强磁短焦距($f = 1 \sim 3\ mm$)电磁透镜，放大倍数一般为 $100 \sim 300$ 倍，分辨率可以达到 0.1 nm 左右。

2) 中间镜

中间镜是电子束在成像系统中通过的第二个电磁透镜，位于物镜和投影镜之间，弱磁长焦距，放大倍数在 $0 \sim 20$ 倍之间。中间镜在成像系统中既可以调节整个系统的放大倍数，也便于成像操作和衍射操作。如调节中间镜的励磁电流，改变中间镜的焦距，使中间镜的物平面与物镜的像平面重合，在荧光屏上可获得清晰放大的像，即所谓的成像操作；如果使中间镜的物平面与物镜的后焦面重合，则可在荧光屏上获得电子衍射花样，这就是所谓的衍射操作，如图 3.21 所示。

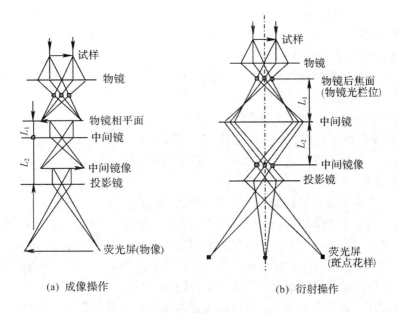

(a) 成像操作　　　　　　　　(b) 衍射操作

图 3.21　中间镜的成像操作和衍射操作

3）投影镜

投影镜是成像系统中最后一个电磁透镜，强励磁短焦距，其作用是将中间镜形成的像进一步地放大，并投影到荧光屏上。投影镜具有较大的景深，即使中间镜的像发生移动，也不会影响在荧光屏上得到清晰的图像。

3. 观察记录系统

观察记录系统主要由荧光屏和照相机构成。荧光屏是在铝板上均匀地喷涂荧光粉制得，主要是在观察分析时使用，当需要拍照时可将荧光屏翻转 90°，让电子束在照相底片上感光数秒即可成像。荧光屏与感光底片相距有数厘米，但由于投影镜的焦长很大，这样的操作并不影响成像质量，所拍照片依旧清晰。

整个透射电镜的光学系统均在真空中工作，但电子枪、镜筒和照明室之间相互独立，均设有电磁阀，可以单独抽真空，更换灯丝、清洗镜筒、照相操作均可以分别进行，而不影响其他部分的真空状态。为了屏蔽体内可能产生的 X 射线，观察窗由铅玻璃制成，加速电压越高，配置的铅玻璃就越厚。

4. 主要附件

透射电镜的主要附件有样品倾斜装置、电子束倾斜和平移装置、消像散器、光栏等。

1）样品倾斜装置

样品台是位于物镜上下极靴之间承载样品的重要部件，使样品在极靴孔内平移、倾斜、旋转，以便找到合适的区域或位向，进行有效的观察和分析。样品台根据插入电镜的方式不同分为顶插式和侧插式两种。顶插式即为样品台从极靴上方插入，保证样品相对于光轴旋转对称，上下极靴间距可以做得很小，提高了电镜的分辨率，具有良好的抗动性和热稳定性。但顶插式倾角范围小，顶部信息收集困难，分析功能少。目前，透射电镜通常采用侧插式，即样品台从极靴的侧面插入，这样顶部信息如背散射电子和 X 射线等收集方便，增加了分析功能。同时，样品台倾斜范围变大，便于寻找合适的方向进行观察和分析。但侧插式的极靴间距不能过小，这就影响了电镜分辨率的进一步提高。

2）电子束的平移和倾斜装置

电镜中是靠电磁偏转器来实现电子束的平移和倾斜的。电磁偏转器由上下两个偏置线圈组成，通过调节线圈电流的大小和方向可改变电子束偏转的程度和方向。若上下偏转线圈的偏转角度相等，但方向相反，则实现了电子束的平移。若上偏置线圈使电子束逆时针偏转 θ 角，而下偏置线圈使之顺时针偏转 $\theta+\beta$ 角，则电子束相对于入射方向旋转 β 角，此时入射点的位置保持不变，这可以实现中心暗场操作。

3）消像散器

像散是由于电磁透镜的磁场非旋转对称导致的，直接影响透镜的分辨率，为此在透镜的上下极靴之间安装消像散器，就可以基本消除像散。消像散器有机械式和电磁式两种，机械式是在透镜的磁场周围对称放置位置可调的导磁体，调节导磁体的位置，就可使透镜的椭圆形磁场接近于旋转对称形磁场，基本消除该透镜的像散。另一种形式是电磁式，共有两组四对电磁体排列在透镜磁场的外围，如图 3.22 所示，每一对电磁体均为同极相对，通过改变电磁体的磁场方向和强度就可将透镜的椭圆形磁场调节为旋转对称磁场，从而消除像散的影响。

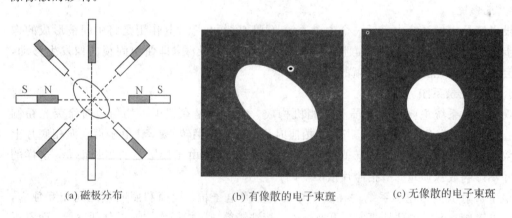

(a) 磁极分布　　　　(b) 有像散的电子束斑　　　　(c) 无像散的电子束斑

图 3.22　电磁式消像散器示意图及像散对电子束斑形状的影响

4）光栏

光栏是为挡掉发散电子，保证电子束的相干性和电子束照射所选区域而设计的带孔小片。根据安装在电镜中的位置不同，光栏分为聚光镜光栏、物镜光栏和中间镜光栏 3 种。

（1）聚光镜光栏。聚光镜光栏的作用是限制电子束的照明孔径半角，在双聚光镜系统中通常位于第二聚光镜的后焦面上。聚光镜光栏的孔径一般为 $20\sim400~\mu m$，做一般分析时，可选用孔径相对大一些的光栏，而在做微束分析时，则要选孔径小一些的光栏。

（2）物镜光栏。物镜光栏位于物镜的后焦面上，首先可以减小孔径半角，提高成像质量；其次，可进行明场和暗场操作，当光栏孔套住衍射束成像时，即为暗场成像操作；反之，当光栏孔套住投射束成像时，即为明场操作。利用明场图像的对比分析，可以方便地进行物相鉴定和缺陷分析。物镜光栏孔径一般为 20～120 μm。由于电子束通过薄膜样品后，会产生衍射、投射和散射，其中散射角或衍射角较大的电子波被光栏挡住，不能进入成像系统，从而在像平面上形成具有一定衬度的图像，孔径越小，被挡电子越多，图像的衬度就越大，故物镜光栏又称衬度光栏。

（3）中间镜光栏。中间镜光栏位于中间镜的物平面或物镜的像平面上，让电子束通过光栏孔限定的区域，对所选区域进行衍射分析，故中间镜光栏又称选区光栏。样品直径为 3 mm，可用于观察分析的中心透光区域。由于样品上待分析的区域一般仅为微米量级，如果直接用光栏在样品上进行选区（分析区域），则光栏孔的制备非常困难，同时光栏小孔极易被污染，因此选区光栏一般放在物镜的像平面或中间镜的物平面上（两者在同一位置上）。例如，物镜的放大倍数为 100 倍，物镜像平面上的孔径为 100 μm 的光栏相当于选择了样品上的 1 μm 区域，这样光栏孔的制备以及污染的清理均容易得多。一般选区光栏的孔径为 20～400 μm。

光栏一般由金属材料制成，还可以根据需要，制成 4 个或 6 个一组的系列光栏片，将光栏片安置在光栏支架上，分档推入镜筒，以便选择不同孔径的光栏。

3.2.3 透射电镜的电子衍射

电子衍射主要用于研究金属、非金属及有机固体的内部结构和表面结构，所用的电子能量大约在 $10^2 \sim 10^6$ eV 的范围内。电子衍射几何学与 X 射线完全一样，都遵循布拉格方程所规定的衍射条件和几何关系，即

$$2d \sin\theta = \lambda \tag{3.4}$$

它是分析电子衍射花样的基础。衍射方向可以用埃瓦尔德球作图求出。

电子衍射比 X 射线衍射有几个更突出的特点如下：

（1）由于电子的波长比 X 射线的波长短得多，故电子衍射的衍射角也小得多，其衍射谱可视为倒易点阵的二维截面，使晶体几何关系的研究变得简单方便。如电子束沿晶体对称轴入射，则电子衍射谱可以见到晶体的对称性。

（2）物质对电子的散射作用强，约为 X 射线的一百万倍，因而它在物质中的穿透深度有限，适合用来研究微晶、表面和薄膜的晶体结构。拍照时，曝光只需要数秒即可，而 X 射线衍射需数小时。

（3）电子衍射使得在透射电子显微镜下对同一样品的形貌观察与结构分析同时进行研究成为可能。例如：矿石的晶体、合金中相只有几个微米甚至几十个纳米，不可能用 X 射线进行单晶衍射试验，但却可以在电镜放大几万倍的情况下把这些晶体挑选出来，用选区电子衍射来研究这些微晶的晶体结构。此外，还可借助衍射花样弄清薄晶样品衍射成像的衬度来源，对各种图像特征提出确切的解释。

（4）电子衍射谱强度（I_e）与原子系数（Z）接近线性关系，重、轻原子对电子散射本领的

差别小;而 X 射线衍射强度(I_X)与原子系数平方(Z^2)有关,因此电子衍射有助于寻找轻原子位置。

(5)由于电子衍射束强有时几乎与透射束相当,以致两者产生相互作用,使衍射花样特别是强度分析变得复杂,不能像 X 射线那样通过测量强度来测定结构。

(6)由于电子波长短、θ 角小,测量斑点位置精度远远比 X 射线低,因此很难用于精确测定点阵常数。

透射电镜中的常规电子衍射花样主要用于确定物相和它们与基体的取向关系;材料中的沉淀惯习面、滑移面;形变、辐照等引起的晶体缺陷状态,如有序、无序、调幅分解等结构变化。

1. 有效相机常数

对透射电镜选区电子衍射而言(图 3.23),在物镜后焦面上得到第一幅衍射花样。此时物镜焦距 f_0 就相当于电子衍射装置中的相机长度 L_0。对于三透镜系统,第一幅衍射花样又经中间镜与投影镜两次放大,此时有效镜筒长度为

$$L' = f_0 M_i M_p \qquad (3.5)$$

式中:f_0 为物镜焦距;M_i 为中间镜放大倍数;M_p 为投影镜放大倍数。

这样,相机常数公式 $Rd = L\lambda$ 变为 $Rd = L'\lambda = K'$,K' 称为有效相机常数,它代表衍射花样的放大倍数。因为 $f_0 M_i$ 和 M_p 分别取决于物镜、中间镜和投影镜的激磁电流,所以 K' 将随之而变化。

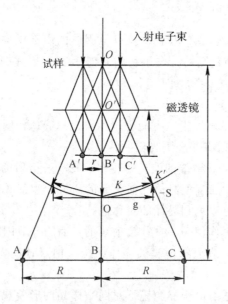

图 3.23 透射电镜电子衍射原理图

三透镜系统透射电镜选区电子衍射时,只要物镜焦距不变及投影镜极靴固定,那么就会有固定的放大倍数,即只有一种相机常数。测定相机常数通常采用两种方法,即用金膜测定相机常数或利用已知晶体结构的晶体衍射花样测定相机常数。目前,由于计算机引入了自控系统,电镜的相机常数和放大倍数已可自动显示在底片的边缘,无需人工标定。

2. 选区电子衍射

选区电子衍射就是对样品中感兴趣的微区进行电子衍射，以获得该微区电子衍射图的方法。选区电子衍射又称微区衍射，它是通过移动安置在中间镜上的选区光栏来完成的。

图 3.24 为选区电子衍射原理图。平行入射电子束通过样品后，由于样品薄，晶体内满足布拉格衍射条件的晶面组(hkl)将产生与入射方向成 2θ 角的平行衍射束。由透镜的基本性质可知，透射束和衍射束将在物镜的后焦面上分别形成投射斑点和衍射斑点，从而在物镜的后焦面上形成样品晶体的电子衍射谱，然后各斑点经干涉后重新在物镜的像平面上成像。如果调节中间镜的励磁电流，使中间镜的物平面分别与物镜的后焦面和像平面重合，则该区的电子衍射谱和像分别被中间镜和投射镜放大，显示在荧光屏上。

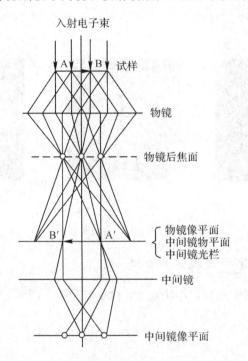

图 3.24　选区电子衍射原理图

显然，单晶体的电子衍射谱为对称于中心透射斑点的规则排列的斑点阵，多晶体的电子衍射谱则为以透射斑点为中心的衍射环。

如何获得感兴趣区域的电子衍射花样呢？即通过选区光栏（又称中间镜光栏）套在感兴趣的区域，分别进行成像操作，获得该区的像或衍射花样，实现对所选区域的形貌分析和结构分析。具体的选区衍射操作步骤如下：

（1）由成像操作使物镜精确聚焦，获得清晰的形貌像；

（2）插入尺寸合适的选区光栏，套住被选视场，调整物镜电流，使光栏孔内的像清晰，保证物镜的像平面与选区的光栏重合；

（3）调整中间镜的励磁电流，使光栏边缘像清晰，从而使中间镜的物平面与选区光栏的平面重合，这也使选区光栏、物镜的像平面和中间镜的物平面三者重合，进一步保证了选区的精度。

（4）移去物镜光栏，调节中间镜的励磁电流，使中间镜的物平面与物镜的后焦面共面，由成像操作转变为衍射操作。电子束经中间镜和透射镜放大后，在荧光屏上将产生所选区域的电子衍射图谱，对于高档的现代电镜，也可操作"衍射"按钮自动完成。

（5）需要照相时，可适当减小第二聚光镜的励磁电流，减小入射电子束的孔径角，缩小束斑尺寸，提高斑点清晰度，微区的形貌和衍射花样可形成在同一张底片上。

3. 常见的电子衍射花样

由电子衍射知识可知，电子束作用于晶体后发生电子散射，相干的电子散射在底片上形成衍射花样。根据电子束能量的大小，电子衍射可分为高能电子衍射和低能电子衍射。根据样品的结构特点可将衍射花样分为单晶电子衍射花样、多晶电子衍射花样和非晶电子衍射花样，如图 3.25 所示。

(a) 单晶   (b) 多晶   (c) 非晶

图 3.25　电子衍射花样

3.2.4　透射电镜的图像衬度概念与分类

衬度是指两像点的明暗差异，差异愈大，衬度就愈高，图像就愈明晰。电镜中的衬度可以表示为

$$C = \frac{i_2 - i_1}{i_1} \tag{3.6}$$

式中，C 为信号衬度；i_1 和 i_2 代表两像点的成像电子的强度。透射电镜的衬度源于样品对入射电子的散射，当电子束穿透样品后，其振幅和相位均发生了变化，因此，透射电镜图像的衬度可以分为振幅衬度和相位衬度，这两种衬度对同一幅图像的形成均有贡献，只是其中一个占主导而已。根据产生振幅差异的原因，振幅衬度又可分为质厚衬度和衍射衬度两种。

1. 质厚衬度

质厚衬度是由于样品中各处的原子种类不同或厚度、密度差异所造成的衬度。图 3.26 为质厚衬度形成的示意图。高质厚衬度，即该处的原子系数或样品厚度较其他处高，由于高序数的原子对电子的散射能力强于低序数的原子，成像时电子被散射出光栏的概率就大，参与成像的电子强度就低，与其他相比，该处的图像就暗；同理，样品厚处对电子的吸收相对较多，参与成像的电子就少，导致该处的图像就暗。非晶体主要是靠质厚衬度成像。

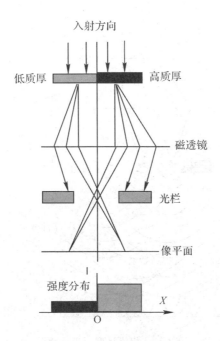

图 3.26　质厚衬度原理示意图

电子被散射到光栏孔外的概率可用下式表示：

$$\frac{\mathrm{d}N}{N} = -\frac{\rho N_A}{A}\left(\frac{Z^2 e^2 \pi}{V^2 \alpha^2}\right) \times \left(1 + \frac{1}{Z}\right) \mathrm{d}t \tag{3.7}$$

式中：α 为散射交；ρ 为物质密度；e 为电子电荷；A 为原子质量；N_A 为阿伏伽德罗常数；Z 为原子序数；V 为电子枪加速电压；t 为样品厚度。

由式(3.7)可知，样品愈薄、原子序数愈小，加速电压愈高，电子被散射到光栏孔外的概率愈小，通过光栏参与成像的电子愈多，该处的图像就愈亮。

但是需要指出的是，质厚衬度取决于样品中不同区域参与成像电子的强度的差异，而不是成像电子强度，对相同样品，提高电子枪的加速电压，电子束的强度提高，样品各处参与成像的电子强度同步增加，质厚衬度不变；仅当质厚变化时，质厚衬度才会改变。

2. 相位衬度

当晶体样品较薄时，可忽略电子波的振幅变化，让透射束和衍射束同时通过物镜光栏，由于样品各处对入射电子的作用不同，致使它们在穿出样品时相位不一，再经过相互干涉后便形成了反映晶格点阵和晶格结构的干涉条纹像，如图 3.27 所示。并可测定物质在原子尺度上的精确结构。这种主要由相位差所引起的强度差异称为相位衬度，晶格分辨率的测定以及高分辨率图像就是采用相位衬度来进行分析的。

3. 衍射衬度

图 3.28 为衍射衬度形成的原理图，设样品仅仅有 A、B 两个晶粒组成，其中晶粒 A 完全不满足布拉格方程的衍射条件，而晶粒 B 中为简化起见也仅有一组晶面(hkl)满足布拉格衍射条件产生衍射，其他晶面均远离布拉格条件，这样入射电子束作用后，将在晶粒 B 中产生衍射束 I_{hkl}，形成衍射斑点 hkl，而晶粒 A 因不满足衍射条件，无衍射束产生，仅有

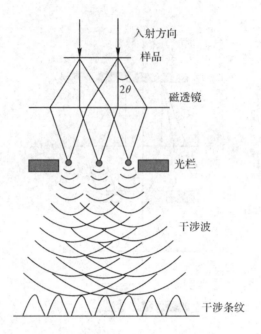

图 3.27　相位衬度原理示意图

透射束 I_0，此时，移动物镜光栏，挡住衍射束，仅让透射束通过，见图 3.28，晶粒 A 和 B 在像平面上成像，其电子束强度分别为 $I_A \approx I_0$ 和 $I_B \approx I_0 - I_{hkl}$，晶粒 A 的亮度远高于晶粒 B。

若以晶粒 A 的强度为背景强度，则晶粒 B 像的衍射衬度为：$\left(\dfrac{\Delta I}{I_A}\right) = \dfrac{I_A - I_B}{I_A} \approx \dfrac{I_{hkl}}{I_A}$。这种由满足布拉格衍射条件的程度不同造成的衬度称为衍射衬度，这种挡住衍射束，让透射束成像的操作称为明场操作，所成的像称为明场像。（见图 3.28(a)）。

　　如果移动物镜光栏挡住透射束，仅让衍射束通过成像，即得到所谓的暗场像，此成像操作称为暗场操作，见图 3.28(b)。此时两晶粒成像的电子束强度分别为 $I_A \approx 0$ 和 $I_B \approx I_{hkl}$，像平面上晶粒 A 基本不显亮度，而晶粒 B 由衍射束成像亮度高。若仍以晶粒 A 的强度为背景强度，则晶粒 B 像的衍射衬度为

$$\left(\frac{\Delta I}{I_A}\right) = \frac{I_A - I_B}{I_A} \approx \frac{I_{hkl}}{I_A} \to \infty \tag{3.8}$$

　　但由于此时的衍射束偏离了中心光轴，其孔径半角比平行于中心光轴的电子束要大，因而磁透镜的球差较大，图像的清晰度不高，成像质量差。为此通过调整偏置线圈，使入射电子束倾斜 $2\theta_B$ 角，如图 3.28(c)所示，晶粒 B 中 $(\overline{hkl})$ 晶面组完全满足衍射条件，产生强烈衍射，此时的衍射斑点移到了中心位置，衍射束与透镜的中心轴重合，孔径半角大大减小，所成像比暗场像更加清晰，成像质量得到明显改善。我们称这种成像操作为中心暗场操作，所成像为中心暗场像。

　　由以上分析可知，通过物镜光栏和电子束的偏置线圈可实现明场、暗场和中心暗场 3 种成像操作。其中暗场像的衍射衬度高于明场像的衍射衬度，中心暗场的成像质量又因孔径角的减小比暗场高，因此在实际操作中通常采用暗场或中心暗场进行成像分析。以上 3

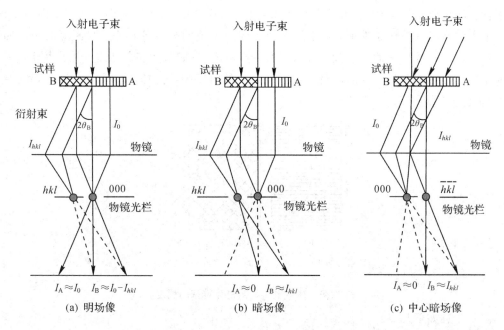

图 3.28　衍射衬度产生原理图

种操作均是通过移动物镜光栏来完成的，因此物镜光栏又称衬度光栏。需要指出的是，进行暗场或中心暗场成像时，采用的是衍射束进行成像的，其强度要低于透射束，但其产生的衬度却比明场像高。

3.2.5　透射电镜的主要性能指标

透射电子显微镜的主要性能指标有分辨率、放大倍数和加速电压。电镜分辨率不同于光学显微镜，光学显微镜的分辨率主要是由衍射效应决定的，而透射电镜的分辨率不仅决定于衍射效应还与透射电镜本身的像差有关。因此，透射电镜分辨率的大小为衍射分辨率 r_0 和像差分辨率（球差 r_s、像散 r_a 和色差 r_c）中的最大值。透射电镜分辨率分为点分辨率和晶格分辨率两种。

1. 点分辨率

点分辨率是指透射电镜刚能分辨出的两个独立颗粒间的间隙。点分辨率的测定方法如下：

（1）制样。采用重金属（金、铂、铱等）在真空中加热使之蒸发，然后沉积在极薄的碳膜上，颗粒直径一般都在 0.5～1.0 nm 之间，控制得当时，颗粒在膜上的分布均匀且不重叠，颗粒间隙在 0.2～1.0 nm 之间。

（2）拍片。将样品置入已知放大倍数为 M 的透射电镜中成像拍照。

（3）测量间隙，计算点分辨率。用放大倍数为 5～10 倍的光学放大镜观察所拍照片，寻找并测量刚能分清的颗粒之间的最小间隙，该间隙值除以总的放大倍数，即为点分辨率。

2. 晶格分辨率

让电子束作用于标准样品后形成的透射束和衍射束同时进入透镜的成像系统，因两电子束存在相位差，形成干涉，在像平面上形成反映晶面间距大小和晶面方向的干涉条纹像。在保证条纹清晰的前提条件下，最小晶面间距即为电镜的晶格分辨率，图像上的实测面间距与理论面间距的比值即为电镜的放大倍数。图3.29为常用标准金晶体，电子束分别平行入射衍射面(200)和(220)时的晶格条纹示意图。晶面(200)的面间距 $d_{200}=0.204$ nm，与之成45°的晶面间距 $d_{220}=0.144$ nm。

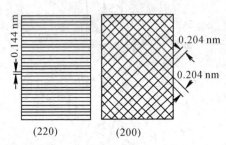

晶格分辨率(220)和(200)的晶格条纹示意图

图3.29　透射电子显微镜分辨率的测定

需要注意如下几点：

(1)晶格分辨率本质上不同于点分辨率。点分辨率是由单电子束成像，与实际分辨能力的定义一致。晶格分辨率是双电子束的相位差所形成的干涉条纹，反映的是晶面间距的比例放大像。

(2)晶格分辨率的测定采用标准试样，其晶面间距均为已知值。选用晶面间距不同的标准样分别进行测试，直至某一标准样的条纹像清晰为止，此时标准样的最小晶面间距即为晶格分辨率。因此，晶格分辨率的测定较为繁琐，而点分辨率只需一个样品测定一次即可。

(3)同一透射电镜的晶格分辨率高于点分辨率。

(4)晶格分辨率的标准样制备比较复杂。

(5)晶格分辨率测定时无需已知透射电镜的放大倍数。

3.2.6　透射电镜样品的制备及应用

透射电镜是利用电子束穿透样品后的透射束和衍射束进行工作的，因此，为了让电子束顺利透过样品，样品必须很薄，一般在50～200 nm。样品的制备方法较多，常见的有两种：复型法和薄膜法。复型法是利用非晶材料将样品的表面结构和形貌复制成薄膜样品的方法。由于受复型材料本身的粒度限制，无法复型出比自己还小的细微结构。此外，复型样品仅仅反映样品表面形貌，无法反映内部的微观结构(如晶体缺陷、界面等)，因此复型法在应用方面存在较大的局限性。薄膜法则是从各个分析的样品中取样支撑薄膜样品的方法。利用电镜可直接观察样品的精细结构。动态观察时，还可直接观察到相变及其成核长大过程、晶体中的缺陷随外界条件变化而变化的过程等，结合电子衍射分析，还可以同时对样品的微区形貌和结构进行同步分析。在此主要介绍薄膜法。

1. 基本要求

为了保证电子束能顺利穿透样品，就应使样品厚度足够地薄，虽然可以通过提高电子束的电压，来提高电子束的穿透能力，增加样品厚度，以减轻制样的难度，但这样会导致电子束携带样品不同深度的信息太多，彼此干扰；且电子的非弹性散射增加，成像质量下降，为分析带来麻烦；而且也不能太薄，否则会增加制样的难度，并使表面效应更加突出，成像时产生许多假象，也为电镜分析带来困难。因此，样品的厚度应适中，一般在 50～200 nm 之间为宜。薄膜样品的具体要求如下：

（1）材质相同。从大块材料中取样，保证薄膜样品的组织结构与大块材料相同。

（2）薄区要大。供电子束透过的区域要大，便于选择合适的区域进行分析。

（3）具有一定的强度和刚度。因为在分析过程中，电子束的作用会使样品发热变形，增加分析困难。

（4）表面保护。保证样品表面不被氧化，特别是活性较强的金属及其合金，如 Mg 及 Mg 合金，在制备及观察过程中极易被氧化，因此在制备时要做好气氛保护，制好后立即进行观察分析，分析后真空保护，以便重复使用。

（5）厚度适中。一般在 50～200 nm 之间为宜，便于图像与结构分析。

2. 薄膜样品的制备过程

1）切割

当样品为导体时，可采用线切割从大块样品上切割厚度为 0.3～0.5 mm 的薄片。线切割的基本原理是以样品为阳极，金属线为阴极，并保持一定的距离，利用极间放电使导体融化，往复移动金属丝来切割样品，该方法的工作效率较高。

当样品为绝缘体如陶瓷材料时，只能采用金刚石切割机进行切割，工作效率较低。

2）预减薄

预减薄常有两种方法：机械研磨法和化学反应法。

（1）机械研磨法。

机械研磨的过程类似于晶相样品的抛光，目的是消除因切割导致的粗糙表面，并减至 100 μm 左右。也可采用橡皮压住样品在砂纸上，以手工方式轻轻研磨，同样可以达到减薄目的。但在机械或手工研磨过程中，难免会产生机械损伤和样品温度升高，因此，该阶段样品不能研磨至太薄，一般不应小于 100 μm，否则损伤层会贯穿样品深度，为分析增加难度。

（2）化学反应法。

化学反应法是将切割好的金属薄片浸入化学试剂中，使样品表面发生化学反应被腐蚀，由于合金中各组成相的活性差异，应合理选择化学试剂。化学反应法具有速度快、样品表面没有机械硬伤和硬化层等特点。化学减薄后的样品厚度应控制在 20～50 μm，为进一步的减薄提供有利条件，但化学减薄要求样品应能被化学液腐蚀方可，故一般为金属样品。此外，经化学减薄后的样品应充分清洗，一般采用丙酮、清水反复超声清洗，否则，得不到满意的结果。

3）终减薄

根据样品能否导电，终减薄的方法通常有两种：电解双喷法和离子减薄法。

（1）电解双喷法。

当样品导电时，可采用电解双喷法抛光减薄。将预减薄的样品制备成直径为 3 mm 的圆片，装入装置的样品夹持器中，与电源的正极相连，样品两侧各有一个电解液喷嘴，均与电源的负极相连，两喷嘴的轴线上设置有一对光导纤维，其中一个与光源相接，另一个与光敏器件相连，电解液由耐酸泵输送，通过两侧喷嘴喷向样品进行腐蚀，一旦试样中心被电解液腐蚀穿孔时，光敏器件将接收到光信号，切断电解液泵的电源，停止喷液，制备过程完成。电解液有多种，最常用的是 10％高氯酸酒精溶液。

电解双喷法工艺简单，操作方便，成本低廉；中心薄处范围大，便于电子束穿透；但要求试样导电，且一旦制成，需立即取下样品放入酒精液中漂洗数次，否则电解液会继续腐蚀薄区，损坏样品，甚至使样品报废。如果不能即时电镜观察，则需要将样品放入甘油、丙酮或无水乙醇中保存。

（2）离子减薄法。

离子减薄法是离子束在样品的两侧以一定的倾角同时轰击样品，使之减薄。离子减薄所需时间长，特别是陶瓷、金属间化合物等脆性材料，需时较长，一般在十几小时甚至更长，工作效率低，为此，常用挖坑法，先对样品中心区域挖坑减薄，然后再进行离子减薄，单个样品仅需 1 h 左右即可制成，且薄区广泛，样品质量高。离子减薄法可以适用于各种材料。当样品为导电体时，也可先用双喷减薄，再离子减薄，同样可显著缩短减薄的时间，提高观察质量。

3. 粉体样品的观察

用透射电镜观察粉末样品比较简单，首先将少量粉末样品置于乙醇溶液中，经超声分散后，将分散液滴加在铜网上，待干燥后，安装在样品台上，即可通过透射电镜操作观察。图 3.30 为纳米氧化硅粉体的 TEM 照片，通过透射电镜可以观察到纳米粉体的形貌和尺寸大小，因纳米粉体易发生团聚，图中纳米粉体团聚成一个较大颗粒。由于透射电镜的电子束具有巨大的能量，因此，观察纳米粉体时，应避免电子束长时间照射，以免高能电子造成纳米粒子形貌和晶型的转变。

图 3.30　纳米氧化硅粉体的 TEM 照片

图 3.31 为自燃法制备的 $CoFe_2O_4$ 粉体的 TEM 照片和电子衍射照片，粉体样品依然可

以按照上述的方法制备。除观察粉体的形貌外，通过透射电镜的微区电子衍射，可以得到颗粒的电子衍射斑，从电子的衍射斑点可以看出制备的 $CoFe_2O_4$ 颗粒为单晶，颗粒的大小即为晶粒的大小。

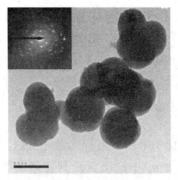

图 3.31　自燃法制备的单分散 $CoFe_2O_4$ 粉体的 TEM 照片和电子衍射照片

图 3.32 为负载铂颗粒的石墨烯 TEM 图，由于石墨烯原子序数较低，厚度较薄，电子较易穿过，照片中铂颗粒和石墨烯层形成了衬度差，从照片中可以看出铂颗粒均匀地负载在石墨烯片层结构上。

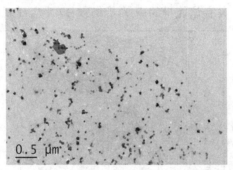

图 3.32　负载铂颗粒的石墨烯 TEM 图

图 3.33 为铂颗粒的高分辨率 TEM 照片，可以清晰地标注出铂的(200)和(111)晶面间距，结合颗粒的形貌，可以看出铂颗粒沿着(111)或(200)晶面生长，同时由于纳米颗粒的表面效应，发现铂颗粒发生了团聚现象，但晶粒尺寸均在 5～20 nm。

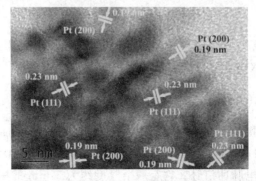

图 3.33　铂颗粒的高分辨率 TEM 照片

3.3 能 谱 仪

能量色散谱仪简称能谱仪(EDS),已经成为扫描电镜和透射电镜普遍应用的附件。它与扫描电镜(透射电镜)共用电子光学系统,在观察分析样品表面形貌或内部结构的同时,能谱仪可以探测到感兴趣的某一微区的化学成分,成为一种与扫描电镜或透射电镜结合起来的化学成分定量的分析手段。

3.3.1 能谱仪结构及工作原理

能谱仪是利用 X 光量子的能量不同来进行元素分析的方法。由 2.1 节可知,对于某一种元素的 X 光量子从主量子数为 n_1 的层上跃迁到主量子数为 n_2 的层上时有特定的能量 $\Delta E = E_{n_1} - E_{n_2}$。例如,每一个铁 K_αX 光量子的能量为 6.40 keV,铜 K_αX 光量子的能量为 8.02keV。X 光量子的数目是作为测量样品中某元素的相对百分含量用,即不同的 X 光量子在多道分析器的不同道址出现,而脉冲数-脉冲高度曲线在荧光屏或打印机上显示出来,这就是 X 光量子的能谱曲线,如图 3.34 所示。图 3.34 中的横坐标表示 X 光子的能量(反映元素的种类);纵坐标表示具有该能量的 X 光子的数目(反应元素的含量),也称谱线强度。

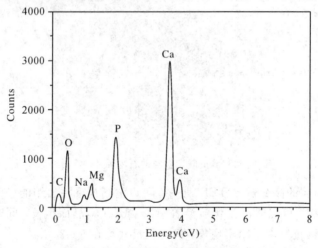

图 3.34 某样品表面 EDS 能谱图

所谓能谱仪实际上是一些电子仪器,主要单元是半导体探测器(一般称探头)和多道脉冲高度分析器,用于将 X 光量子按能量展谱。

3.3.2 半导体探测器(探头)

探测器是能谱仪中最关键的部件,它决定了能谱仪分析元素的范围和精度。目前大多使用的是锂漂移硅 Si(Li)探测器。Si(Li)探测器可以看做是一个特殊的半导体二极管,把接收的 X 射线光子变成电脉冲信号。它有一个厚度约为 3 mm 的中性区 I,这样 X 光量子在 I 区能够全部被吸收,将能量转化为电子空穴对,在 P-N 结内电场的作用下放电产生脉冲。这就要求半导体的 P-N 结在未接收 X 射线时，在加 1000 V 左右电压的情况下，在一定时间内不漏电（无电流通过 P-N 结，不产生电脉冲）。尽管硅或锗的纯度非常高，但其中还有微量杂质使其电阻降低，在外加电场作用下漏电，为此半导体的中性区 I 中掺入离子半径很小的锂以抵抗这些杂质的导电。由于锂在室温下很容易扩散，因此这种探测器不仅要在液氮温度下使用，并且要一直放置在液氮中保存，这往往给操作者带来很大的麻烦。近年来，很多仪器公司推出了电制冷型的 EDS 探测器，该探测器不需要液氮，无需维护，分辨率也较高，是目前最先进的探测器。

3.3.3 多道脉冲高度分析器（MCA）

不同元素的特征 X 射线能量不同，经探头接收、信号转换和放大后，其电压脉冲的幅值大小也不一样。MCA 作用在于将主放大器输出的、具有不同幅值的电压脉冲（对应于不同的 X 光子能量）按其能量大小进行分类和统计，并将结果送入存储器或输出给计算机，也可以在 X-Y 记录仪或显示器记录或显示。

能谱仪中每一通道（Chananel）所对应的能量大小可以是 10 eV、20 eV 或 40 eV。对于常用的 1024 个通道的多道分析器可检测的 X 光子的能量范围为 0~10.24 keV、0~20.48 keV 或 0~40.96 keV。实际上，0~20.48 keV 的能量范围已足以检测元素周期表上的所有元素的 X 射线。

能谱仪不用晶体展谱，尽管 Si(Li) 半导体探测器的分辨率较高，但整个能谱仪的能量和波长分辨率还远不如波谱仪，因此谱线重叠是常见现象。另外能谱分析的特点是计数率高而峰背比低，例如，扫描电子显微镜-能谱仪的计数率从 1000 到 10 000 脉冲/S·10^{-9}A；而电子探针（波谱仪）的计数是几十到 500 脉冲/S·10^{-9}A；二者差两、三个数量级。由于能谱仪的峰背比低，因此分析的灵敏度及准确度不如波谱仪；此外，能谱分析的检测下限一般为 0.5%。

3.3.4 能谱仪的应用

扫描电镜和透射电镜结合能谱仪主要有三种工作方式：定点元素分析、线扫描和面扫描。

1. 定点元素分析

硅酸三钙是水泥里面的主要矿物硅酸三钙水化形成水化硅酸钙凝胶和氢氧化钙。纳米二氧化硅可以与硅酸三钙的水化产物氢氧化钙反应形成新的水化硅酸钙凝胶。下图 3.35 为硅酸三钙复合不同量纳米二氧化硅水化后的 SEM 照片和 EDS 能谱图。在复合纳米二氧化硅的硅酸三钙固化体中，除发现硅酸三钙水化形成的水化硅酸钙凝胶纤维外，还发现了长径比相对较小的水化硅酸钙凝胶纤维（图 3.35(e、f)），水化硅酸钙凝胶纤维杂乱地交织在一起。随纳米二氧化硅含量的增加，水化硅酸钙凝胶杂乱交织得更加紧密，这种杂乱的水化硅酸钙凝胶则是由纳米二氧化硅与氢氧化钙反应生成。通过选区 EDS 能谱分析（图 3.35(g、h、i)）表明了不同形貌的纤维为不同水化硅酸钙凝胶；同时，对不同区水化硅酸钙凝胶的组成做定量分析，发现纳米二氧化硅与氢氧化钙反应生成的水化硅酸钙凝胶的 Ca/Si 比低于硅酸三钙水化形成的原始水化硅酸钙凝胶的 Ca/Si 比，结果见表 3.4。

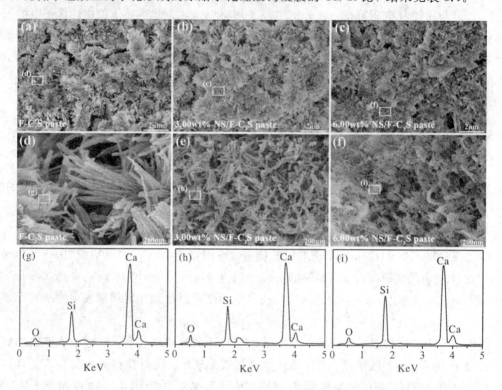

图 3.35 硅酸三钙复合不同量纳米二氧化硅水化后的 SEM 照片和 EDS 能谱图

表 3.4 图 3.37 中选区能谱分析结果

名称	Ca/atom%	Si/atom%	O/atom%	n(Ca)/n(Si)
图 3.X(d)	35.80	10.41	53.79	3.44
图 3.X(e)	26.13	10.78	63.09	2.42
图 3.X (f)	20.82	9.76	69.42	2.13

2. 面扫描分析

生物医用材料研究的核心是对材料与组织的界面性能的研究。氢氧化钙激发纳米二氧化硅骨水泥是一种新型的骨水泥，其植入骨组织后发生一系列的变化，借助于扫描电镜和 EDS 能谱对界面进行分析，图 3.36 是氢氧化钙激发纳米二氧化硅骨水泥植入骨组织 6、12、24 周后界面的 BSEM 照片及元素分布图，BSEM 照片能分辨出 Ca、Si、P 等元素的原子系数衬度，但是不够形象，通过元素面扫描可以直观地得到 Ca、Si、P 在扫描界面区域里的分布情况，元素线扫描曲线可以显著地看出氢氧化钙激发纳米二氧化硅骨水泥在植入骨组织后，在不断降解，其内部的 Ca、Si 元素的含量也随植入时间的延长而不断地下降。

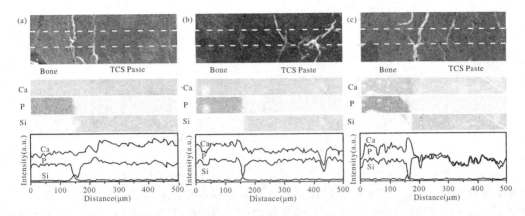

图 3.36　氢氧化钙激发纳米二氧化硅骨水泥植入骨组织 6、12、24 周后
界面的 BSEM 照片及元素分布图

习　题

3.1　电子束与固体物质(样品)相互作用可能产生哪些信号? 它们有哪些特点和用途?

3.2　简述二次电子信号强度与倾斜角度之间的关系。

3.3　电磁透镜的主要像差有哪些? 其产生的原因是什么?

3.4　二次电子像和背散射电子像有何异同?

3.5　电子束入射样品时,不同信号的作用体积有何不同?

3.6　电子束透过样品时,电子透射强度受哪些因素影响?

3.7　电子衍射的基本原理是什么? 有哪些特点?

3.8　简述单晶、多晶和非晶衍射花样的特征。

3.9　简述什么是景深和场深。

3.10　什么是衍射衬度? 它与质厚有什么区别?

3.11　简述能谱仪功能的优缺点。

第 4 章　热 分 析 技 术

　　热分析技术是指在程序控温和一定气氛下，测量试样的物理性质随温度或时间变化的一种技术，包括三方面内容：一是试样要承受程序温控的作用，即以一定的速率等速升温或降温，该试样物质包括原始试样和在测量过程中因化学变化而产生的中间产物和最终产物；二是选择一种可测量的物理量，可以是热学的，也可以是其他方面的，如光学、力学、电学及磁学等；三是测量的物理量随温度而变化。热分析技术主要用于测量和分析试样物质在温度变化过程中的一些物理变化、化学变化及其力学特性的变化，通过这些变化的研究，可以认识试样物质的内部结构，获得相关的热力学和动力学数据，为材料的进一步研究提供理论依据。

　　热分析技术作为一种科学实验方法，人们普遍认为该项技术创建于 19 世纪末 20 世纪初。1887 年，德国人 H. Lechatelier 为了研究黏土矿物制作了热分析仪，用照相法记录一定时间间隔内的热电偶电动势的变化，得到一系列间隔疏密不同的平行线条。1891 年，英国人 W. C. Relerts-Austen 改进了 H. Lechatelier 的装置，首先采用示差热电偶记录试样与参照物间产生的温度差 ΔT，这就是目前广泛应用的差热分析法的原始模型。1951 年，日本人本多光太郎提出了"热天平"的概念，并设计了世界上第一台热天平，因而产生了热重分析法。直到 20 世纪 40 年代，才相继出现了商品化的差热分析仪和热天平。1964 年，Waston 等人提出了"差示扫描量热"的概念，并被 Perkin-Elmer 公司采用，造出了 DSC - 1 型差示扫描量热分析仪，进而发展成为差示扫描量热技术。随着当代电子技术的快速发展，信号放大、自动记录、程序温度控制和自动数据处理等技术的智能化方面有了较大的改进和提高，使仪器的精度、重复性和分辨率都大大提高；同时，也使得操作越来越便捷。这些技术的进步推动了热分析技术逐步向纵深方向发展。

　　本章主要介绍差热分析、差示扫描量热分析和热重分析方法的原理及应用。

4.1　差 热 分 析

　　差热分析(Differential Thermal Analysis，DTA)是把样品和参比物放置在相同温度条件下，在程序控温下，测定样品和参比物的温度差随温度或时间变化的一种热分析方法。差热分析方法能够测定和记录物质在加热过程中发生的水解、失水、化学反应、相变、熔融和升华等一系列物理化学现象，通过差热分析方法可以判别物质的组成及反应机理，因此，这种方法被广泛应用于无机硅酸盐、陶瓷、冶金、石油、高分子及建材等各个领域的工业生产和科学研究中。

4.1.1　差热分析法原理

1. 差热分析法原理

现代的差热分析仪一般采用集成电路等先进技术，其在结构和功能上相较于原来的差热分析仪有了较大的改进，但是其基本原理并没有变化，仍采用示差热电偶测温，另一端记录并测定样品与参比物之间的温差，其基本结构如图 4.1 所示。在所测的温度范围内，参比物基本上不发生任何热效应，而样品在某温度区间内发生了热效应，释放或者吸收热量导致样品的温度高于或低于参比物，从而达到鉴定未知样品的目的。

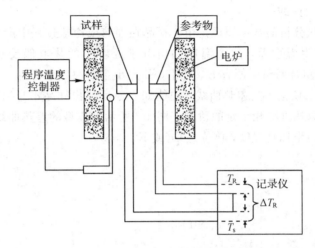

图 4.1　DTA 差热分析结构原理图

根据热电偶的原理，把直径相同、长度相等的 A 金属丝两段，与 A 直径相同的 B 金属丝或合金丝一段，焊接成如图 4.1 所示的回路式 Pt‑PtRh 差热电偶。将两焊点分别插入等量的样品和参比物的容器中，放置于电炉的均热带，热电偶的两端与信号放大系统和记录仪相连接，构成图 4.1 所示的差热分析示意图。

参比物一般为热中性体，如 α‑Al_2O_3，在 $0℃\sim1700℃$ 范围内无热效应产生，在整个加热过程中只随炉温而升高温度，被测试样则将产生热变化，这时在热电偶的两个焊点间形成温度差，产生温差电动势，其大小为

$$E_{AB}=\frac{k}{e}(T_S-T_R)\ln\frac{n_{eA}}{n_{eB}} \tag{4.1}$$

式中：E_{AB} 为由 A、B 两种金属丝组成闭合回路中的温差电动势（eV）；k 为玻尔兹曼常数；e 为电子电荷；T_R、T_S 分别为差热电偶两个焊点的温度（K）；n_{eA}、n_{eB} 分别为金属 A、B 中的自由电子数。

由式（4.1）可知，闭合回路中温差电动势的大小与两个焊点间的温度差（T_R-T_S）成正比。当电炉在程序控制下均匀升温时，如果不考虑参比物与样品间的热容差异，而且样品在该温度下又不产生任何反应，则两焊点间的温度相等，$T_R=T_S$，$E_{AB}=0$，这时记录仪上只呈现一条平行于横轴的直线，称为差热曲线的基线。

如果样品在加热过程中产生熔化、分解、吸附水与结晶水的排除或晶格破坏等，样品

将吸收热量，这时样品的温度 T_S 将低于参比物的温度 T_R，即 $T_R > T_S$，闭合回路中便有温差电动势 E_{AB} 产生，驱使伺服电机带动记录笔向一侧偏斜；随着样品吸热反应的结束，T_R 与 T_S 又趋相等，笔针将回到原处，构成一个吸热峰。显然，过程中吸收的热量愈多，在差热曲线上形成吸收峰的面积愈大。

如果样品在加热过程中发生氧化、晶格重建及形成新矿物时，一般为放热反应，样品温度升高，热电偶两焊点的温度为 $T_R < T_S$，闭合电路中产生的温差电动势使记录笔向另一侧偏转，随着放热反应的完成，T_S 又等于 T_R，笔针回到原处，形成一个放热峰。

通常记录仪中记录炉温的笔，随着电路均匀升温而均匀地偏斜，在记录纸上得到从室温到最终温度的温度曲线。

综上所述，差热分析的基本原理是由于样品在加热或冷却过程中产生的热变化而导致样品和参比物间产生温度差，这个温度差由置于两者中的热电偶反映出来。根据公式（4.1），差热电偶的闭合回路中便有 E_{AB} 产生，其大小主要决定于样品本身的热特性，通过信号放大系统和记录仪记下的差热曲线，便能如实地反映出样品本身的特性。因此，对差热曲线的判读，可以达到物相鉴定的目的。图 4.2 所示为典型的差热曲线，纵坐标为温差，单位是℃（或 K），横坐标是温度，单位是℃（或 K）。

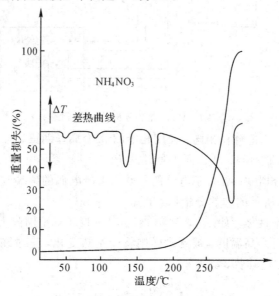

图 4.2 NH_4NO_3 的 DTA - TG 曲线

2. 差热分析仪

如图 4.1 所示，一般差热分析仪由加热炉、试样支撑-测量系统、参比物、信号放大系统、温度程序控制器以及记录仪等部件组成，其中加热炉、试样支撑-测量系统与参比物是主要部分。

1）加热炉

加热炉主要用于加热试样，根据其热源特性可分为红外加热炉、电热丝加热炉与高频感应加热炉等，其中最常用的是电热丝加热炉。作为差热分析加热炉应满足以下要求：

（1）在炉内应具有一个均匀的温度区，以便试样和参照物均匀受热；

（2）温度程序控制器的精度要高，能达到以一定的速率升温或降温；

（3）炉体的体积要小、质量要小，在低于 770K 时能够拆卸零部件，以便于操作与维护；

（4）加热炉连续工作时，炉子与试样容器相对位置保持不变；

（5）炉子中的线圈应没有感应现象，以防止产生电流干扰测量结果，影响测量精度。

2）试样支撑—测量系统

试样支撑—测量系统主要由热电偶、试样容器、均热板与支撑杆等部件组成，是差热分析的核心，其中，热电偶具有测试温度和传输温差电动势的功能，是试样支撑-测量系统的核心部件。因此，热电偶的材料选择非常重要，一般应具备以下条件：

（1）能产生较高的温差电动势，且与温度保持线性关系；

（2）较好的物理与化学性能稳定性，长时间高温下使用无腐蚀、不被氧化，电阻随温度变化小，导热系数大；

（3）价格便宜，有一定的机械强度。

3）参比物

在差热分析中，参比物一般为惰性材料，在测试温度范围内不发生热效应，另外参比物的比热容与热传导系数应与试样相近，常用的参比物有 $\alpha - Al_2O_3$、石英、不锈钢、硅油等。通常采用石英作为参比物，其测量温度应低于 570℃。测试金属试样时一般采用不锈钢、铜或金作为参比物。测试有机物时一般采用硅烷作为参比物。

3. 测试过程

目前生产的差热分析仪，多数是有多种功能的综合热分析仪，分为固定结构式和可拆结构式两大类。差热分析仪仅是热分析仪中的一个组成部分。无论哪类分析仪，其共同部分是温控装置和记录仪，可拆或转换部件是变换器。因此利用综合热分析仪做差热分析时，应注意仪器使用说明书，将转换开关转至差热分析部分（固定式），或者换成差热分析的变换器（可拆式）。

差热分析实验主要包括：试样和参比物的准备及装填，升温速率的选择，差热电偶的选择试样和参比物容器的判断，记录仪走纸速度的选择以及接通电源等具体操作，最后编写实验报告等。

4.1.2 差热分析方法的应用

1. 确定晶形转变

图 4.2 为 NH_4NO_3 的 DTA 曲线，存在五个吸热峰，前三个对应于 NH_4NO_3 的三种晶态的转变。首先 NH_4NO_3 在室温下为斜方晶，随着温度升高转变为双锥晶，在 52.4℃时又转变为斜方晶。当温度升高至 84.2℃，又由斜方晶转变为四角形晶。125.2℃时的吸热峰由四角形晶转变为等轴晶。第四个吸热峰是 NH_4NO_3 熔化，熔化后吸热并逐渐分解，直至爆燃放热。

2. 固相反应的研究

一切固相反应常常伴随着大量的热效应的产生，而且都在确定的温度下发生。固体硝酸银和氯化钾混合物发生复分解反应时生成氯化银和硝酸钾，大量热效应是在 100℃（发生复分解反应时的温度)左右开始。在 300℃和 445℃附近的热效应分别相当于纯 KNO_3 和 AgCl 的熔化过程。

3. 确定化合物的结构

确定化合物的结构必须借助多种方法配合才能得到可靠的结论，差热分析就是其中的重要方法之一。例如对 $Na_6Th(CO_3)_5 \cdot 20H_2O$ 或 $Na_6Th(CO_3)_5 \cdot 12H_2O$ 和一系列五碳酸钍钠的衍生物进行差热分析，发现加热到 70℃时，这些化合物总是失去 19 个或 11 个结晶水，而最后一个结晶水只有加热到 100℃时才失去。说明在五碳酸钍钠水合晶体中，最后一个水分子和其余水分子不同，它和中心原子钍直接结晶处于络合物的中心。

4.2 差示扫描量热法

差示扫描量热法(Differential Scanning Calorimetry，DSC)指在程序控温下，保持试样和参比物的温度差为零，测量单位时间内输入到试样和参比物之间的功率差(如以热的形式)随温度变化的一种技术。记录到的曲线称为差示扫描量热(DSC)曲线，纵坐标为试样吸热或放热的速率，横坐标为时间或温度。DSC 可以测定多种热力学和动力学参数，如比热容、相图、转变热、反应热、反应速率等。该方法应用温度范围较广(−175℃～725℃)、分辨率较高、试样用量少，因此可以广泛应用于无机、有机材料分析中。

4.2.1 差示扫描量热法原理及测试过程

1. 差示扫描量热法原理

1) 功率补偿式 DSC

根据测量方法的不同，差示扫描量热仪可以分为功率补偿式和热流式两种。DSC 和 DTA 仪器装置相似，所不同的是在试样和参比物容器下装有两组补偿加热丝，图 4.3 为功率补偿式 DSC 仪原理示意图。

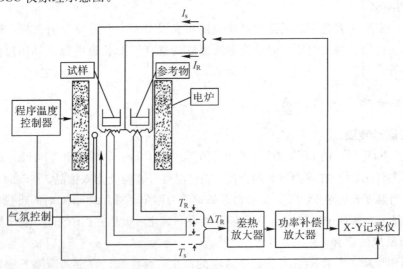

图 4.3　功率补偿示 DSC 的原理图

　　当试样在加热过程中由于热效应与参比物之间出现温差 ΔT 时，通过差热放大电路和差动热量补偿放大器，使流入补偿电热丝的电流发生变化，当试样吸热时，补偿放大器使试样一边的电流立即增大；反之，当试样放热时则使参比物一边的电流增大，直到两边热量平衡，温差 ΔT 消失为止。换句话说，试样在热反应时发生的热量变化，由于及时输入电功率而得到补偿，所以实际记录的是试样和参比物下面两只电热补偿的热功率之差随时间 t 的变化关系。如果升温速率恒定，记录的也就是热功率之差随温度 T 的变化关系。图4.4 为典型的 DSC 曲线。

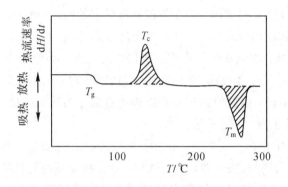

图 4.4　典型的 DSC 曲线

2）热流型 DSC

另一种差示扫描量热仪是热流型，其结构与 DTA 较为相似，如图 4.5 所示。

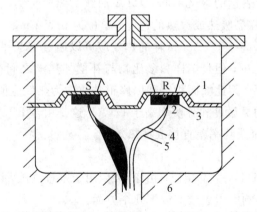

1—康铜盘；2—热电偶热点；3—镍铬板；4—镍铝丝；5—镍铬丝；6—加热块

图 4.5　热流型 DSC 示意图

　　与 DTA 不同之处在于试样与参比物托架下放置一个电热片（康铜），加热器在程序控制下对加热块加热，热量通过气氛和电热片两路径传递给试样和参比物，使之受热均匀。试样和参比物的热流差和试样温度分别由差热电偶和试样热电偶测量。热流式 DSC 的原理虽然与 DTA 较为相似，但它可以定量测定热效应。这是由于该仪器在等速升温过程中，可自动改变差热放大器的放大倍数，一定程度上弥补了因温度变化对热效应测量所产生的影响。但热流式 DSC 也存在一些不足：① 热流式 DSC 不适于在高温下工作，这是由于辐射热与绝对温度的四次方成正比，高温时的热阻会大大降低；② 温差电动势和热阻均与温度呈非线性关系，精确测定试样的热效应时，必须使用校正曲线，换样品杯时需要重新测定校准曲线，因此热流式 DSC 使用不太方便。

3）DSC 曲线

图 4.4 为典型的 DSC 曲线，纵坐标为热流速率(dH/dt 或 dQ/dt)，单位可以是 mW 或 mW·mg^{-1}，后者与试样量无关，又称为热流量。横坐标为温度，有时采用时间代替温度，特别是作动力学研究或恒温测试时，由于各仪器所设定的吸热/放热方向不同，所以曲线上必须注明吸热(endo)和放热(exo)的方向。转变温度取值有时以峰最大值为准；但有时以峰起始温度(onset)为准，即取基线与峰前沿的切线的交点。而焓对应于曲线与基线包围的面积，如图 4.4 的阴影部分。但是试样和参比物与补偿加热丝之间存在热阻，其实际补偿的热量或多或少产生损耗，因此峰面积需乘以修正常数才为热效应值。

2. DSC 与 DTA 的区别

DTA 在使用过程中存在一些不足，例如：若试样存在热效应，其升温速率呈非线性，难以进行定量。其次，试样存在热效应时，试样、参比物与环境的温度相差较大，三者之间还存在热交换现象，从而降低了对热效应测量的灵敏度和精确度。针对 DTA 存在的这些缺陷，通过改进技术，发展出了 DSC 热分析技术，克服了 DTA 的相关不足，其中两者存在的区别如下：

（1）曲线的纵坐标所表达的含义不同。DTA 曲线的纵坐标为温差，单位是℃(或 K)，而 DSC 曲线的纵坐标为样品吸热或放热的速度，单位为 mW·mg^{-1}。

（2）DSC 的定量水平高于 DTA。试样的热效应可以通过 DSC 曲线的放热峰或吸热峰与基线所包围的面积来度量，但是试样和参比物与补偿加热丝之间存在热阻，其实际补偿的热量或多或少产生损耗，因此峰面积需乘以修正常数才为热效应值。

（3）DSC 分析方法的灵敏度和分辨率高于 DTA。这是由于 DTA 采用 ΔT 间接表征热效应，而 DSC 则是用热流或功率差直接表征热效应。

3. 影响 DSC 的因素

影响 DSC 的因素与 DTA 基本相似，由于 DSC 用于定量测试，因此其实验因素的影响显得更为重要，主要的影响因素大致有以下几个方面：

1）升温速率

升温速率主要影响 DSC 曲线的峰温和峰形，一般升温速率越大，峰温越高，峰形越大并越尖锐。在实际情况中，升温速率的影响是很复杂的，对温度的影响在很大程度上与试样的种类和转变的类型密切相关。

2）气氛

实验时，一般对所通气体的氧化还原性和惰性比较重视，但往往会忽略对 DSC 峰温和热焓值的影响。实际上，气氛的影响是比较大的，如表 4.1 所示，在不同气氛下所测试化合物的峰温存在微量差别。

表 4.1　气氛对峰温的影响

化合物	静态空气℃	动态空气℃	O₂℃	N₂℃	He℃	真空 ℃
己二酸	150.96	151.02	150.82	151.10	149.26	151.90
萘唑啉硝酸盐	168.48	168.40	168.13	168.84	167.22	169.30
硝酸钾	130.85	130.73	130.90	130.89	129.00	131.56
二水合柠檬酸	159.34	159.42	159.26	159.38	157.41	160.04

3）试样的重量

试样的用量不宜过多，过多的试样会使试样内部传热慢，温度梯度大，导致峰形扩大、分辨力下降。铟的实际 ΔH_f 为 28.6 J/mol。虽然转变能量随重量变化而变化，但在所有情况下，真正的转变能量是可以精确获得的。试样的重量对 DSC 的影响见表 4.2。

表 4.2　试样的重量对 DSC 的影响

铟的重量/mg	ΔH_f/(J/mol)
1.36	29.50±0.096
5.34	28.45±0.088
11.70	28.42±0.042
18.46	28.29±0.075

4）试样的粒度

试样的粒度对 DSC 曲线影响比较复杂，通常大颗粒热阻较大，从而使试样的熔融温度和熔融热熔偏低。但是当结晶的试样研磨成细颗粒时，往往由于晶体结构的歪曲和结晶度的下降，也可导致相类似的结果。由于粉末颗粒间的静电引力使粉状形成聚集体，也会引起熔融热熔变大。

4. 测试过程

DSC 是一种动态量热技术，在程序控制的温度下，测量样品的热流率随温度变化的函数关系。因此，DSC 的测试过程是首先进行仪器校正，包括能量校正和温度校正。其次，进行样品的制备，DSC 可以对固体和液体样品进行分析。固体样品可以做成粉末、薄膜、晶体或粒状。样品的形状对定性分析的结果具有一定的影响，因此为了得到较为尖锐的峰形和较好的分辨率，样品与样品盘的接触面积要尽可能大。当然，如果可以在样品盘底部覆盖一层较薄的细粉是最好的。固体样品可以用刮刀切割取样，必要时可以用盖压紧密封。调节仪器参数，DSC 和其他热分析一样，扫描速率对其灵敏度和分辨率都有较大的影响，调节出合适的扫描速率。DSC 样品支架周围需用气体净化，净化气体的流速不能太大，一般为 20 mL/min。保证样品支架与参比支架尽量相同。样品放置好之后，即可进行加热，并用计算机进行绘图。

4.2.2 差示扫描量热法的应用

1. 玻璃化转变温度的测定

玻璃化转变在高聚物中是普遍现象。无定形高聚物或结晶高聚物无定形部分在升温达到它们的玻璃化转变时，被冻结的分子微布朗运动开始，因而热容变大，用 DSC 可测定其热容随温度的变化而改变。

图 4.6 为测定橡胶玻璃化温度的 DSC 曲线。由于橡胶可能存在热历史和受环境影响，使橡胶的玻璃化转变温度的 DSC 曲线受到较多因素的影响，因此需要两次升温。第一次升温可以得到叠加热历史和其他因素的原始材料的 DSC 曲线。玻璃化转变温度在转变区域往往伴随热焓松弛峰。第二次升温可以消除玻璃化转变温度的热焓松弛峰，如图 4.6 下部曲线所示，曲线形状典型而规整。

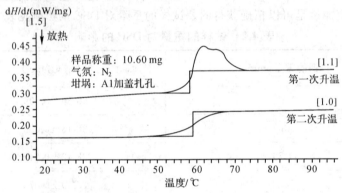

图 4.6　两次升温 DSC 曲线比较

2. 比热容的测定

当一个样品温度线性升高时，进入样品的热流速率正比于瞬时的比热值。把这个热流速率看做是温度的函数，并在相同条件下和标准物质相比，便可得到比热 c_p 随温度变化的函数关系。差示扫描量热是直接测量比热的新方法，在差示扫描量热中，样品材料承受线性程序控温，热流速率进入样品而连续测量，这个热流速率正比于样品的瞬时比热，具体关系如下

$$\frac{dH}{dt} = mc_p \frac{dT}{dt} \tag{4.2}$$

式中，dH/dt 为热流率(J/s，或 W)；m 为样品的质量(g)；c_p 为比热(J/g·℃)；dT/dt 为程序升温速率(℃/s)。

图 4.7 为煤的比热容测试曲线，采用蓝宝石作为参比物。为了计算比热，升温速率必须已知，必须校正纵坐标。根据公式(4.2)可得

$$\Phi = mC \frac{dT}{dt} \tag{4.3}$$

$$\Phi' = m'C' \frac{dT}{dt} \tag{4.4}$$

式中：Φ、Φ' 分别为某一温度下，实验样品和标准样品与空白的热流差；m 与 m' 分别为实

验样品和标准样品的质量；c、c'分别为实验样品与标准样品的比热容。将方程(4.3)除以方程(4.4)可得

$$\frac{c}{c'} = \frac{m'\Phi}{m\Phi'} \tag{4.5}$$

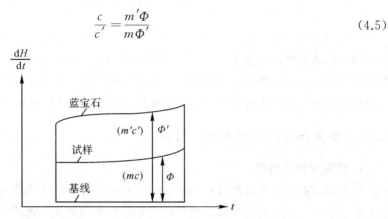

图 4.7　试样与标准物质的 $\mathrm{d}H/\mathrm{d}t - t$ 曲线图

已知标准样品蓝宝石的比热容，实验样品与标准样品的热流差和质量，即可求得实验样品的比热容。

表 4.3 为不同加热速率对煤比热容的影响。从表中的数据可以看出，加热速率对热分析方法的影响较大。加热速率越大，所产生的热滞后现象越严重，导致测量结果产生误差。表 4.3 是在 20 mL/min 高纯氮气内，分别以(5、10、20、40)℃/min 的加热速率从室温加热至 1200℃时测定的 20 mg 煤的比热容。

表 4.3　不同加热速率对煤比热容的影响

温度/℃	$c/(\mathrm{J} \cdot \mathrm{g}^{-1} \cdot \mathrm{k}^{-1})$			
	5℃/min	10℃/min	20℃/min	40℃/min
57	1.1370	0.8833	0.8551	0.8361
87	1.0904	0.9354	0.9005	0.8899
187	1.4523	1.0559	0.9977	1.0049
287	1.7693	1.1351	1.0724	1.0760
387	2.1617	1.1934	1.1510	1.1627
487	2.7213	1.3056	1.2396	1.2444
587	3.1945	1.4192	1.3813	1.3885
687	3.5382	1.4943	1.4513	1.4631
787	3.5695	1.5498	1.5126	1.5127
887	3.7671	1.6105	1.5651	1.5562
977	4.1649	1.6657	1.5753	1.6058
1077	4.4541	1.7359	1.6291	1.6597
1177	4.8793	1.8072	1.6796	1.7098

4.3 热 重 分 析

热重分析法（Thermo-gravimetry Analysis，TGA）是指在程序控制温度和一定气氛条件下测量物质的质量与温度关系的一种热分析方法。热重分析仪主要由天平、炉子、程序控温系统和记录系统等几个部分组成。最常用的测量原理有两种，即变位法和零位法。热重分析法广泛应用于生物材料、高分子材料、无机矿物材料等领域中。

4.3.1 热重分析法原理及测试过程

1. 热重分析法原理

许多物质在加热或冷却过程中除了产生热效应外，往往还伴有质量的变化。质量变化的大小及变化时的温度与物质的化学组成和结构密切相关，因此利用试样在加热或冷却过程中质量变化的特点，可以区别和鉴定不同的物质。热重分析法是研究化学反应动力学的重要手段之一，具有试样用量少、测试速度快并能在所测温度范围内研究物质发生热效应的全过程等优点。

热重分析通常有静法和动法两种方法。静法是把试样在各给定的温度下加热至恒重，然后按质量变化对温度作图；动法是在加热过程中连续升温和称重，按质量变化对温度作图。静法的优点是精度较高，能记录微小的失重变化；缺点是操作复杂，时间较长。动法的优点是能自动记录，可与差热分析法紧密配合，有利于对比分析；缺点是对微小的质量变化灵敏度较低。

热重分析仪可以分为热天平式和弹簧秤式两种。图 4.8 是热天平的结构图。热天平不同于一般天平，它能自动、连续地进行动态测量与记录，并能在称量过程中按一定的温控程序改变试样温度，以及调控样品四周的气氛。

热天平的工作原理如下：在加热过程中如果试样无质量变化，热天平将保持初始的平衡状态，一旦样品中有质量变化时，天平就失去平衡，并立即由传感器检测并输出天平失衡信号。这一信号经侧重系统放大后，用以自动改变平衡复位器中的线圈电流，使天平又回到初始时的平衡状态，即天平恢复到零位。平衡复位器中的电流与样品质量的变化成正比，因此，记录电流的变化就能得到试样质量在加热过程中连续变化的信息，而试样温度或炉膛温度由热电偶测定并记录。这样就可得到试样质量随温度（或时间）变化的关系曲线即热重曲线。热天平中装有阻尼器，其作用是加速天平趋向稳定。天平摆动时，就有阻尼信号产生，经放大器放大后再反馈到阻尼器中，促使天平快速停止摆动。

弹簧秤式的原理是虎克定律，即弹簧在弹性限度内其应力与应变成线性关系。一般的弹簧材料因其弹性模量随温度变化，容易产生误差，所以采用随温度变化小的石英玻璃或退火的钨丝制作弹簧。弹簧秤法是利用弹簧的伸长与重量成比例的关系，所以可利用测高仪读数或者用差动变压器将弹簧的伸长量转换成电信号进行自动记录。

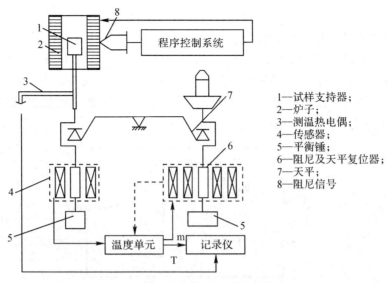

8
1
2
程序控制系统
3
7
6
4
5
5
温度单元
m
记录仪
T
1—试样支持器；
2—炉子；
3—测温热电偶；
4—传感器；
5—平衡锤；
6—阻尼及天平复位器；
7—天平；
8—阻尼信号

图 4.8　热天平的结构示意图

2. 测试过程

在热重分析测试前，需用砝码校正记录仪与试样质量变化的比例关系。一般仪器出厂时均已校正，必要时也需要重新校正。然后进行试样的预处理、称量及装填；试样需先磨细，过 100～300 目筛及干燥。精确测量试样的重量，称量后的试样装入坩埚中，接着选择升温速率，选择升温速率需以保持基线平稳为准则。此外，保证试样在某温度下的质量变化应在仪器灵敏度范围内，以得到质量变化明显的热重曲线。调节完毕之后，即可启动电源开关，按照给定的升温速率升温；然后选定合适的走纸速度，开动记录仪开关。最终，实验完毕后，先关记录仪开关，再切断电源。

3. 热重曲线

热重曲线（TG 曲线）记录的是质量保留百分数（w）与温度的关系，如果记录质量变化速率与温度的关系，就需要将质量对温度求导，称为微商热重法（DTG）。图 4.9 为典型的 TG 和 DTG 曲线。DTG 的主要优点是与 DTA 或 DSC 曲线有直接可比性，其峰值对应于质量变化速率最大处，可直接成为物质的热稳定性指标。

100
TG
DTG
w/(%)
dm/dt
0
200
300
400
500
600
T/℃

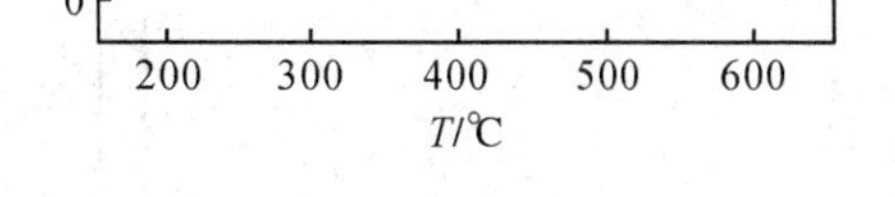

图 4.9　尼龙 66 的 TG 和 DTG 曲线

4.3.2　热重分析法的应用

只要物质受热时发生质量的变化，都可以用热重法来研究其变化过程，测定结晶水、脱水量，研究在生成挥发性物质的同时所进行的热分解反应、固相反应所需要的温度及反应过程，利用热分解或蒸发、升华等进行混合物的定性、定量分析以及判别多种材料如高聚物、合金、建筑材料及填充料等适用的温度范围等。

1. 评定高分子材料的热稳定性

热重法是评定高分子材料热稳定性的一种重要的方法。图 4.10 为五种聚合物的热重曲线。由图可知，聚氯乙烯（PVC）不能完全分解，稳定性最差；聚甲基丙烯酸甲酯（PMMA）、聚乙烯（PE）和聚四氟乙烯（PTFE）可以完全分解，稳定性依次增加；聚酰亚胺（PI）直至 850℃才分解了 40% 左右，热稳定性最强。

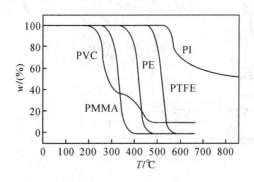

图 4.10　五种聚合物的 TG 曲线

2. 研究物质的分解过程

图 4.11 为 $PbCO_3$ 的 TG－DTA 曲线，可以看出 $PbCO_3$ 是分两步进行分解的：首先，从 220℃ 开始释放 CO_2，失重为 3.82 mg，随后到 380℃ 结束，失重放出的 CO_2 约为 1.92 mg。从中可以看出，两个阶段的 CO_2 释放量的比约为 2：1。另外，从 DTA 曲线也可以看出，在 220℃ 开始出现分解吸热，220～380℃ 之间出现的两个吸热峰对应于两个分解阶段，两个吸热峰的面积比也约为 2：1。

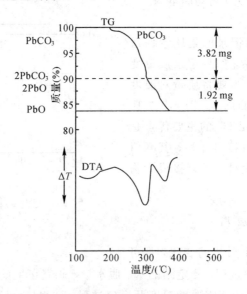

图 4.11　$PbCO_3$ 的 TG－DTA 曲线

由此，判断 $PbCO_3$ 的分解机理为：

$$3PbCO_3 \xrightarrow{\ -2CO_2\ } PbCO_3 + 2PbO \xrightarrow{\ -CO_2\ } 3PbO \qquad (4.6)$$

4.4　热 机 械 分 析

热机械分析法(Thermomechanical Analysis，TMA)指在程序温度控制(升温、降温、恒温或循环温度)与非振荡性载荷作用下，测量物质的形变与温度或时间变化的函数关系的一种热分析方法。热机械分析仪主要由机架、压头、加荷装置、加热装置、制冷装置、形变测量装置、记录装置、温度程序控制装置等组成。物质随着温度变化，其相应的力学性能也发生变化，热机械分析对于研究材料的使用温度、加工条件以及力学性能有着重要意义，可以用于研究高分子材料的热膨胀系数、玻璃化温度、软化点、熔点、杨氏模量、应力松弛等。热机械分析按照机械结构形式可以分为天平式和直筒式。

4.4.1　热机械分析法的测试过程及特点

1. 热机械分析测试过程

图 4.12 是典型的热机械分析仪工作原理示意图。热机械分析仪主要由温度控制系统和位移检测系统构成。当试样在加热过程中发生形变时，由差动变压器检测位移并将其转变为电压信号，经相敏放大器、有源滤波器、电压放大器、A/D 转换器后，送到计算机去。通常还把 ΔL 形变信号经过一次微分(dL/dt)后也送到计算机。与此同时还将温度信号 T 输入计算机。由显示器显示出 ΔL、dL/dt 随时间(或温度)变化的曲线。通过计算机数据处理后，显示并打印出试样的膨胀系数和玻璃化转变温度 T_g 等结果。

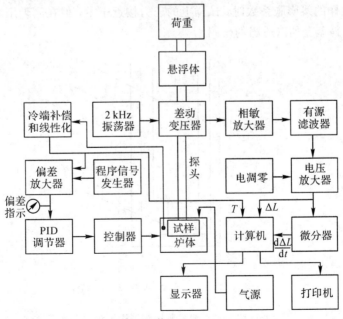

图 4.12　典型的热机械分析仪的工作原理图

2. 热机械分析法的特点

热机械分析仪是在膨胀仪的基础上发展起来的，它不仅可以代替膨胀仪，而且与膨胀仪相比，具有如下的特点：

（1）可以改变试样中所受负荷的大小。使用热机械分析仪所测得物质的热形变曲线，因所受负荷大小而异，故负荷大小就成为一个参数，若使该负荷大小与物质实际使用状态相近，这种热形变曲线就可能更有价值。

（2）备有各种不同的探头。一般热机械分析仪配有线膨胀、体膨胀、压缩、延伸、穿透和弯曲等不同形式的探头。它可以用来测定各种材料的膨胀系数、杨氏模量、软化点、收缩率、熔点、蠕变和应力松弛等。从而确定这些材料的玻璃化温度 T_g、流动温度 T_f、形态转变点、烧结过程和各种材料的热-力学性能等。

4.4.2 热机械分析法的应用

通常热机械分析配置不同的探头，包括线膨胀探头、延伸探头、弯曲探头、针入探头和体膨胀探头等。不同的探头具有不同的应用。这些探头通常是由铝合金、石英、氧化铝等材料加工而成。铝合金便于加工，但工作温度不能高于 600℃；石英探头具有热膨胀系数低、测试精度高、工作温度高等优点，但其加工复杂且加工角度较差；氧化铝探头具有耐高温的特点，工作温度可达到 1500℃。

1. 线膨胀探头

图 4.13 是线膨胀探头的示意图，探头材料通常与外套管材料相同，都是由石英制成，其膨胀系数较小，外套管被固定在支架上。当升温时试样膨胀推动探头向上移动，探头的尺寸一般与试样直径差不多。探头与试样接触，但试样上的压力可以由施加负荷的大小来调节。在测量试样的线膨胀系数时，试样上的压力接近于零，但在测量压缩时的温度-形变曲线时，需在砝码盘上加以适当的砝码。

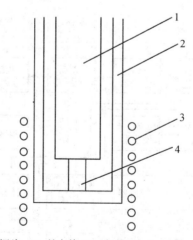

1—探头；2—外套管；3—加热丝；4—试样

图 4.13　线膨胀探头结构示意

应该指出，所记录的探头伸长量 Δl 不能直接当成试样的真实线膨胀量 Δl_s，因为与试样等长的一段石英外套管也会受热膨胀。考虑到上述因素，所记录的线膨胀量为

$$\Delta l = \Delta l_s - \alpha_r \Delta T + C_1 \Delta T \tag{4.7}$$

式中，Δl_s 为试样的真实线膨胀量，α_r 为石英的线膨胀系数，ΔT 为温度升高值，C_1 为仪器的修正系数。其中试样的线膨胀系数为

$$\alpha_s = \frac{\Delta l_s}{l_s \Delta T} = \frac{\Delta l}{l_s \Delta T} + \alpha_r - \frac{C_1}{l_s} \tag{4.8}$$

式中，l_s 为试样长度。

为了提高测量精度，要求 α_r 和 C_1 越小越好，且其值与温度无关更好。

在一般情况下，可把 C_1 视为零。如果测量的试样长度很小，仪器的修正系数 C_1 较大时，则可以做一次空白试验，即在不加试样的情况下，进行升温测试，就可以记录出修正曲线，根据修正曲线和膨胀量程，即可算出各温度点的 C_1 值。性能优良的热机械分析仪，其基线为一水平的直线，即 $C_1 = 0$。

聚甲基丙烯酸甲酯采用膨胀探头的温度-形变曲线如图 4.14 所示。由温度-形变曲线的转折处作两条直线延伸的交点，在低温处为玻璃化温度 T_g，高温处为流动温度 T_f。

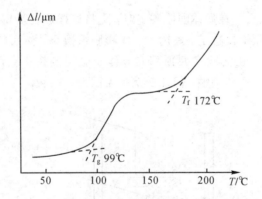

图 4.14　聚甲基丙烯酸甲酯的温度-形变曲线

由于各种物质在不同温度下产生不同程度的膨胀和收缩，尤其高聚物的膨胀系数较大，且存在多种转变，使膨胀系数变化也很大，因此研究和测定这种材料的膨胀系数，考虑尺寸稳定性还是十分必要的。反过来，也可以利用不同温度下膨胀系数的变化，研究高聚物材料的相变和取向情况、复合材料的组分以及复合材料本身的膨胀系数。由于高聚物的膨胀系数比其填料大得多，膨胀系数的这种不匹配性会产生很大影响。第一，当材料从熔体或固化温度急冷到室温，由于填料和基体的膨胀系数不同，收缩程度就不一样，将使高聚物基体对填料在径向上产生热拉伸应力，这使近填料表面形成一层在性质上与高分子本体不同的高分子层，这使高分子的链段运动受到影响，使整体材料的转变温度及其他物理化学性质发生变化。第二，这些热应力使这层高分子的应力-应变曲线处于非线性虎克弹性范围内。虽然，从总体上看，复合材料的模量提高了，但比预料的要低。随着温度的增加，热应力逐渐被消除，复合材料模量 E_c 和基体模量 E_m 的比值逐步增加。第三，这些热应力会产生裂纹，从而降低复合材料的强度。第四，加了硬质填料后，纯基体的膨胀系数可

以大大降低，所以有利于材料的尺寸稳定性。

图 4.15 是聚苯乙烯的线膨胀曲线，从中可以求出其玻璃化温度 T_g。图 4.16 为不同密度聚乙烯的线膨胀曲线，高密度聚乙烯在 100℃ 时出现熔融，而低密度聚乙烯在 50℃ ～ 80℃ 范围内显示出收缩现象，说明在此区域内有结晶产生，过后才熔化。

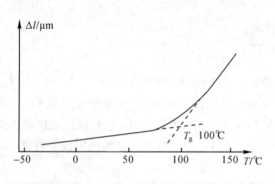

图 4.15　聚苯乙烯的线膨胀曲线

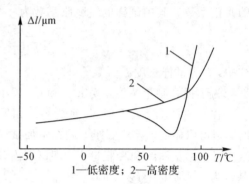

1—低密度；2—高密度

图 4.16　聚乙烯的线膨胀曲线

2. 体膨胀探头

图 4.17 是体膨胀探头。在做体膨胀测定时，先将试样放在活塞缸内，在缸内充满惰性液体，要求惰性液体的化学性稳定、黏度大、体膨胀系数小，然后排除气泡，装上活塞柱。把它放在外套管底座上。在活塞柱的顶部安放体膨胀用的探头。调节膨胀探头顶上的荷重，使膨胀探头刚好与活塞柱接触，但几乎是在无压力下接触。

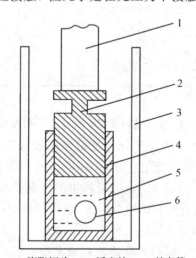

1—膨胀探头；2—活塞柱；3—外套管；
4—活塞缸；5—惰性液体；6—试样

图 4.17　体膨胀探头结构示意图

这种体膨胀探头可以测量固体的和液体的体膨胀系数，特别是各向异性的物质更为适宜，所记录的体膨胀量为

$$\Delta V = \Delta V_s + \gamma_r V_r \Delta T + C_v \Delta T \tag{4.9}$$

式中，ΔV_s 为试样的真实体膨胀量；γ_r 为惰性液体的体膨胀系数；V_r 为惰性液体的体积；ΔT 为温度升高值；C_v 为仪器的修正系数。

试样的体积膨胀系数为

$$\gamma_s = \frac{\Delta V_s}{V_s \Delta T} = \frac{\Delta V}{V_s \Delta T} - \gamma_r \frac{V_r}{V_s} - \frac{C_v}{V_s} \tag{4.10}$$

一般情况下，C_v 值很小，可以忽略，若要做高精度试验时，也要像求线膨胀的仪器修正系数一样，做一次空白试验，从记录的温度-形变曲线中求得修正系数 C_v 值。γ_s 值一般也是温度的函数，故也需要实测得到，V_r 和 V_s 可以从测量某体积中获得。利用测定体膨胀系数的方法也同样可以推断出试样的相变和取向情况。

图 4.18 为天然橡胶的体膨胀曲线。玻璃化温度 T_g 为 $-70\,℃$，结晶高聚物的熔点 T_m 为 $10\,℃$。

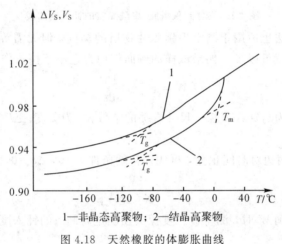

1—非晶态高聚物；2—结晶高聚物

图 4.18　天然橡胶的体膨胀曲线

3. 针入度探头

针入度探头的典型应用是测定维卡软化温度。这种探头与试样接触的一端不是平面状的，而是用直径为 1 mm 的圆头针状的探头，其他部分与图 4.14 相同。在探头顶部，施加 1 kg 的负荷，升温速率为 $(50 \pm 5)\,℃/h$ 或 $(120 \pm 12)\,℃/h$。当针入探头到试样深度 1 mm 时的温度定义为软化温度。这样测量的软化温度同时也与试样温度的模量变化（下降）有关。对于低分子无定形未交联的高聚物来说，针入是由于在 T_g 以上温度黏性流动引起的。由于针入到试样深度为 1 mm，材料必须相当软才行。因此维卡式软化温度的测定结果一般比其他实验测定的结果高得多。这种方法不适用于乙基纤维素、非硬质聚氯乙烯或其他维卡式软化温度范围较宽的材料。

必须指出，这种实验，由于方法、条件、升温速率和加载负荷量等不同，其结果也会有较大的差别。因此，此法是在规定条件下的实验。对于得到的数据结构，必须加以注明，以便参考。

图 4.19 给出了聚酯/聚酰胺-聚酰亚胺在荷重 5 g、$20\,℃/min$ 等速升温下，用针入度探头所得到的温度—形变曲线。其中 $T_{g1} = 167\,℃$，$T_{g2} = 265\,℃$，$T'_{g1} = 135\,℃$，$T'_{g2} = 242\,℃$，从中可以很方便地区别它们质量的优劣。

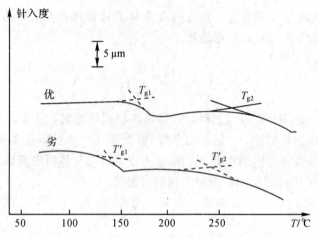

图 4.19　聚酯/聚酰胺-聚酰亚胺的针入度曲线

针入度探头的方法也适用于测定牛顿黏性物质的黏度，但无需等速升温，只要使试样保持在某一恒定温度就可以了。如果试样的侧面作用力远小于探头作用力的话，则

$$W = K\eta\Delta l \frac{\mathrm{d}\Delta l}{\mathrm{d}t}\tag{4.11}$$

式中，W 为荷重；K 为与针入度探头尺寸有关的常数；η 为黏度；Δl 为形变量（这里也可称为针入度）；t 为时间。

将式(4.11)等式两边对时间积分，再代入初始条件 $t=0$，$\Delta l=0$，得

$$\eta = \frac{2W_t}{[K(\Delta l)^2]}\tag{4.12}$$

当荷重从零突增到 W 时，测得针入度探头在固定时间 t 的针入度 Δl，从式(4.12)中即可求得黏度 η。

4. 延伸探头

图 4.20 是延伸探头，适用于测量纤维状或薄膜状的试样。将薄膜状试样放在专用夹具上，装置上、下夹头，并在室温下使其具有固定的规定长度。然后，将装有夹头的试样放在

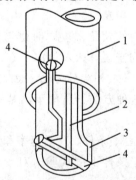

1—延伸的石英外套管；2—试样；3—延伸的石英探头；4—试样夹

图 4.20　装有试样的延伸探头结构示意图

内、外套管之间。外套管固定在主机架上，内套管上端施加荷重，测定试样在等速升温下

的温度—形变曲线。由于试样随着温度的增加模量有所下降，并且产生膨胀，因此曲线开始部分有所增加，当温度升高到接近试样的软化温度，分子链段开始运动时，模量急剧下降，形变大大增加，曲线出现拐点。因此，采用此法也可以测定软化温度。如图 4.21 所示。软化温度的定义是形变达到 2% 时所对应的温度。图 4.21 的升温速率为 2℃/min。

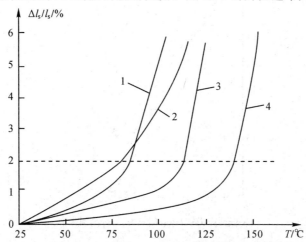

1—硬质聚氯乙烯(3.46bar)；2—低密度聚乙烯(3.46bar)；
3—苯乙烯炳烯共聚物(1.73bar)；4—增塑醋酸纤维素(1.73bar)

图 4.21　用延伸探头测量的温度-形变曲线

　　图 4.22 所示为不同类型的热塑性塑料的温度-形变曲线。按原定义定出软化温度，图 4.22 所示为不同类型的热塑性塑料的温度-形变曲线。即延伸变形先达到 2% 时所对应的温度。如图 4.22 中的曲线 1 和 2 所示。如果试样有取向，试样的形变在开始急增之前会产生收缩；若试样先收缩后延伸，既要定出收缩 2% 的热形变温度，同时也要定出延伸 2% 的形变温度，即软化温度，不过不是从 0 的形变算起，而是从最大收缩以后算起形变 2% 时所对应的温度，如图 4.22 中的曲线 3 所示。

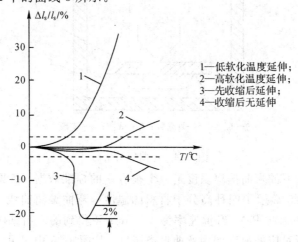

1—低软化温度延伸；
2—高软化温度延伸；
3—先收缩后延伸；
4—收缩后无延伸

图 4.22　不同类型的热塑性塑料的温度-形变曲线(延伸探头)

　　由此看出，使用延伸探头，研究取向试样不同预应力作用的形变情况，同时也能做热应力回复（热收缩）实验，即先将试样冷拉到一定的延伸比，观察不同温度下试样的收缩情况，图 4.23 是聚酰胺-聚酰亚胺薄膜不同拉伸比的热收缩曲线。

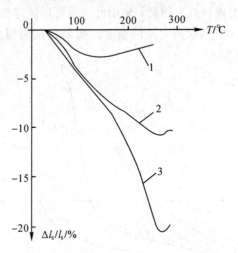

1—低预应力；2—中预应力；3—高预应力

图 4.23　聚酰胺-聚酰亚胺的热收缩曲线

5. 弯曲探头

图 4.24 显示了弯曲探头。它是将矩形试样在中心处施加负荷进行弯曲的实验。

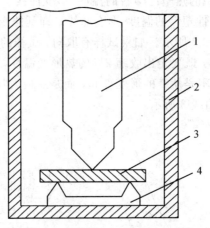

1—探头；2—外套管；3—试样；4—支座

图 4.24　弯曲探头结构

测量塑料在荷重下的弯曲偏离温度是一个很有用的标准数据，参见美国材料试验协会 ASTM D648。图 4.25 显示了四种高分子材料的温度—弯曲偏离曲线，试样都在剪切应力为 264 psi（1 psi＝6894.76 Pa）、升温速率为 5 ℃/min 下得到的。当试样弯曲偏离到 0.01 in（1 in＝2.54 cm）时所对应的温度即为弯曲偏离温度，从图 4.25 中可见，聚碳酸酯弯曲偏离温度 T_4 最高，几乎接近于它的玻璃化温度 T_g，它的偏离曲线是迅速下降的。而高密度和低密度聚乙烯的偏离曲线是由于其熔化而逐渐偏离的，其弯曲偏离温度 T_3 和 T_2 分别为

108℃和70℃。耐温最低的是聚氯乙烯，它的偏离曲线也是迅速下降的，偏离温度 T_1 为 63℃，接近其玻璃化温度 T_g。

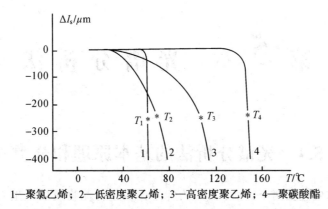

1—聚氯乙烯；2—低密度聚乙烯；3—高密度聚乙烯；4—聚碳酸酯

图 4.25　几种高分子材料的温度—弯曲偏离曲线

习　题

4.1　为什么差热峰有时向上，有时向下？

4.2　在差热分析中，克服基线漂移，可以采取哪些措施？

4.3　影响差热分析曲线中的峰高度和峰面积的因素有哪些？

4.4　差示扫描量热和差热分析的区别何在？

4.5　影响差示扫描量热分析的因素有哪些？

4.6　热重分析的基本定义是什么？

4.7　阐述热重分析原理。

第 **5** 章　光 谱 分 析 法

5.1　光谱分析法的基本原理和分类

　　光分析法的基础包括两个方面：其一为能量作用于待测物质后产生光辐射，该能量形式可以是光辐射和其他辐射能量形式，也可以是声、电、磁或热等形式；其二为光辐射作用于待测物质后发生某种变化，这种变化可以是待测物质物理化学特性的改变，也可以是光辐射光学特性的改变。基于此，可以建立一系列的分析方法，这些方法均可称为光分析法。随着学科的发展，除光辐射外，基于检测 γ 射线、X 射线以及微波和射频辐射等作用于待测物质而建立起来的分析方法，也归类于光分析法。任何光分析法均包含有三个主要过程：(1) 能源提供能量；(2) 能量与被测物质相互作用；(3) 产生被检测的信号。

　　光分析法又分为光谱分析法和非光谱分析法。光谱分析法和非光谱分析法的区别在于：光谱分析法中能量作用于待测物质后产生光辐射，以及光辐射作用于待测物质后发生的某种变化与待测物质的物理化学性质有关，并且为波长或波数的函数，如光的吸收及光的发射，这些均涉及物质内部能级跃迁；而非光谱分析法表现为光辐射作用于待测物质后，发生散射、折射、干涉、衍射、偏振等现象，而这些现象的发生只是与待测物质的物理性质有关，不涉及能级跃迁。因此，光谱分析法不仅可以提供物质的量的信息，还可以提供物质的结构信息，所以广泛应用于材料领域，特别是在材料组成研究、结构分析、大分子几何构型的确定、表面分析等方面，发挥着重要的作用。目前，光谱分析法已成为材料研究方法中的重要组成部分。

5.1.1　光谱分析法基本原理

1. 电磁波谱区及能量跃迁

　　如 1.1 节所述，光是电磁波的一种，电磁波又称电磁辐射，电磁辐射具有广泛的波长（或频率、能量）分布，将电磁辐射按其波长（或频率、能量）顺序排列，即为电磁波谱。不同量子对应不同的波长（或频率、能量）区域，而且产生的机理也不同。通常以一种量子跃迁为基础可以建立一种对应的电磁波谱方法，不同的量子跃迁对应着不同的波谱方法（图 5.1）。

　　由电磁辐射提供能量致使量子从低能级向高能级跃迁的过程，称为吸收；由高能级向低能级跃迁并发射电磁辐射的过程，称为发射；由低能级吸收电磁辐射向高能级跃迁，再由高能级迁回低能级并发射相同频率电磁辐射，同时存在弛豫现象的过程，称为共振。例如，分子外层存在电子能级，而每个电子能级存在不同的振动能级，每个振动能级又存在不同的转动能级，因此，基于低电子能级向高电子能级跃迁可建立红外吸收光谱，前者跃迁所涉及的能量对应于紫外—可见波长区域，后者跃迁所涉及的能量对应于红外波长区域。

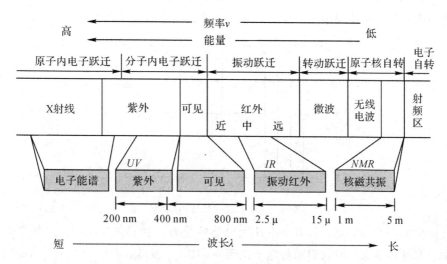

图 5.1　光波谱区及能量跃迁相关图

2. 电子辐射与物质的相互作用

1）吸收

当电磁波作用于固体、液体和气体物质时，若电磁波的能量正好等于物质某两个能级（如第一激发态和基态）之间的能量差，电磁辐射就可能被物质吸收，此时电磁辐射能被转移到组成物质的原子或分子上，原子或分子从较低能态吸收电磁辐射而被激发到较高能态或激发态（图 5.2）。在室温下，大多数物质都处在基态，所以吸收辐射一般都要涉及从基态向较高能态的跃迁。由于物质的能级组成是量子化的，因此吸收也是量子化的。对吸收频率的研究可提供一种表征物质试样组成的方法，由此可以通过实验得到吸收光度对波长或频率的函数图，即吸收光谱图。物质的吸收光谱差异很大，特别是原子吸收光谱和分子吸收光谱。一般来说，它与吸收组分的复杂程度、物理状态及其环境有关。

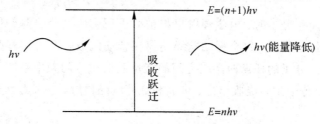

图 5.2　辐射吸收引起能级跃迁示意图

（1）原子吸收。

当电磁辐射作用于气态自由原子时，电磁辐射将被原子吸收，如图 5.3 所示。由于原子外层电子的任意两能级之间的能量差所对应的频率基本上处于紫外或可见光区，因此，气态自由原子主要吸收紫外或可见电磁辐射。同时，由于原子外层的电子能级数有限，因此，产生原子吸收的特征频率也有限，而且由于气态自由原子通常处于基态，致使由基态向更高能级的跃迁具有较高的概率，故电磁辐射作用于气态自由原子时，在现有的检测技术条件下，通常只有少数几个非常确定的频率被吸收，表现为原子中的基态电子吸收特定频率的电磁辐射后，跃迁到第一激发态、第二激发态或第三激发态等。

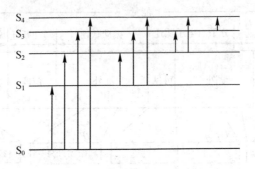

图 5.3　原子吸收跃迁示意图

以气态钠原子为例，它只具有很少几个可能的能态。在通常情况下，钠蒸汽中的所有原子基本上都处在基态，即它们的价电子位于 3 s 能级，其 3 p 的两个能级与 3 s 能级的能量差所对应的波长分别为 589.30 nm 和 589.60 nm。如果以含有波长 589.30 nm 和 589.60 nm 的可见光作用于钠原子，则许多基本态钠原子的外层电子将吸收 589.30 nm 或 589.60 nm 的光子并跃迁到 3 p 的两个能级上。如果电磁辐射的能量更高，还可能观测到 3 s 能级到更高能级如 5 p 能级的吸收，相对应的吸收波长为 285 nm 左右。实际上，3 s 能级到 5 p 能级的跃迁概率较小，因此对检测技术的灵敏度要求更高，同时由于 5 p 的两个能级能量差极小，要观测到 3 s 能级到 5 p 两个能级的吸收双线，对检测技术的分辨率同样要求更高，而常规的仪器很难做到这一点。

紫外和可见光区的能量足以引起外层电子或价电子的跃迁，相应的分析方法是原子吸收光谱法。而能量大几个数量级的 X 射线能与原子的内层电子相互作用，故在 X 射线光谱区能观察到原子最内层电子跃迁产生的吸收峰。

（2）分子吸收。

当电磁辐射作用于分子时，电磁辐射也将被分子所吸收。分子除外层电子能级外，每个原子能级还存在振动能级，每个振动能级还存在转动能级，因此分子吸收光谱较原子吸收光谱要复杂很多。分子的任意两能级之间的能量差所对应的频率基本上处于紫外、可见和红外光区，因此，分子主要吸收紫外、可见和红外电磁辐射，表现为紫外－可见吸收光谱和红外吸收光谱。

同时，由于振动能级相同但转动能级不同的两个能级之间的能量差很小，由同一能级跃迁到该振动能级相同但转动能级不同的两个跃迁的能量差也很小，因此对应的吸收频率或波长很接近，通常的检测系统很难分辨出来，而分子能量相近的振动能级又很多，因此，表观上分子吸收的量子特性表现不出来，而表现为对特定波长段的电磁辐射的吸收，光谱上表现为连续光谱。

分子的总能量 $E_{分子}$ 通常包括三个部分，分子的电子能量 $E_{电子}$，分子中各原子振动产生的振动能 $E_{振动}$，以及分子围绕它的重心转动的转动能 $E_{转动}$。通常用下式表示

$$E_{分子} = E_{电子} + E_{振动} + E_{转动} \tag{5.1}$$

图 5.4 为分子电子能级的吸收跃迁示意图。图示仅仅为两个电子能级之间的跃迁，这种跃迁可以从较低的电子能级跃迁到较高电子能级，相互之间的跃迁涉及多个振动能级和转动能级，该跃迁所对应的波长范围在紫外－可见光区，根据分子对紫外、可见光的吸收特性，建立了紫外－可见吸收光谱法。

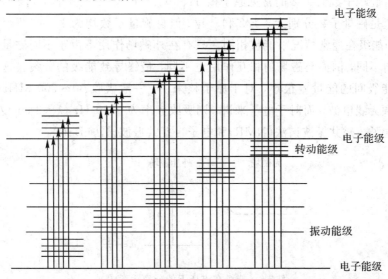

图 5.4　分子电子能级的吸收跃迁示意图

图 5.5 为分子振动能级的吸收跃迁示意图，图示仅仅为一个电子能级上不同振动能级

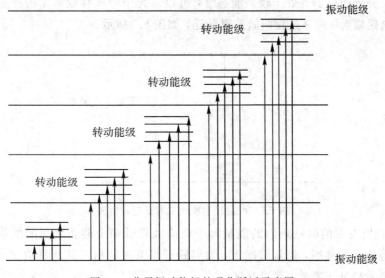

图 5.5　分子振动能级的吸收跃迁示意图

之间的跃迁，同样，这种跃迁可以从较低的振动能级跃迁到较高振动能级的不同的转动能级。如果考虑分子外层多个电子能级上不同的转动和振动能级之间的跃迁，其跃迁数也将大幅增加。该跃迁所对应的波长范围在红外光区，根据分子对红外线的吸收特性，建立了红外吸收光谱法。

（3）磁场诱导吸收。

将某些元素原子放入磁场，其电子和核受到强磁场的作用后，它们具有磁性质的简并能级将发生分裂，并产生具有微小能量差的不同量子化的能级（图5.6），进而可以吸收低频率辐射。以自旋量子数为1/2的常见原子核^{1}H、^{13}C、^{19}F及^{31}P等为例，自旋量子数为1/2的能级实际上是磁量子数分别为+1/2和−1/2但自旋量子数均为1/2的两个能级的简并能级，该两个能级在通常情况下能量相同。只有在外磁场作用下由于不同磁量子数的能级在磁场中取向不同，因而与磁场的相互作用也不同，最终导致能级的分裂。这种磁场诱导产生的不同能级间的能量差很小，对于原子核来讲，一般吸收30～500 MHz（$\lambda = 1000 \sim 60$ cm）的射频无线电波，而对于电子来讲，则吸收频率为9500 Hz（$\lambda = 3$ cm）左右的微波，据此分别建立了核磁共振波谱法（NMR）和电子自旋共振波谱法（ESR）。

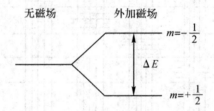

图 5.6　能级在磁场下的分裂示意图

2）发射

当原子、分子和离子等处于较高能态时，可以以光子形式释放多余的能量而回到较低能态，产生电磁辐射，这一过程叫做发射跃迁，如图5.7所示。

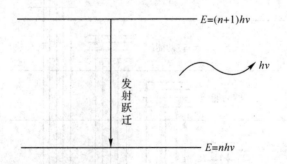

图 5.7　电磁辐射能级发射跃迁示意图

发射跃迁所发射的电磁辐射的能量等于较高和较低两个能态之间的能量差。因而对特定物质具有特定的频率，通常情况下，发射跃迁以电磁辐射形式所释放出来的能量，其对应的频率或波长处于紫外、可见光区。

　　发射跃迁可以理解为吸收跃迁的相反过程，与吸收跃迁类似，由于原子、分子和离子的基态最稳定，所以发射辐射一般都涉及从较高能态向基态的跃迁，而且由于原子、分子和离子的能级组成是量子化的，因此发射跃迁也是量子化的。通常可以通过实验得到发射强度对波长或频率的函数图，即发射光谱图。

　　物质的发射光谱差异很大，尤其是原子发射光谱和分子发射光谱，特别对于原子发射光谱，由于不同原子的能级分布不同，而且对原子能级来说是有显著特征的，据此可建立一种表征物质试样原子组成的方法。

　　处于非基态的分子、原子和离子叫做受激粒子。由于通常情况下分子、原子和离子均处于基态，因此要产生发射跃迁必须使分子、原子和离子处于激发态，这一过程叫做激发。激发可以通过提供不同形式的能量来实现：

　　① 提供热能的形式，即将试样置于高压交流火花、电弧、火焰、高温炉体之中，物质以原子、离子形式存在，可获取热能而处于激发态，并产生紫外、可见或红外辐射。

　　② 提供电磁辐射的形式，即用光辐射作用于分子或原子，使之产生吸收跃迁，并发射分子荧光、分子磷光或原子荧光。

　　③ 提供化学能的形式，即通过放热的化学反应使反应物或产物获取化学能而被激发，并产生化学发光。

　　发射主要有原子发射和分子发射。

　　(1) 原子发射。

　　当气态自由原子处于激发态时，将发射电磁波而回到基态(图5.8)，所发射的电磁波处于紫外或可见光区。通常采用的电、热或激光的形式使试样原子化并激发原子，一般将原子激发到以第一激发态为主的有限的几个激发态，致使原子发射具有有限的特征频率辐射，即特定原子只发射少数几个具有特征频率的电磁波。

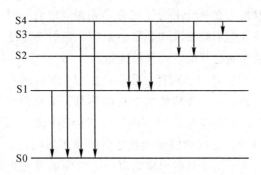

图 5.8　原子发射特征频率辐射能级发射跃迁示意图

　　(2) 分子发射。

　　分子发射与分子外层的电子能级、振动能级和转动能级相关，因此分子发射光谱较原子发射光谱更复杂。为了保持分子的形态，分子的激发不能采用电热等极端形式，而采用光激发或化学能激发。分子发射的电磁辐射基本处于紫外、可见和红外光区，因此，分子主要发射紫外和可见电磁辐射，据此建立了荧光光谱法、磷光光谱法和化学发光法。

与分子吸收光谱一样，由于相邻两个转动能级之间的能量差很小，因此由相邻两个转动能级跃迁回到同一较低能级的两个跃迁的能量差也很小，两个发射过程所发射的两个频率或波长的辐射很接近，通常的检测系统很难分辨出来，而分子能量相近的振动能级又很多，因此，表观上分子发射表现为对特定波长段的电磁辐射的发射，光谱上表现为连续光谱。

图 5.9 为分子发射跃迁示意图，图示仅仅为两个电子能级之间的跃迁，如果考虑分子外层多个电子能级相互之间的跃迁以及所涉及的多个振动能级和转动能级，其跃迁数将大幅增加。

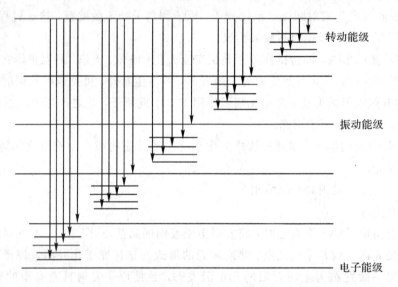

图 5.9　分子发射跃迁示意图

通过光激发而处于高能态的原子和分子的寿命很短，它们一般通过不同的弛豫过程返回到基态，这些弛豫过程分为辐射弛豫和非辐射弛豫。辐射弛豫通过分子发射电磁波的形式释放能量，而非辐射弛豫通过其他形式释放能量。

非辐射弛豫通常指以非发光的形式释放能量的过程，此时激发态分子与其他分子发生碰撞而将部分激发能转变成动能，并释放出少量的热量。非辐射弛豫包括振动弛豫、内转移、外转移和系间窜越等。振动弛豫指同一电子能级但不同振动能级之间的非辐射跃迁，内转移指不同电子能级但能量相近的振动能级之间的非辐射跃迁，不同电子能级之间的非辐射跃迁则称为外转移，而系间窜越指单重态电子能级向能量相近的三重态电子能级之间的非辐射跃迁。图 5.10 表示了典型的非辐射弛豫过程。由于非辐射弛豫过程的存在，尤其是外转移过程的存在，受激分子不一定产生分子发射。

辐射弛豫通常指以发光的形式释放能量的过程，此时激发态分子通过振动弛豫、内转移和系间窜越等过程回到第一激发单重态的最低振动能级或第一激发三重态的最低振动能级，然后通过辐射跃迁回到基态，并分别发射荧光和磷光(如图 5.10 所示)。

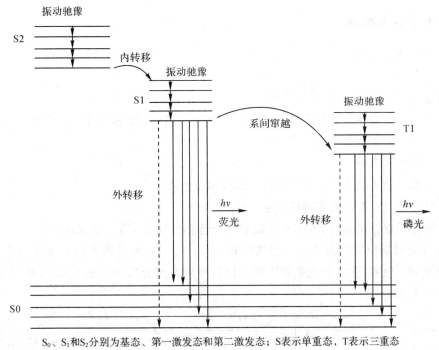

S_0、S_1和S_2分别为基态、第一激发态和第二激发态；S表示单重态，T表示三重态

图 5.10 辐射弛豫和非辐射弛豫示意图

5.1.2 光谱分析法分类

光谱分析法按电磁辐射的本质可分为原子光谱法、分子光谱法；依据物质与辐射相互作用的性质，一般又分为发射光谱法、吸收光谱法、拉曼散射光谱法三种类型。如图 5.11 所示。

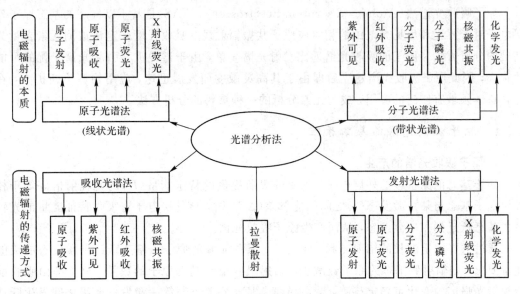

图 5.11 光谱分析法分类

5.1.3 光谱分析仪器

用来研究吸收、发射或荧光的电磁辐射的强度与波长关系的仪器叫做光谱仪或分光光度计。

典型的光谱仪一般都由五个部分组成：

（1）稳定的光源系统：有连续光源和线光源等，连续光源主要用于分子吸收光谱法，线光源用于荧光、原子吸收和拉曼光谱法；

（2）试样引入系统；

（3）波长选择系统：色散元件和狭缝组成的单色器；

（4）检测系统：将辐射能转换成电信号；

（5）读出系统：在标尺、示波器、数字计、记录纸等显示器上显示转换信号。

根据光谱分析仪器结构及光与物质的相互作用差异，可以将光谱分析仪分为三大类，即吸收光谱仪、吸收/发射和光散射光谱仪以及发射光谱分析仪。图 5.12 为基于吸收的光谱分析仪结构示意图。

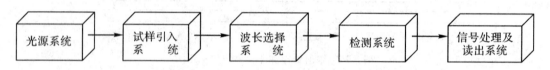

图 5.12　基于吸收的光谱分析仪结构示意图

5.2　原子吸收光谱分析

原子吸收光谱法（Atomic Absorption Spectroscopy，AAS）是基于以气态的基态原子外层电子对紫外光和可见光范围的相对应原子共振辐射线的吸收强度来定量被测元素含量为基础的分析方法。原子的吸收光谱远比发射光谱简单，由于谱线重叠引起光谱干扰的可能性很小，因此原子吸收光谱建立后即由于其高灵敏度而发展迅速，应用领域不断扩大，在材料科学领域有广泛的应用，成为元素分析的一种重要的分析方法。

5.2.1 原子吸收光谱的基本原理

1. 原子吸收光谱的产生

处于基态的原子核的外层电子，如果外界所提供的特定能量（E）的光辐射恰好等于核外层电子基态与某一激发态（i）之间的能量差（ΔE_i）时，核外层电子将吸收特征能量的光辐射由基态跃迁到相应激发态，从而产生原子吸收光谱。

通过选择一定波长的辐射光源，使之满足某一元素的原子由基态跃迁到激发态能级的能量要求，则辐射后基态的原子数减少，辐射吸收值与基态原子的数量有关，即由吸收前后辐射光强度的变化可确定待测元素的浓度。原子在基态与第一激发态能级之间发生跃迁的概率较大。不同能级上的原子数目服从玻尔兹曼分布定律：

$$N_i = N_0 \frac{g_i}{g_0} e^{\frac{-E_i}{kT}} \tag{5.2}$$

式中，N_0 和 N_i 分别为处于基态与激发态(i)的气态原子数；g_0 与 g_i 分别为基态与激发态(i)的统计权重；ΔE_i 为基态与激发态(i)之间的能量差；k 为 Boltzmann 常数；T 为热力学温度。

2. 光谱的轮廓与谱线变宽

原子结构较分子结构简单，理论上应产生线状光谱吸收线，但实际上用特征吸收频率的辐射光照射时，获得的是一峰形吸收峰，即具有一定宽度(尽管是在相当窄的波长或频率范围内)。当一束不同频率、强度为 I_0 的平行光通过厚度为 l 的原子蒸气时，透过光的强度 I_t 服从吸收定律

$$I_t = I_0 e^{-K_\nu l} \tag{5.3}$$

式中，K_ν 为基态原子对频率为 ν 的光的吸收系数。

以 K_ν 与 ν 作图，结果如图 5.13 所示。由图可见，不同频率下的吸收系数不同，在 ν_0 处最大，称为峰值吸收系数，ν_0 为中心频率(或中心波长)，$K_\nu/2$ 处的峰宽为半宽度 $\Delta\nu_0$，可以用 ν_0 和 $\Delta\nu_0$ 来表征吸收线轮廓(峰)。K_ν-ν 曲线反映出原子核外层电子对不同频率的光辐射具有选择性吸收特性。

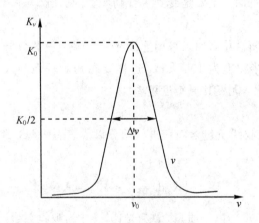

图 5.13　谱线轮廓示意图

引起吸收峰变宽的原因主要有以下因素。

(1) 自然宽度($\Delta\nu_N$)。在没有外界影响下，谱线仍具有一定的宽度称为自然宽度。它与激发态原子的平均寿命有关，平均寿命越长，谱线宽度越窄。不同谱线有不同的自然宽度，多数情况下约为 10^{-5} nm 数量级。

(2) 多普勒变宽($\Delta\nu_D$)，也称温度变宽。多普勒变宽是由原子的无规则热运动所引起的。原子处于无规则热运动时，一个运动着的原子发出的光，如果运动方向离开观察者(接收器)，则在观察者看来，其频率较静止原子所发出的频率低($\nu-d\nu$)；反之，较静止原子所发出的频率高($\nu+d\nu$)。接收器接收到的是在($\nu-d\nu$)和($\nu+d\nu$)之间的频率，于是出现谱线变宽，这种现象称为多普勒(Doppler)效应。在火焰原子化器中，温度变宽是造成谱线变宽

的主要因素，可达 10^{-3} nm 数量级。温度变宽不引起中心频率偏移。多普勒变宽的谱线频率(或波长)分布曲线轮廓呈高斯分布，半宽度约 $10^{-4} \sim 10^{-5}$ nm 数量级，比自然变宽大约1~2 个数量级。

（3）碰撞变宽($\Delta\nu_c$)也叫压力变宽。在原子蒸气中，由于大量粒子相互碰撞而使能量发生稍微变化，由此而造成谱线变宽。原子间相互碰撞的概率与原子吸收区的气体压力有关，故称为压力变宽。

依据相互碰撞的粒子种类不同，压力变宽又分为劳伦兹(Lorentz)变宽($\Delta\nu_L$)和赫鲁兹马克(Holts-mark)变宽($\Delta\nu_R$)(也称共振变宽)。劳伦兹变宽是指待测原子和其他原子碰撞，而赫鲁兹马克变宽则是指同种原子之间的碰撞。劳伦兹变宽与多普勒变宽具有相同的数量级，两者是谱线变宽的主要因素。

（4）场致变宽。场致变宽是指外界电场、带电粒子和离子形成的电场及磁场的作用使谱线变宽的现象，但一般影响小。

（5）自吸变宽。光源发射共振谱线，被周围同种原子冷蒸气吸收，使共振谱线在 ν_0 处发射强度减弱，这种现象称为谱线的自吸收，所产生的谱线变宽称为自吸变宽。

综上所述，原子吸收光谱变宽主要原因是受多普勒变宽和劳伦兹变宽的影响，当其他共存元素原子的密度很低时，主要是受到多普勒变宽的影响。

3. 积分吸收

在原子吸收光谱分析法中，如果采用连续光源，则一般的分光系统获得的光谱通带为0.2 nm，而原子吸收线半宽度为 10^{-3} nm，这样要在相对较强的入射光背景下测量吸收后仅有 0.5% 的光强度变化，无疑其灵敏度极差。

1）峰值吸收

如果将图 5.13 中吸收线所包含面积进行积分以代表总吸收，即积分吸收，则其数学表达式为

$$A = \int K_\nu \, d\nu = \frac{\pi e^2}{mc} N_0 f = K N_0 \qquad (5.4)$$

式中，e 为电子的电荷，m 为电子质量，c 为光速，K_ν 为吸收系数(是吸收光频率的函数)，N_0 为单位体积内的基态原子数，f 为吸收振子强度，表示每个原子中能够吸收或发射特定频率光的平均电子数，K 是将各项常数合并后的新常数。

2）定量基础

由式(5.4)可见，峰面积与基态原子数成正比，这是原子吸收光谱分析法的理论基础。若能够测量吸收系数的积分值，则可求得被测元素的浓度，然而在实际工作中，要测量出半宽度只有 10^{-3} nm 的原子吸收线的吸收系数积分值，相邻波长的 $\Delta\lambda$ 至少应为 0.0001 nm（设定波长为 400 nm 时)，则需要的单色器分辨率为 $R = 400/0.001 = 4 \times 10^6$，这是目前制造技术所无法达到的，也是原子吸收光谱分析法长期未能建立的原因所在。

1955 年，Walsh 提出了以锐线光源作为激发光源，用测量峰值吸收系数代替吸收系数积分的方法，使这一难题获得解决。所谓的锐线光源是指给出的发射线宽度要比吸收线宽度窄，

即发射线的 $\Delta \nu_e$ 小于吸收线的 $\Delta \nu_a$，同时发射线与吸收线的中心频率一致，如图 5.14 所示。

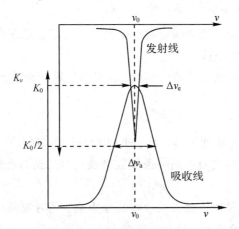

图 5.14　锐线光源的发射谱线与峰值吸收示意图

在通常的原子化温度（低于 3000 K）和最强共振线波长低于 600 nm 时，最低激发态上的原子数 N_j 与基态原子数 N_0 之比小于 10^{-3}，所有激发态上的原子数之和与基态原子数 N_0 相比也很小，则可以用基态原子数代表待测元素的原子总数，而原子总数与被测元素的浓度成正比，即

$$N_0 \approx N \propto c \tag{5.5}$$

则

$$A = a \cdot c \tag{5.6}$$

式中，a 为常数。这就是原子吸收光谱分析法定量的基础，但要注意应用的前提条件是低浓度（可只考虑多普勒变宽），发射线的中心频率与待测原子吸收线的中心频率相同且发射线宽度要比吸收线宽度小（可以用峰值吸收系数 K_0 代替吸收系数 K_ν）。

4. 干扰及其消除

原子吸收光谱法，总的来说干扰是比较小的，但在实际工作中还是不能忽略的。干扰可分为光谱干扰和非光谱干扰，其中，光谱干扰包括谱线干扰和背景干扰，非光谱干扰包括物理干扰、化学干扰和电离干扰。

1）物理干扰及其消除方法

物理干扰：样品溶液物理性质变化而引起吸收信号强度变化，属非选择性干扰。物理干扰一般都是负干扰。

消除方法：配制与待测样品溶液基体相一致的标准溶液，采用标准加入法，被测样品溶液中元素的浓度较高时，采用稀释方法来减少或消除物理干扰。

2）化学干扰及其消除方法

化学干扰：待测元素在原子化过程中，与基体组分原子或分子之间产生化学作用而引起的干扰，是一种选择性干扰。

消除方法：改变火焰类型、改变火焰特性、加入释放剂、加入保护剂、加入缓冲剂、采用标准加入法等。

3）电离干扰及其消除方法

电离干扰：由于电离能较低的碱金属和碱土金属元素在原子化过程中产生电离而使基态原子数减少，导致吸光度下降。

消除方法：加入电离能较低的消电离剂、利用强还原性富燃火焰、采用标准加入法、提高金属元素的总浓度等。

4）谱线干扰及其消除方法

谱线干扰：在选用的光谱通带内，原子吸收光谱法本应仅有一条锐线光源所发射的谱线和原子化器中基态原子与之对应的一条吸收谱线，而当光谱通带内存在其他谱线时，会产生谱线干扰。

当光谱通带内存在两种以上元素的吸收线相重叠、同时或部分吸收锐线光源所发射特征谱线时，产生吸收线重叠干扰，这种干扰使分析结果偏高。减少或消除吸收线重叠干扰的方法：选用较小的光谱通带、选用被测元素的其他分析线、预先分离干扰元素。

5）背景的吸收与校正

背景干扰也是光谱干扰，主要指分子吸收与光散射造成光谱背景。分子吸收是指在原子化过程中生成的分子对辐射吸收，分子吸收是带光谱。光散射是指原子化过程中产生的微小的固体颗粒使光产生散射，造成透过光减小，吸收值增加。

背景干扰，一般使吸收值增加，产生正误差。

5.2.2 原子吸收光谱分析

1. 特征参数

（1）灵敏度及特征浓度灵敏度（S）：在一定浓度时，测定值（吸光度）的增量（ΔA）与相应的待测元素浓度（或质量）的增量（Δc 或 Δm）的比值，即

$$S_c = \frac{\Delta A}{\Delta c}, \quad S_m = \frac{\Delta A}{\Delta m} \tag{5.7}$$

灵敏度（S）也即标准曲线的斜率。

特征浓度与特征质量：原子吸收光谱分析中，将净吸收度为 1% 或 0.0044 时相对应的待测元素浓度（火焰法中）和待测元素质量（石墨炉法中）称为特征浓度和特征质量。计算式分别为

$$c_c = \frac{0.0044\Delta c}{\Delta A} \qquad 单位：\mu g(mol\ 1\%)^{-1} \tag{5.8}$$

$$m_c = \frac{0.0044\Delta m}{\Delta A} \qquad 单位：g(mol\ 1\%) \tag{5.9}$$

（2）检出限：在适当置信度下，能检测出的待测元素的最小质量浓度或最小质量。用接近于空白的溶液，经若干次（10～20 次）重复测定所得吸光度的标准偏差 S_0 的 3 倍求得。

$$D = \frac{3S_0}{S} = \frac{\rho \cdot 3S_0}{A} \tag{5.10}$$

式中，S_0 为空白溶液的标准偏差，S 为灵敏度，ρ 为待测元素的质量浓度，$\overline{A}$ 为吸光度的平均值。绝对检出限也可用 g 表示。灵敏度和检出限是衡量分析方法和仪器性能的重要指标。

2. 测定条件的选择

原子吸收光谱法中，测量条件的选择对测定的准确度、灵敏度等都会有较大的影响。测量条件主要包括分析线、狭缝宽度、灯电流、原子化条件和进样量等。

（1）分析线　一般选待测元素的共振线作为分析线，测量高浓度时，也可选次灵敏线。

（2）狭缝宽度影响光谱通带宽度与检测器接收辐射的能量。无邻近干扰线（如测碱金属及碱土金属）时，通常选较大的通带（可调节狭缝宽度），反之（如测过渡金属及稀土金属），宜选较小通带。

（3）空心阴极灯电流测定前，需要预热 30 min。灯电流低时，一般不产生自蚀，谱线宽度小，但灯电流太低则放电不稳；灯电流过高，谱线轮廓变坏，灯寿命短。一般来说，在保证有稳定和足够的辐射光通量的情况下，应尽量选较低的灯电流，通常控制在额定电流的 40%～60% 范围内。

（4）火焰可依据待测元素的性质来选择不同火焰类型。对于吸收线在 200 nm 以下的 As、Se 等元素，乙炔-空气火焰的背景吸收较大，可选择其他火焰，如 N_2O-乙炔火焰。易电离的元素应选择温度较低的火焰，易生成难离解化合物的元素则需要采用高温火焰；氧化物熔点较高的元素选用富燃火焰，氧化物不稳定的元素选择化学计量火焰或贫燃火焰。

（5）燃烧器高度。调节合适的燃烧器高度，可使元素通过原子浓度最大的火焰区，则灵敏度高，稳定性好。合适的燃烧器高度通常需要由实验确定。

3. 定量分析方法

在原子吸收光谱分析法中，通常采用标准曲线法和标准加入法来定量。标准曲线法是以吸光度 A 对应于浓度作标准曲线，但应注意在高浓度时，标准曲线易发生弯曲，这是由于压力变宽的影响所致。标准加入法通常采用作图外推法来确定试样浓度。取若干份的试液，依次按比例加入不同量的待测物的标准溶液，定容后浓度依次为

$$c_x, \ c_x + c_0, \ c_x + 2c_0, \ c_x + 3c_0, \ c_x + 4c_0, \cdots$$

分别测得吸光度 A 为 A_x，A_1，A_2，A_3，A_4，$\cdots$。以 A 对加入的标准溶液的浓度 c 作图得一直线，图 5.15 中 c_x 点即为稀释后的待测溶液浓度。

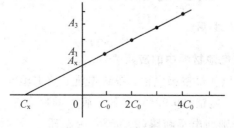

图 5.15　标准加入法曲线

4. 应用与发展

原子吸收光谱法已成为一种非常成熟的材料分析方法，可分析元素周期表中多达 70 多种元素（见图 5.16 所示），是元素分析中最灵敏的分析方法之一，应用广泛，可不需分离地快速测定各种试样，如生物材料、建筑材料、多聚物、煤、环境试样、农副产品、化学试剂等中的各种微量元素。

Li 670.8 A	Be 234.9 N	可用原子吸收光谱法分析的元素、分析线波长及火焰 A为乙炔–空气火焰；H为氢气–空气火焰；N为乙炔–氧化亚氮火焰												B 249.7 N		
Na 589.0 A	Mg 285.2 A											Al 309.3 A	Si 251.6 N			
K 766.5 A	Ca 422.7 A	Sc 391.2 N	Ti 364.3 N	V 318.4 N	Cr 357.9 A	Mn 279.5 A	Fe 248.3 A	Co 240.7 A	Ni 232.0 A	Cu 324.8 A	Zn 213.9 a	Ga 287.4 A	Ge 265.2 N	As 193.7 H	Se 195.0 A
Rb 780.0 A	Sr 460.7 A	Y 410.2 N	Zr 360.1 N	Nb 358.0 N	Mo 313.3 N		Ru 349.9 N	Rh 343.5 A	Pd 244.8 A	Ag 328.1 A	Cd 228.8 A	In 303.9 a	Sn 224.6 H	Sb 217.6 A	Te 214.3 A
Cs 852.1 A	Ba 553.6 N	La 392.8 N	Hf 307.2 N	Ta 217.5 N	W 255.1 N	Re 346.0 N	Ir 264.0 N	Pt 265.9 A	Au 242.8 A	Hg 253.7 A	Tl 377.6 A	Pb 217.0 A	Bi 223.1 A		

| Pr 495.1 N | Nd 463.4 N | Sm 429.7 N | Eu 459.4 N | Gd 368.4 N | Tb 432.6 N | Dy 421.2 N | Ho 410.3 N | Er 400.8 N | Tm 410.6 Np | Yb 398.8 N | Lu 331.2 N |
| | U 351.4 N | | | | | | | | | | |

图 5.16　用原子吸收光谱法分析的元素、分析线波长及火焰

原子吸收光谱分析的主要不足是每测定一种元素需要换对应的空心阴极灯，虽然可将几种灯放在旋转灯架上进行自动转换，但仍有不便。今后的发展是应用多道检测器，开发多元素同时测定的仪器，如目前已制造出可同时测定 6 种元素的 AAS 仪器。

5.2.3　原子吸收光谱的应用

1. 原子吸收光谱法在电池材料中的应用

用原子吸收光谱法可以测试镉镍电池、银锌电池、热电池与太阳电池所用的金属类材料，例如：纯镍（99.95%）、纯银（99.99%）和各种牌号的铝合金、铜合金、钛合金、不锈钢材料等。表 5.1、表 5.2 分别列出了纯镍（99.95%）中杂质含量检测时原子吸收光谱仪的工作条件和杂质含量分析所得到的标准偏差与相对标准偏差。

表 5.1　原子吸收光谱仪的工作条件

待测元素	元素线/nm	HC 灯电流/mA	光谱通带宽度/nm	燃烧器高度/nm	空气流量/L·min⁻¹	乙炔气流量/L·min⁻¹	N₂O 气流量/L·min⁻¹	测定范围/μg·mL⁻¹
Cu	324.8	7	0.5	7	8.1	2.7		1.0~25.0
Fe	248.3	8	0.5	8	8.6	2.4		1.0~30.0
Mg	285.2	6	0.5	8	8.5	2.9		1.0~20.0
Mn	279.5	7	0.2	9	9.0	3.2		1.0~40.0
Zn	213.9	7	0.5	8	7.9	2.0		1.0~50.0
Co	345.4	8	0.5	12		3.4	6.2	1.0~60.0
Sn	286.3	9	0.2	13		3.1	6.6	1.0~80.0
Si	251.6	10	0.2	12		2.8	6.3	1.0~60.0

表 5.2　纯镍中镁、铜、锌、硅含量的测定结果（$n=6$）

元素	样品测定值/μg·mL⁻¹						平均值/μg·mL⁻¹	标准偏差 SD	相对标准偏差/%
Mg	11.85	11.82	11.83	11.86	11.84	11.82	11.84	0.016	0.14
Cu	16.24	16.25	16.25	16.27	16.28	16.23	16.25	0.019	0.11
Zn	20.52	20.58	20.53	20.56	20.54	20.52	20.54	0.024	0.12
Si	23.88	23.81	23.83	23.79	23.82	23.86	23.83	0.033	0.14

　　由表 5.2 数据可知，原子吸收光谱分析具有很高的精密度和准确度，其相对标准偏差不超过 1.0%。对纯镍（99.95%）的分析可满足产品研制的要求。

　　除此之外，应用原子吸收光谱还可对电池工业制造过程中的粉末、液体和化学试剂等材料进行分析与测试。

2. 原子吸收光谱法在微量元素检测中的应用

　　刘彦明等利用原子吸收光谱法测定了老年咳嗽片、复方半夏片、胃痛宁片、拳参片、参芪降糖胶囊、夏桑菊颗粒和美国洋参含片 7 种中成药中 Ca、Mg、Fe、Zn、K、Na、Mn、Cu、Cr、Co、Sn、Ni、Cd 和 Pb 元素的含量。

　　采用 WFX-1F2B2 型原子吸收分光光度计，14 种元素空心阴极灯，优化后的测试条件如表 5.3 所示。

表 5.3　采用原子吸收光谱法测定各元素的工作条件

元素	波长/nm	狭缝/mm	灯电流/mA	PMT 电压/V	空气流量 /(L·min⁻¹)	乙炔流量 /(L·min⁻¹)
Ca	422.70	0.40	2.0	302.20	5.0	1.0
Mg	285.20	0.40	0.3	512.10	5.0	1.0
Fe	248.30	0.20	2.3	463.10	5.0	0.8
Zn	213.90	0.40	2.5	415.00	5.0	0.8
K	766.50	0.40	1.0	488.00	5.0	1.0
Na	589.00	0.40	1.0	415.50	5.0	1.0
Mn	279.50	0.20	2.0	427.00	5.0	0.8
Cu	324.80	0.40	1.6	292.90	5.0	0.8
Cr	357.90	0.40	5.0	278.50	5.0	1.6
Co	240.70	0.20	2.0	500.40	5.0	0.8
Sr	460.70	0.20	2.0	424.40	5.0	1.0
Ni	232.00	0.20	2.0	473.50	5.0	1.0
Cd	228.80	0.40	2.0	364.00	5.0	1.0
Pb	283.30	0.40	1.0	442.30	5.0	0.8

　　将 14 种元素的储备液稀释成浓度适宜的系列标准溶液，采用标准曲线法，按表 5.3 所列仪器条件进行测定，结果表明，14 种元素的工作曲线均为直线，且相关系数均大于 0.997，表明工作曲线的线性关系良好。计算得出的灵敏度和检出限数据如表 5.4 所示。

表 5.4　灵敏度和检出限

元　素	Ca	Mg	Fe	Zn	K	Na	Mn
灵敏度/(μg·mL⁻¹/1%)	0.06	0.005	0.06	0.004	0.02	0.005	0.022
检出限/(μg·mL⁻¹)	0.04	0.002	0.009	0.002	0.009	0.001	0.003
元　素	Cu	Cr	Co	Sr	Ni	Cd	Pb
灵敏度/(μg·mL⁻¹/1%)	0.03	0.09	0.04	0.038	0.003	0.01	0.18
检出限/(μg·mL⁻¹)	0.0065	0.05	0.02	0.016	0.001	0.003	0.008

　　按表 5.3 所列仪器工作条件对样品溶液进行测定，所得结果如表 5.5 所示。

表 5.5　7 种中成药中微量元素的分析结果

元素	老年咳嗽片	参芪降糖胶囊	胃痛宁片	夏桑菊颗粒	复方半夏片	拳参片	美国洋参
Ca	278.65	256.17	5823.21	183.89	365.45	13859.73	171.87
Mg	310.83	117.53	151.58	53.97	162.04	524.85	130.58
Fe	742.78	228.81	362.98	117.73	1035.86	890.66	465.96
Zn	29.80	20.48	14.79	11.99	24.74	41.15	22.76
K	1008.83	1730.79	587.16	431.74	599.90	327.91	806.53
Na	140.70	225.87	141.54	77.95	149.11	264.75	109.44
Mn	24.37	53.99	25.66	4.90	42.06	34.65	10.85
Cu	14.62	8.81	24.66	5.40	22.84	14.40	2.78
Cr	—		1.64	2.00	20.26	14.12	11.43
Co	2.57	0.74	5.57	1.50	3.88	7.43	2.40
Sr	20.60	18.55	97.00	5.20	12.84	6.96	—
Ni	8.37	7.25	9.98	6.10	7.15	11.15	4.13
Cd	3.22	2.66	2.37	—		1.11	
Pb	3.22	10.47	5.84	3.40	10.77	9.62	10.08

5.3　紫外-可见光谱分析

5.3.1　紫外-可见吸收光谱的基本原理

紫外-可见吸收光谱法（Ultraviolet-Visible Absorption Spectroscopy，UV-VIS）属于分子光谱法，它是分子在紫外-可见光作用下外层价电子发生能级跃迁而产生的吸收光谱，是研究物质电子光谱的分析方法。

紫外-可见吸收光区可细分为：① 100～200 nm，远紫外光区；② 200～400 nm，近紫外光区；③ 400～800 nm，可见光区。近紫外光又称石英紫外，近紫外光区对结构研究很重要。由于大气在远紫外光区波长范围内有吸收，所以在远紫外光区的测量必须在真空条件下操作，故也称为真空紫外。由于实验技术的困难，现在对远紫外光区的吸收光谱研究得比较少。通常所说的紫外-可见吸收光谱是基于物质对 200～800 nm 光谱区辐射的吸收特性建立起来的分析测定方法。紫外-可见吸收光谱分析仪器具有价格较低、操作简单且灵敏度高等优点，被广泛应用于有机和无机化合物的鉴定和定量分析中。

1. 紫外-可见吸收光谱的产生

如 5.1.1 所述，分子的内部运动可分为分子内价电子（外层电子）运动、分子内原子的振动、分子绕其重心的转动三种形式。根据量子力学原理，分子的每一种运动形式都有一定的能级，而且是量子化的，因此分子具有电子能级、振动能级和转动能级，且分子在一定状态下所具有的总内部能量为其电子能量、振动能量和转动能量之和，即式5.1。

当分子从一个状态 E_1 变化到另一个状态 E_2 时，必然伴随有能级（即量子数 n，v，j）的变化，两个状态能级之间的能量差为

$$\Delta E = E_2 - E_1 \tag{5.11}$$

在吸收光谱中，只有照射光的能量 $E = h\nu$ 等于两个能级间的能量差 ΔE 时，分子才能由低能态 E_1 跃迁到高能态 E_2，即能被分子吸收光的频率（波长）为

$$\nu = \frac{\Delta E}{h}，\lambda = \frac{c}{\nu} = \frac{hc}{\Delta E} \tag{5.12}$$

式中，h 是普朗克常数，c 是光速，ΔE 是分子中的电子从低能量状态（基态）跃迁到高能量状态（激发态）时吸收的能量。由于不同分子在发生能级跃迁时 ΔE 不同，也即它所吸收的光的频率（或波长）不同，所以可以根据 ν（或 λ）和分子结构的相关关系，从光谱图中谱峰的位置认识和区别不同的化合物。吸收波长依赖于基态和激发态之间能量的差异，能量差越小，吸收波长越长。

2. 光吸收定律

朗伯-比尔定律（Lambert – Beer law）是比色和光谱定量分析的基础。根据朗伯特吸收定律，对于特定波长的光，透射光强度和入射光强度如下：

$$\lg\left(\frac{I_0}{I}\right) = Kb \tag{5.13}$$

式中，I_0 为入射光强度；I 为透射光强度；b 为试样厚度；K 为试样吸收系数，与待测物质的浓度 c 成正比，即

$$K = K_0 c \tag{5.14}$$

定义吸光度为

$$A = \lg\left(\frac{I_0}{I}\right) \tag{5.15}$$

则有

$$A = K_0 cb \tag{5.16}$$

式中，K_0 为单位吸收系数。若浓度以摩尔浓度为单位，则定义 K_0 为摩尔吸光系数 ε，所谓摩尔吸光系数是指样品浓度为 $1 \text{ mol} \cdot \text{L}^{-1}$ 的溶液置于 1 cm 样品池中，在一定波长下测得的吸光度值，它表示物质对光的吸收能力，是物质的特征常数。若浓度以百分浓度为单位，则定义 K_0 为百分吸收系数 $E_{cm}^{1\%}$，它是指溶液浓度为 1%（1 g/100 mL）及液层厚度为 1 cm 时，在一定波长下的吸光度值。百分吸收系数和摩尔吸光系数有如下关系

$$\varepsilon = E_{cm}^{1\%} \times \frac{M}{10} \tag{5.17}$$

式 5.16 即为朗伯-比尔定律：当入射光波长一定时，溶液的吸光度 A 是待测物质浓度和液层厚度的函数。当溶液的浓度（c）和液层的厚度（b）均可变时，它们都会影响吸光度的数值。

3. 紫外-可见吸收光谱的表示方法

紫外-可见吸收光谱又叫吸收曲线，它是以入射光的波长 λ 为横坐标，以吸光度 A 为纵坐标所绘制的 A - λ 曲线。典型的吸收曲线如图 5.17 所示。图中，吸收最大的峰称为最大吸收，它所对应的波长称为最大吸收波长（λ_{max}），吸收次于最大吸收峰的波峰称为次峰，在吸收峰旁边产生的一个曲折称为肩峰，相邻两峰之间的最低点称为波谷，最低波谷所对应的波长称为最小吸收波长（λ_{min}），在吸收曲线短波端，呈现强吸收趋势但并未形成峰的部分称为末端吸收。

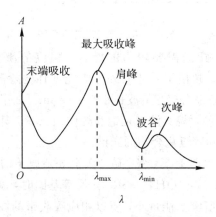

图 5.17 紫外-可见吸收光谱

关于吸收曲线，有几点说明：

（1）同一种物质对不同波长光的吸光度不同，吸光度最大处对应的波长称为最大吸收波长 λ_{max}。

（2）不同浓度的同一种物质，其吸收曲线形状相似 λ_{max} 不变；而对于不同物质，它们的吸收曲线形状和 λ_{max} 则不同。

（3）吸收曲线可以提供物质的结构信息，并作为物质定性分析的依据之一。

（4）不同浓度的同一种物质，在某一定波长下吸光度 A 有差异，在 λ_{max} 处吸光度 A 的差异最大，此特性可作为物质定量分析的依据。

（5）在 λ_{max} 处吸光度随浓度变化的幅度最大，所以测定最灵敏。吸收曲线是定量分析中选择入射光波长的重要依据。

4. 电子跃迁及类型

紫外-可见吸收光谱是由分子中价电子能级跃迁所产生的。从化学键的性质来看，与紫外-可见吸收光谱有关的电子主要有三种：形成单键的 σ 电子、形成双键的 π 电子以及未参与成键的 n 电子（孤对电子）。根据分子轨道理论，分子中这三种电子的能级高低次序为

$$(\sigma) < (\pi) < (n) < (\pi^*) < (\sigma^*)$$

其中，σ、π 表示成键分子轨道；n 表示非键分子轨道；σ^*、π^* 表示反键分子轨道。

图 5.18 表示几种分子轨道能量的相对大小、不同类型的电子跃迁所需要吸收的能量大小以及相应的吸收峰的波长范围。

（1）$\sigma \rightarrow \sigma^*$ 跃迁。$\sigma \rightarrow \sigma^*$ 跃迁是单键中的 σ 电子在 σ 成键和反键轨道间的跃迁。σ 与 σ^*

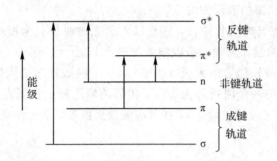

图 5.18　电子能级跃迁示意图

之间的能极差最大，$\sigma \rightarrow \sigma^*$ 跃迁需要较高的能量，相应的激发光波长较短，在 150～160 nm，落在远紫外光区域，超出了一般紫外分光光度计的检测范围。饱和碳氢化合物，只含有 σ 键电子，其跃迁在远紫外光区，波长小于 200 nm。如甲烷最大吸收为 123 nm，乙烷最大吸收为135 nm，即使环丙烷其波长是饱和烃中最长者，其最大吸收也只在 190 nm，因此，在近紫外光区没有饱和碳氢化合物的光谱。

（2）$n \rightarrow \sigma^*$ 跃迁。$n \rightarrow \sigma^*$ 跃迁是氧、氮、硫、卤素等杂原子的未成键 n 电子向 σ 反键轨道跃迁。当分子中含有—NH_2，—OH，—SR，—X 等基团时，就能发生这种跃迁。n 电子的 $n \rightarrow \sigma^*$ 跃迁较 $\sigma \rightarrow \sigma^*$ 跃迁所需的能量小，所以相应吸收带的波长较 $\sigma \rightarrow \sigma^*$ 长。含有杂原子的碳氢化合物的 $n \rightarrow \sigma^*$ 跃迁一般在 250～150 nm 之间，但主要在 200 nm 以下，即大部分在远紫外光区。

（3）$n \rightarrow \pi^*$ 跃迁。只有分子中同时存在杂原子（具有 n 非键原子）和双键 π 电子时才有可能产生 $n \rightarrow \pi^*$ 的跃迁，如 C＝O，N＝N，N＝O，C＝S 等，都存在着杂原子上的非键电子向反键 π^* 轨道跃迁。由能级示意图可以看出 $n \rightarrow \pi^*$ 跃迁能量最小，因此，大部分在 200～700 nm 范围内有吸收，不过 $n \rightarrow \pi^*$ 跃迁的 κ_{max} 较小，是弱吸收，属于 $\kappa_{max} < 10^3 L \cdot mol^{-1} \cdot cm^{-1}$（一般小于100）的禁阻跃迁。通常基团中氧原子被硫原子代替后吸收峰发生红位移，如 C＝O 的 $n \rightarrow \pi^*$ 跃迁 $\lambda_{max} = 280～290$ nm，硫酮（＞C＝S）的 $n \rightarrow \pi^*$ 跃迁 λ_{max} 在 400 nm 左右，若被 Se、Te 取代则波长更长。R 带在极性溶剂中发生蓝移，丙酮中溶剂对 $n \rightarrow \pi^*$ 跃迁的影响已经被测量。最大的是正乙烷中的 279 nm，乙醇和水作为溶剂的时候，分别减小到 272 nm 和 264.5 nm。

（4）$\pi \rightarrow \pi^*$ 跃迁。吸收带 $\pi \rightarrow \pi^*$ 跃迁是双键中 π 电子由 π 成键轨道向 π^* 反键轨道的跃迁。引起这种跃迁的能量比 $n \rightarrow \pi^*$ 跃迁的大，比 $n \rightarrow \sigma^*$ 跃迁的小，因此这种跃迁也大部分出现在近紫外光区，其 κ_{max} 较大，一般 $\kappa_{max} > 10^3 L \cdot mol^{-1} \cdot cm^{-1}$，属于允许跃迁，大多数是强吸收峰。孤立双键的 $\pi \rightarrow \pi^*$ 跃迁产生的吸收带位于 160～180 nm，仍在远紫外光区。但在共轭双键体系中，吸收带向长波方向移动（红移）。共轭体系越大，$\pi \rightarrow \pi^*$ 跃迁产生的吸收带波长越长。例如乙烯的吸收带位于 162 nm，丁二烯为 217 nm，1，3，5—己三烯的吸收带红移至 258 nm。这种因共轭体系增大而引起的吸收谱带红移是因为处于共轭状态下的几个 π 轨道会重新组合，使得成键电子从最高占有轨道到最低空轨道之间的跃迁能量大大降低。

（5）电荷转移跃迁。某些分子同时具有电子给予体部分和电子接受体部分，它们在外来辐射激发下会强烈吸收紫外线或可见光，使电子从给予体外层轨道向接受体跃迁，这样产生的光谱称为电荷转移光谱，许多无机配合物能产生这种光谱。电荷转移吸收光谱谱带的最大特点是摩尔吸光系数大，一般 $\varepsilon_{max} > 10^4$，因此，用这类谱带进行定量分析可获得较高的测定灵敏度。

（6）配位场跃迁。元素周期表中第 4、第 5 周期的过渡元素分别含有 3d 和 4d 轨道，镧系和锕系元素分别含有 4f 和 5f 轨道。如果轨道是未充满的，当它们的离子吸收光能后，低能态的 d 电子或 f 电子可以分别跃迁到高能态的 d 或 f 轨道上去，这两类跃迁分别称为 d-d 跃迁和 f-f 跃迁。由于这两类跃迁必须在配体的配位场作用下才有可能产生，因此又称为配位场跃迁。配位场跃迁吸收谱带的摩尔吸光系数小，一般 $\varepsilon_{max} < 100$，电荷转移跃迁则一般 $\varepsilon_{max} > 10^4$。这类光谱一般位于可见光区。

5. 常用术语

1）生色团

分子中能吸收紫外或可见光的结构单元称为生色团，其含有非键轨道和 π 分子轨道的电子体系，能引起 $n \rightarrow \pi^*$ 和 $\pi \rightarrow \pi^*$ 跃迁，例如 $>C=C<$，$>C=O$、$>C=C-O-$，$-N=O$ 等。如果一个化合物的分子含有数个生色团，但它们并不发生共轭作用，那么该化合物的吸收光谱将包含有这些个别生色团原有的吸收带，这些吸收带的位置及强度互相影响不大。如果两个生色团彼此相邻形成了共轭体系，那么原来各自生色团的吸收谱就消失了，而产生了新的吸收带。表 5.6 给出了一些常见生色团的吸光特性。

表 5.6　常见生色团的吸光特性

生色团	示例	溶剂	λ_{max}/nm	g	跃迁类型
烯	$C_9H_{13}CH=CH_2$	正庚烷	177	13 000	$\pi \rightarrow \pi^*$
炔	$C_5H_{11}C\equiv C-CH_3$	正庚烷	178	10 000	$\pi \rightarrow \pi^*$
			199	2000	—
			225	190	—
羟基	$\underset{CH_3CCH_3}{\overset{O}{\parallel}}$	正己烷	189	1000	$n \rightarrow \sigma^*$
			280	19	$n \rightarrow \pi^*$
	$\underset{CH_3CH}{\overset{O}{\parallel}}$	正己烷	180	大	$n \rightarrow \sigma^*$
			293	12	$n \rightarrow \pi^*$
羧基	$\underset{CH_3COH}{\overset{O}{\parallel}}$	乙醇	204	41	$n \rightarrow \pi^*$

续表

生色团	示例	溶剂	λ_{max}/nm	g	跃迁类型
酰胺基	$\overset{\overset{\textstyle O}{\|\|}}{CH_3CNH_2}$	水	214	90	$n \to \pi^*$
偶氮基	$CH_3N = NCH_3$	乙醇	339	5	$n \to \pi^*$
硝基	CH_3NO_2	异辛烷	280	22	$n \to \pi^*$
亚硝基	C_4H_9NO	乙醚	300	100	—
			995	20	$n \to \pi^*$
硝酸酯	$C_2H_5ONO_2$	二氧杂环己烷	270	12	$n \to \pi^*$

2）助色团

有一些含有 n 电子的基团（如—OH、—OR、—NH_2、—NHR、—X 等），它们本身没有生色功能（不能吸收 $\lambda > 200$ nm 的光），但当它们与生色团相连时，就会发生 n-π 共轭作用，增强生色团的生色能力（吸收波长向长波方向移动，且吸收强度增加），这样的基团称为助色团。

3）红移与蓝移

某些有机化合物经取代反应引入含有未共享电子对的基团（如—NH_2、—OH、—Cl、—Br、—NR_2—OR、—SH、—SR 等）之后，吸收峰的波长将向长波长方向移动，这种效应称为红移效应（图 5.19）。

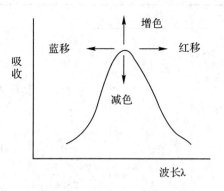

图 5.19 有关术语描述示意图

与红移效应相反，有时在某些生色团（如 >C=O）的碳原子一端引入一些取代基之后，吸收峰的波长 λ_{max} 会向短波长方向移动，这种效应称为蓝移效应（图 5.19）。

溶剂极性的不同也会引起某些化合物吸收光谱的红移或蓝移，这种作用称为溶剂效应。

4）增色效应与减色效应

吸收强度即摩尔吸光系数 ε 增大或减小的现象分别称为增色效应或减色效应（图5.19）。

5）强带与弱带

$\varepsilon_{\max}\geqslant10^4$ 的吸收带称为强带；$\varepsilon_{\max}<10^3$ 的吸收带称为弱带。

6）R 带、K 带、B 带与 E 带

R 带：由含杂原子的生色团的 n→π* 跃迁所产生的吸收带。它的特点是强度较弱，一般 $\varepsilon<100$，吸收峰通常位于 200 ～ 400 nm 之间。

K 带：由共轭体系的 π→π* 跃迁所产生的吸收带。其特点是吸收强度大，一般 $\varepsilon>$ 10^4，吸收峰位置一般处于 217 ～ 280 nm 范围内。

B 带：由芳香族化合物的 π→π* 跃迁而产生的精细结构吸收带。B 带是芳香族化合物的特征吸收，但在极性溶剂中时精细结构消失或变得不明显。

E 带：由芳香族化合物的 π→π* 跃迁所产生的吸收带，也是芳香族化合物的特征吸收，可分为 E_1 和 E_2 带。

6. 影响紫外-可见吸收光谱的因素

紫外-可见吸收光谱主要取决于分子中价电子的能级跃迁，但分子的内部结构和外部环境都对其产生影响。

1）共轭效应

共轭效应使共轭体系形成大 π 键，结果使各能级间的能量差减小，从而跃迁所需能量也就相应减小，因此共轭效应使吸收波长产生红移。

共轭不饱和键越多，红移越明显，同时吸收强度也随之加强（图 5.20）。

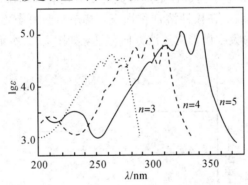

图 5.20　H—(CH=CH)$_n$—H 的紫外吸收光谱

2）溶剂效应

溶剂效应是指溶剂极性对紫外-可见吸收光谱的影响。溶剂极性不仅影响吸收带的峰位，也影响吸收强度及精细结构。

（1）溶剂极性对光谱精细结构的影响。当物质处于气态时，它的吸收光谱是由孤立的分子所给出的，因而可表现出振动光谱和转动光谱等精细结构。但是当物质溶解于某种溶剂中时，由于溶剂化作用，溶质分子并不是孤立存在着，而是被溶剂分子所包围。溶剂化限制了溶质分子的自由转动，使转动光谱表现不出来。如果溶剂的极性越大，溶剂与溶质分子间产生的相互作用就越强，溶质分子的振动也越受到限制，因而由振动而引起的精细结构也损失越多。图 5.21 是对称四嗪在气态、非极性溶剂（环己烷）以及极性溶剂（水）中的吸收光谱。

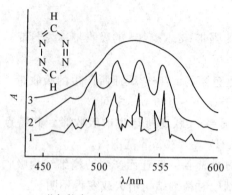

1—蒸气状态；2—环己烷中；3—水中

图 5.21　对称四嗪在不同溶剂中的紫外吸收光谱

（2）溶剂极性对 π→π* 和 n→π* 跃迁谱带的影响。当溶剂极性增大时，由 π→π* 跃迁产生的吸收带发生红移。因为发生 π→π* 跃迁的分子，其激发态的极性总比基态的极性大，因而激发态与极性溶剂之间发生相互作用从而降低能量的程度，比起极性较小的基态与极性溶剂作用而降低的能量大，也就是说，在极性溶剂作用下，基态与激发态之间的能量差变小了。所以，由 π→π* 跃迁产生的吸收谱带向长波方向移动，如图 5.22 所示。当溶剂极性增大时，由 n→π* 跃迁产生的吸收带发生蓝移。原因如下：发生 n→π* 跃迁的分子，都含有非键 n 电子，n 电子与极性溶剂形成氢键，其能量降低的程度比 π* 与极性溶剂作用降低的要大，也就是说，在极性溶剂作用下，基态与激发态之间的能量差变大了。所以，由 n→π* 跃迁产生的吸收谱带向短波方向移动，如图 5.22 所示。

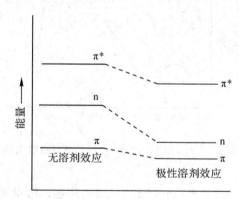

图 5.22　溶剂极性对 π→π* 与 n→π* 跃迁能量的影响

（3）溶剂的选择。在选择测定紫外-可见吸收光谱的溶剂时，应注意以下几点：尽量选用非极性溶剂或低极性溶剂；溶剂应能很好地溶解被测物，且形成的溶液具有良好的化学和光化学稳定性；溶剂在样品的吸收光谱区无明显吸收。

（4）很多有机化合物可以在紫外-可见吸收光谱中作为溶剂（见表 5.7）。三种最常见的溶剂是环乙烷、95％的乙醇和 1，4 — 二氧六环。可以采用活性硅胶过滤的方法除去溶剂中微量的芳香烃和烯烃杂质。环乙烷的"透明"极限波长是 210 nm。芳香化合物，特别是多环芳香烃，在环乙烷中测定时，能够保持它们的精细结构，而如果采用极性溶剂则精细结构往往消失。在需要使用极性溶剂时，采用 95% 的乙醇通常是一个好的选择，乙醇中残留的苯杂质可以通过分馏的方法除去，乙醇的"透明"极限波长是 210 nm。

表 5.7　紫外-可见吸收光谱常用溶剂

溶　剂	极限波长/nm	溶　剂	极限波长/nm
乙腈	190	1，2—二氯乙烷	235
水	191	氯仿	237
己烷	195	乙酸乙酯	255
十二烷	200	四氯化碳	257
甲醇	205	N，N—二甲基甲酰胺	270
环己烷	210	苯	280
乙醇	210	四氯乙烯	290
正丁醇	210	二甲苯	295
乙醚	215	吡啶	305
1，4—二氧六环	220	丙酮	330
二氯甲烷	235		

5.3.2　紫外-可见吸收光谱分析方法

紫外-可见吸收光谱反映的是分子结构中生色团和助色团的特征，具有相同生色团、助色团的化合物的谱图特征基本相同，然而紫外-可见吸收光谱的信息量比较少，所以它虽然可以提供化合物骨架结构（如共轭烯烃、不饱和醛酮、芳环和稠环等）和是否存在某些生色团或助色团（羰基、硝基等）的线索，但有时难以确定取代基的种类及位置等结构细节。尽管单靠紫外-可见吸收光谱不易推断官能团和分子结构，但由于紫外-可见吸收光谱分析快速、方便，若与红外光谱、核磁共振波谱、质谱等方法配合联用还是可以发挥较大的作用的。

根据紫外-可见吸收光谱可以得到如下信息：

(1) 在 $200\sim800$ nm 范围内没有吸收带，则说明该化合物是脂肪烃、脂环烃或其衍生物如卤代物、醇、醚、羧酸等，也可能是单烯或孤立多烯等。

(2) 在 $220\sim250$ nm 范围内有强吸收带（$\varepsilon_{max}\geqslant10^4$），说明有两个双键共轭，此吸收带为 $\pi\rightarrow\pi^*$ 跃迁产生的 K 带，那么该化合物一定含有共轭二烯结构或 α，β-不饱和醛酮结构，但 α，β-不饱和酮除了具有 K 带，还应在 320 nm 附近有 R 带出现。

(3) 在 $270\sim350$ nm 范围内有弱吸收带（$\varepsilon_{max}=10\sim100$），但在 200 nm 附近无其他吸收带，则该吸收带为醛酮中羰 $n\rightarrow\pi^*$ 跃迁产生的 R 带。

(4) 在 $260\sim300$ nm 范围内有中等强度吸收带（$\varepsilon_{max}=200\sim2000$），该吸收带可能带有精细结构，很可能有芳环，则该吸收带为单个苯环的特征 B 带或某些杂环的特征吸收带。

(5) 在 260 nm、300 nm、330 nm 附近有强吸收带（$\varepsilon_{max}\geqslant10^4$），则该化合物可能存在 3、4、5 个双键的共轭体系。若在大于 300 nm 或吸收延伸到可见光区有高强度吸收，且具有明显的精细结构，说明有稠环芳烃、稠环杂芳烃或其衍生物存在。

1. 定性分析

有机化合物定性分析可以分为两类：一类是有机物结构分析，其任务是确定相对分子质量、分子式、所含基团的类型、数量以及原子间连接顺序、空间排列等，最终提出整个分子结构模型并进行验证；另一类是有机物的定性鉴定，即判断未知物是否是已知结构。

有机物结构分析是一个十分复杂的任务，单靠一种方法，尤其是紫外光谱很难完成。因为紫外光谱仅与分子中的生色团和助色团有关，只涉及电子结构中与 π 电子相关的一部分。因此，在结构分析中紫外光谱的作用主要是提供有机物共轭体系大小及与共轭体系有关的骨架。

有机物的定性鉴定比较简单，尤其是有标准物质或标准谱图时，可用比较法。即在相同条件下测得未知物和标准物的波谱图，然后进行比较；也可按标准谱图的测定条件测得未知谱图，然后与标准谱图进行比较，如果两张谱图完全相同，则认为两个化合物结构相同。这种方法在质谱、核磁共振和红外光谱中可以得到比较肯定的结果，但用于紫外光谱中应特别小心。具有相同结构的两种分子，在相同条件下测得的紫外光谱完全相同；但反之，不同结构的两种分子，在相同条件下测得的紫外光谱也可能完全相同。

例如 4-甲基-3-戊烯-2-酮与胆甾-4-烯-3-酮的紫外光谱非常相近（图 5.23），难以区别，但它们是完全不同的分子，整体结构相差很大。它们能产生相同紫外光谱的原因是它们都是 α，β-不饱和酮，且在共轭链上的取代情况也相同，而胆甾-4-烯-3-酮的其他部分是对紫外吸收没有贡献的饱和结构。尽管紫外光谱用于定性分析有较大局限，但解决分子中有关共轭体系部分的结构有其独特的优点，加之紫外光谱仪器价格相对低廉，易于普及，所以仍不失为定性分析的一种重要工具。

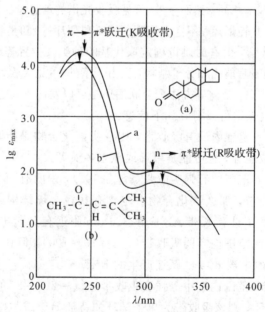

图 5.23　4-甲基-3-戊烯-2-酮与胆甾-4-烯-3-酮的紫外光谱

2. 显色与测量条件的选择

用分光光度法测定时，为提高测定的灵敏度和选择性，一般利用显色反应。选择适当的试剂与被测离子反应生成有色化合物再进行测定是分光光度法测定金属离子最常用的方法,所发生的反应为显色反应,所选的试剂称为显色剂。

1)选择显色反应时,应考虑的因素

(1)灵敏度高、选择性高、生成物稳定、显色剂在测定波长处无明显吸收,两种有色物最大吸收波长之差(即"对比度")要求 $\Delta\lambda > 60 \text{ nm}$。

(2)某些元素的氧化态,如 $Mn(\text{Ⅶ})$、$Cr(\text{Ⅵ})$ 在紫外或可见光区能强烈吸收,可利用氧化还原反应对待测离子进行显色后测定。

(3)当金属离子与有机显色剂形成配合物时,通常会发生电荷转移跃迁,产生很强的紫外-可见吸收光谱。

2)测定条件的选择

(1)选择适当的入射波长。

一般应该选择 $\lambda_{\max}$ 为入射光波长,但如果 $\lambda_{\max}$ 处有共存组分干扰时,则应考虑选择灵敏度稍低但能避免干扰的入射光波长。

(2)选择合适的参比溶液。

参比溶液的选择一般遵循以下原则:

① 当试液及显色剂均无色时,可用蒸馏水作为参比溶液;

② 如果显色剂为无色,而被测试液中存在其他有色离子,可采用不加显色剂的被测试液作为参比溶液;

③ 如果显色剂和试液均有颜色可将一份试液加入适当掩蔽剂,将被测组分掩蔽起来,使之不再与显色剂作用,而显色剂及其他试剂均按试液测定方法加入,以此作为参比溶液。

(3)控制适宜的吸光度(读数范围)。

不同的透光度读数,产生的误差大小不同,用仪器测定时应尽量使溶液透光度值在 $T\% = 20\sim65\%$ (吸光度 $A = 0.70\sim0.20$)。

3. 定量分析

5.3.1 讨论的朗伯-比尔定律是紫外-可见吸收光谱用于定量分析的基础。定量分析时,一般先测定待测物的紫外光谱,从中选择合适的吸收波长作为定量分析时所用的波长。选择的原则,一是吸收强度较大,以保证测定灵敏度;二是没有溶剂或其他杂质的吸收干扰。大部分情况下选择最大吸收波长 $\lambda_{\max}$ 作为定量分析的波长,如果试样的紫外光谱中有一个以上的吸收带,则选择强吸收带的 $\lambda_{\max}$。

下面介绍几种紫外光谱定量分析的基本方法。

1)单一组分的测定

单一组分的定量分析有几种不同的方法,可根据具体情况进行选择。

(1)绝对法。如果样品池厚度 l 和待测物的摩尔吸光系数 ε 是已知的,从紫外分光光度计上读出吸光度值 A,就可以根据朗伯-比尔定律,即公式(5.16),直接计算出待测物的浓度。

$$c_x = \frac{A}{\varepsilon \cdot l} \tag{5.18}$$

由于样品池的厚度和待测物的摩尔吸光系数不易准确测定,采用文献资料上查得的摩尔吸光系数时，必须保证测定条件完全相同，所以这种方法实际上较少使用。

（2）直接比较法。这种方法是采用一已知溶液 c_s 的待测化合物标准溶液，测得其吸光度 A_s。然后在同一样品池中测定未知浓度样品的吸光度。由于两次测定中，摩尔吸光系数和样品池厚度均相同，根据朗伯-比尔定律

$$A_s = \varepsilon \cdot c_s \cdot 1, \quad A_x = \varepsilon \cdot c_x \cdot 1$$

$$\frac{A_s}{c_s} = \frac{A_x}{c_x}$$

$$c_x = \left(\frac{A_x}{A_s}\right) \cdot c_s \tag{5.19}$$

这种方法不需要测量摩尔吸光系数和样品池厚度，但必须有纯的或含量已知的标准物质用以配置标准溶液。

（3）工作曲线法。首先，配置一系列浓度不同的标准溶液，分别测量它们的吸光度，将吸光度与对应浓度作图（$A-c$ 图），在一定的浓度范围内，可得一条直线，称为工作曲线或标准曲线；然后，在相同条件下测量位置溶液的吸光度，再从工作曲线上查得其浓度。

在测量的试样较多且浓度范围相对接近的情况下，例如产品质量检验等，这种方法比较适合。制作工作曲线时，标准溶液的浓度范围应选择在待测溶液的浓度附近，这种方法与直接比较法一样也需要标准物质。

2）多组分同时测定

如果在一个试样需要同时测定两个以上组分的含量，就是多组分同时测定。多组分同时测定的依据就是吸光度加和性，即

$$A_{\text{总}}^{\lambda} = A_1^{\lambda} + A_2^{\lambda} + A_3^{\lambda} + \cdots + A_n^{\lambda} = \varepsilon_1 c_1 + \varepsilon_2 c_2 + \varepsilon_3 c_3 + \cdots + \varepsilon_n c_n \tag{5.20}$$

式中，下标数字为组分编号。该式表示若含有多种对光有吸收的物质，那么该溶液对波长为 λ 的光的总吸收度等于溶液中每一组分对该波长光的吸光度之和。吸光度加和性是多组分同时测定的理论依据。

现以两组分为例作一个简单的介绍。

（1）两个组分的吸收带互不重叠。如果混合物中 x、y 两个组分的吸收曲线互不重合，如图 5.24 所示，则相当于两个单一组分。可以用测定单一组分的方法，分别测得 x、y 组分的含量。由于紫外吸收带很宽，吸收带互不重叠的情况很少见。

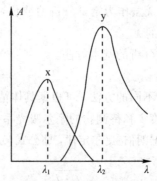

图 5.24　两个组分的吸收曲线互不重合

（2）两个组分的吸收带相互重叠。如果 x、y 两组分的吸收带相互重叠，如图 5.25 所示，则可用多组分同时测定方法。首先在光谱图中选择用于定量分析的两个波长和，根据吸光度加和性可以列出一个联立方程

$$
\begin{cases}
A_{总}^{\lambda_1} = A_x^{\lambda_1} + A_y^{\lambda_1} = \varepsilon_x^{\lambda_1} \cdot c_x + \varepsilon_y^{\lambda_1} \cdot c_y \\
A_{总}^{\lambda_2} = A_x^{\lambda_2} + A_y^{\lambda_2} = \varepsilon_x^{\lambda_2} \cdot c_x + \varepsilon_y^{\lambda_2} \cdot c_y
\end{cases}
\tag{5.21}
$$

式中：$A_{总}^{\lambda_1}$、$A_{总}^{\lambda_2}$ 表示 x 和 y 两个组分在波长 λ_1、λ_2 的总吸光度，可以在实验中测得；$\varepsilon_y^{\lambda_1}$、$\varepsilon_y^{\lambda_2}$ 表示 y 组分在波长 λ_1、λ_2 的摩尔吸光系数，$\varepsilon_x^{\lambda_1}$、$\varepsilon_x^{\lambda_2}$ 表示 x 组分在对应波长的摩尔吸光系数，它们可以用已知浓度的 x 和 y 组分标准溶液测出。所以式(5.21)是典型的二元一次方程组，解该方程组即可得 x、y 组分的浓度 c_x 和 c_y。

这种建立联立方程的方法可以推广到两个以上的多组分体系，要测定 n 个组分的含量，就需要选择 n 个不同的波长，分别测量对应的吸光度值，然后建立 n 个方程。

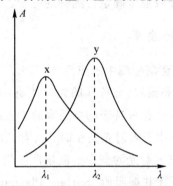

图 5.25　两个组分的吸收曲线相互重合

3）差示光度法

普通分光光度法一般只适用于测定微量组分，当待测组分含量较高时，将产生较大的误差，需采用示差法，即提高入射光强度，并采用浓度稍低于待测溶液浓度的标准溶液做参比溶液。

设待测溶液浓度为 c_x、标准溶液浓度为 c_s（$c_s < c_x$），则

$$
\begin{cases}
A_x = \dfrac{\varepsilon}{c_x} \\
A_s = \dfrac{\varepsilon}{c_s}
\end{cases}
\tag{5.22}
$$

$$
\Delta A = A_x - A_s = \frac{\varepsilon}{c_x - c_s} = \frac{\varepsilon}{\Delta c}
\tag{5.23}
$$

测得的吸光度相当于普通法中待测溶液与标准溶液的吸光度之差 ΔA。

示差法测得的吸光度与 Δc 呈直线关系。由标准曲线上查得相应的 Δc 值，则待测溶液浓度 c_x 为

$$
c_x = c_s + \Delta c
\tag{5.24}
$$

式中，c_x 和 c_s 分别为未知试样和标准溶液的浓度，A_x、A_s 分别是以溶剂为参比时未知试样和标准溶液的吸光度值，其余符号同前。根据式(5.24)即可计算出未知试样的浓度 c_x。

差示光度法是在经典的分光光度法基础上派生出来的一种定量分析方法,对某些在溶液中不稳定或有背景干扰的试样比较适用。在前面介绍过的单一组分测定方法,如工作曲线法等定量分析法中均可使用。

4)物质纯度检查

作为定量分析的一个特殊类型,用紫外光谱法测定物质纯度有其独特的优点。因为含共轭体系的化合物有很高的紫外检测灵敏度,而饱和或某些含孤立双键的化合物没有紫外吸收,利用这种选择性,在下列两种情况下紫外光谱可方便地检查物质纯度。

(1)如果需要检查的化合物在紫外区一定波长范围内没有吸收,而杂质在该波长范围有特征吸收,如试剂正己烷和环己烷中所含的微量或痕量苯就可以用这一方法直接测定。

(2)如果需检查的物质在紫外或可见光区有吸收,而杂质没有吸收,则可通过比较等浓度的待测物和其他纯物质的吸收强度确定待测物的纯度。

5.3.3 紫外-可见吸收光谱的应用

1. 紫外-可见吸收光谱在贵金属检测中的应用

贵金属纳米粒子(主要是金和银)具有特殊的光学性质,在宏观上,可以用肉眼直接看到金和银的溶胶具有鲜亮的颜色。这种特殊的性质来源于入射光与金属纳米粒子的自由电子相互作用:当纳米粒子的直径小于入射光波长时,入射光的电磁场将会诱导价带电子发生极化。价带中的所有电子将随入射光的交变电磁场产生周期性振荡,从而产生对入射光能量的共振吸收,即表面等离子体共振吸收(Surface Plasmon Resonance, SPR),在紫外-可见吸收光谱上显示出较强的吸收峰。因此紫外-可见吸收光谱常用于贵金属的检测。

图5.26为采用微乳液法在不同水油比(ω)条件下制备的银纳米粒子的紫外-可见吸收光谱图。从图中可以看出,银纳米粒子的吸收峰随着ω的增加而增强。

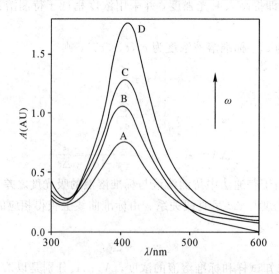

图5.26 不同ω(A=3,B=5,C=7,D=9)纳米银的紫外-可见吸收光谱图

Murphy 等给出了纳米金尺寸与颜色的关系，如图 5.27 所示，纳米金的颜色随其直径由小到大而呈现红色至紫色。纳米金分散在水中形成的胶体在 510~550 nm 可见光谱范围之间有一吸收峰，吸收波长随纳米金粒径增大而增加。当粒径从小到大变化时，表观颜色则依次从淡橙色（<5 nm）、葡萄酒红色（5~20 nm）向深红色（20~40 nm）至蓝色（>60 nm）变化。随着纳米金尺寸的增长，与等离子体相关的吸收峰发生了明显的蓝移。若纳米金发生聚集，则吸收峰变宽。随着粒径越来越大，纳米金的等离子吸收峰发生红移，并且峰形变宽。

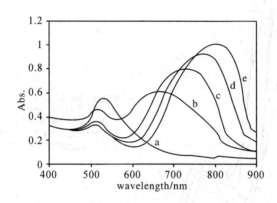

图 5.27　不同尺寸的 Au 纳米粒子的紫外-可见吸收光谱

2. 紫外-可见吸收光谱在聚合物研究中的应用

1）研究聚合反应机理

用紫外光谱可以监测聚合反应前后的变化，研究聚合反应的机理。表 5.8 给出了某些高分子的紫外特性。

表 5.8　某些高分子的紫外特性

高分子	生色团	最大吸收波长/nm
聚苯乙烯	苯基	270，280（吸收边界）
聚对苯二甲酸乙二醇酯	对苯二甲酸酯基	290（吸收尾部），300
聚甲基丙烯酸甲酯	脂肪族酯基	250~260（吸收边界）
聚醋酸乙烯	脂肪族酯基	210（最大值处）
聚乙烯咔唑	咔唑基	345

例如胺引发机理的研究。苯胺引发甲基丙烯酸甲酯（MMA）的机理是：二者形成激基复合物，经电荷转移生成胺自由基，再引发单体聚合，胺自由基与单体结合形成二级胺。苯胺引发光聚合的聚甲基丙烯酸甲酯（PMMA）的紫外吸收光谱如图 5.28 所示（溶剂为乙腈）。

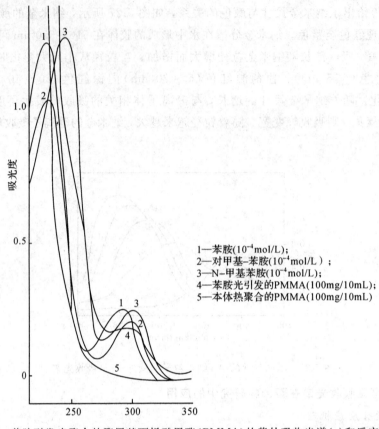

图 5.28　苯胺引发光聚合的聚甲基丙烯酸甲酯（PMMA）的紫外吸收光谱（a）和反应机理（b）

由图 5.28 可见曲线 4 与曲线 3 相似，在 254 nm 和 300 nm 处都有吸收峰，而与曲线 1 和曲线 2 不同，说明苯胺引发光聚合的产物为二级胺，而不是一级胺。在反应过程中，苯胺先与 MMA 形成激基复合物，经电荷转移形成的苯胺氮自由基引发聚合，在聚合物的端基形成二级胺，反应式如下：

2）测定聚合物的分子量

利用紫外光谱还可以测定聚合物的分子量，例如测定双酚 A 聚砜的分子量，用已知分子量的不同浓度的双酚 A 聚砜的四氢呋喃溶液进行紫外光谱测定，在一定的波长下测定各浓度所对应的吸光度 A，绘制 A-C 图，得一过原点直线，根据朗伯-比尔定律，由直线的斜率即可求得 ε。取一定量未知样品配成溶液，使其浓度在标准曲线的范围内，在与标准溶液相同的测定条件下测出其吸光度。因值已测定，从而求得浓度。由于样品的重量是已知的，便可由浓度计算出未知样品的分子量。

3. 紫外-可见吸收光谱在无机化合物材料中的应用

无机化合物的紫外-可见吸收光谱的电子跃迁形式，一般分为两大类：配位场跃迁和电荷转移跃迁。配位场跃迁包括 d→d 跃迁和 f→f 跃迁。元素周期表中第四、五周期的过渡金属元素分别含有 3d 和 4d 轨道，镧系和锕系元素分别含有 4f 和 5f 轨道。在存在配体的条件下，过渡元素 5 个能量相等的 d 轨道和镧系元素 7 个能量相等的 f 轨道分别分裂成几组能量不等的 d 轨道和 f 轨道。当它们的离子吸收光能后，低能态的 d 电子或 f 电子可以分别跃迁至高能态的 d 或 f 轨道，这两类跃迁分别称为 d→d 跃迁和 f→f 跃迁。在配合物的中心离子和配位体中，当一个电子由配位体的轨道跃迁到与中心离子相关的轨道上时，可产生电荷转移吸收光谱。目前紫外-可见吸收光谱主要用于宝石真伪鉴别和宝石呈色研究等方面。

通过扫描对比天然宝石和人工优化处理宝石或人工合成宝石的紫外-可见吸收光谱，可以发现致色机理和致色元素不同，吸收光谱有明显差异，并可以此作为真伪鉴别的依据。比如天然黄色蓝宝石、热处理黄色蓝宝石、辐照处理黄色蓝宝石都有 O^{2-}→Fe^{3+} 产生的紫外区吸收。除此之外，天然蓝宝石在 375、387 nm 和 450 nm 处有吸收窄带，这是由 Fe^{3+} 的 d 电子跃迁产生的。辐照处理黄色蓝宝石的吸收光谱中 387 nm 和 450 nm 吸收谷弱，这是由于辐射处理黄色蓝宝石中 Fe^{3+} 晶体场带弱。再比如染色红宝石和天然红宝石都有 600～800 nm 的吸收带，但天然红宝石在 550 nm 处有 Cr^{3+} 的吸收峰，而染色红宝石则没有，因为染色红宝石原本为无色刚玉。

除此之外，通过宝石矿物的吸收光谱所反映的信息，可以探索宝石的呈色机理，评价宝石的颜色质量。例如，红宝石吸收光谱中出现的 410 nm 和 540 nm 处的吸收带和 690 nm 处的锐峰，被认为是典型的 Cr^{3+} 的 d→d 跃迁，是红宝石致红色的主要原因。而蓝宝石的紫外-可见吸收光谱可以通过计算机拟合成几个独立的吸收带，这些吸收带分别位于 377、388、451(461、471)、510、570 nm 和 810 nm 处。紫外-可见吸收光谱直接反映的是宝石样品对于光的吸收情况，而宝石的颜色主要与对光的吸收有关。因此扫描宝石的紫外-可见吸收光谱对于宝石的呈色机制有重要意义。目前鉴于仪器本身的限制，对于某些特殊的样品难以给出正确的光谱，这需要进一步开发仪器，才能保证光谱的准确性和重现性。另外，由于宝石成分比较复杂，紫外-可见吸收光谱图中吸收峰往往所含信息比较复杂，要想清楚地了解宝石的呈色机理还需其他测试手段加以配合，目前像典型的红宝石中 Cr^{3+} 和 Ti^{3+} 的呈色机理已比较清楚，蓝宝石中个别吸收峰还存在争议。

4. 紫外-可见吸收光谱在生物材料中的应用

图 5.29 分别为氧化石墨烯（Graphene Oxide）和氧化石墨烯三元共聚物（Graphene Oxide-tripolymer）溶液的紫外光谱图。

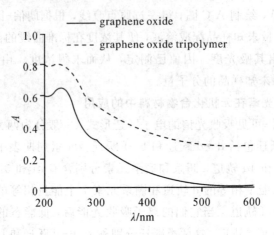

图 5.29　氧化石墨烯和氧化石墨烯三元共聚物溶液的紫外光谱

图中，氧化石墨烯在 230 nm 处很强的吸收峰对应的是 π→π* 跃迁引起的 C＝C 共振峰，300 nm 处的肩峰对应的是 n→π* 跃迁引起的 C＝O 峰，这些都表明成功制出了氧化石墨烯。氧化石墨烯三元共聚物表现出了和氧化石墨烯相同的峰形，表明改性并没有引起氧化石墨烯片层功能基团（如 C＝C 和 C＝O）的变化。

5.3.4　紫外-可见漫反射光谱及其应用

1. 紫外-可见漫反射光谱定义

漫反射光谱是一种在紫外、可见和近红外区的反射光谱，与物质的电子结构有关。

1）固体中金属离子的电荷跃迁

在过渡金属离子-配位体体系中，一方是电子给予体，另一方为电子接受体。在光激发下，发生电荷转移，电子吸收某能量光子从给予体转移到接受体，在紫外区产生吸收光谱。

当过渡金属离子本身吸收光子激发发生内部 d 轨道内的跃迁（d→d），引起配位场吸收带，需要能量较低，表现为可见光区或近红外区的吸收光谱。

收集这些光谱信息，即获得一个漫反射光谱，基于此可以确定过渡金属离子的电子结构（价态、配位对称性）。

2）漫反射

当光束入射至粉末状的晶面层时，一部分光在表层各晶粒面产生镜面反射；另一部光则折射入表层晶粒的内部，经部分吸收后射至内部晶粒界面，再发生反射、折射吸收。如此多次重复，最后由粉末表层朝各个方向反射出来，这种辐射称为漫反射光，如图 5.30 所示。

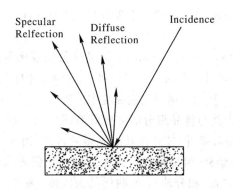

图 5.30　入射、反射、漫反射示意图

反射峰通常很弱，同时，它与吸收峰基本重合，仅仅使吸收峰稍有减弱而不至于引起明显的位移。对固体粉末样品的镜面反射光及漫反射光同时进行检测可得到其漫反射光谱。

2. 紫外-可见漫反射光谱的原理

紫外-可见漫反射光谱与紫外-可见吸收光谱相比，所测样品的局限性要小很多。后者符合朗伯-比尔定律，对透射光进行分析，溶液必须是稀溶液才能测量，否则将破坏吸光度与浓度之间的线性关系。而紫外-可见漫反射光谱则可以浑浊溶液、悬浊溶液及固体和固体粉末等作为测试样品，试样产生的漫反射符合 Kubelka-Munk 方程式。

1) Kubelka-Munk 方程式(漫反射定律)

Kubelka-Munk 方程式描述一束单色光入射到一种既能吸收光、又能反射光的物体上的光学关系：

$$F(R_\infty) = \frac{K}{S} = \frac{(1-R_\infty)^2}{2R_\infty} \tag{5.25}$$

$$\log F(R_\infty) = \log K - \log S = \log \frac{(1-R_\infty)^2}{2R_\infty} \tag{5.26}$$

式中：K 为吸收系数，主要取决于漫反射体的化学组成；S 为散射系数，主要取决于漫反射体的物理特性；R_∞ 表示无限厚样品的反射系数 R 的极限值。$F(R_\infty)$ 为减免函数或 Kubelka - Munk 函数。K 正比于粉末样品的浓度 C，故 $F(R_\infty) \propto C$，这就是漫反射定律的依据。

2) R_∞ 的确定

一般不测定样品的绝对反射率，而是以白色标准物质为参比(假设其不吸收光，反射率为1)得到的相对反射率。

参比物质：要求在 200 nm～3 μm 波长范围，反射率为 100%，常用 MgO、$BaSO_4$、$MgSO_4$ 等，其反射率 R_∞ 定义为1(大约为 0.98～0.99)。MgO 机械性能不如 $BaSO_4$，现在多用 $BaSO_4$ 做标准。

R_∞ 可以有多种曲线形式表示。

横坐标：波数(cm^{-1})，波长(nm)。

纵坐标：$\lg F(R_\infty)$，$F(R_\infty)$——对应于吸收单位（Absorbance），谱线的峰值为吸收带位置。

$\%R_\infty$——对应于反射率，$\%$ reflectance，样品反射强度比参比物的反射强度。

$\%R = (I_s/I_B) \times 100$，其中，$I_s$为反射光强度，$I_B$为参考样品的反射强度（背景）。

$1/R_\infty$和$\log(1/R_\infty)$——相当于透射光谱测定中的吸收率，$\lg(1/R) = \lg(100/\%R)$。

用$\lg(1/R)$单位是因为其与样品组分的浓度间有线性相关性。

3）紫外-可见吸收光谱与紫外-可见漫反射光谱的区别（图 5.31）

紫外-可见吸收光谱与紫外-可见漫反射光谱的区别是前者采用透射方式，所测样品为溶液。后者采用漫反射的方式（积分球），所测样品为固体、粉末、乳浊液和悬浊液。

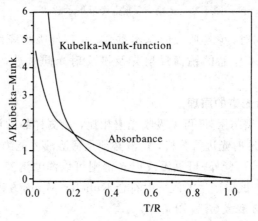

图 5.31　紫外-可见吸收光谱与漫反射光谱对比图

4）积分球

积分球（图 5.32）是漫反射测量中的常用附件之一，其内表面的漫反射物质反射系数高达 98%，使得光在积分球内部的损失接近零。漫反射光是指从光源发出的进入样品内部并经过多次反射、折射、散射及吸收后返回样品表面的光，这些光在积分球内经过多次漫反射后到达检测器。

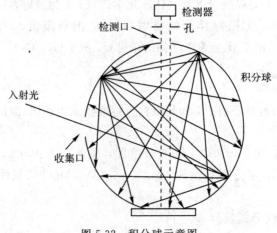

图 5.32　积分球示意图

3. 紫外-可见漫反射光谱的应用

漫反射光谱可以用于研究催化剂表面过渡金属离子及其配合物的结构、氧化状态、配位状态、配位对称性；在光催化研究中还可用于催化剂的光吸收性能测定；可用于色差的测定等等。

图 5.33 为不同煅烧温度下 Zn-Ce/TiO₂ 的紫外-可见漫反射光谱。从图中可以清楚地观察到，所有锌铈掺杂材料的吸收边位置扩展到可见光区域，很明显，共掺杂导致了二氧化钛纳米材料吸收的红移。吸收边的红移意味着带隙能量减少，材料可以吸收更多的光子，最终材料光催化活性增加。假设材料是间接半导体，利用 Kubelka-Munk 函数转变的对应于不同温度 550℃、600℃、650℃、700℃、750℃ 和 800℃ 时的光能提供的带隙能量分别是 2.63 eV、2.70 eV、2.75 eV、2.8 eV、2.82 eV 和 2.86 eV。

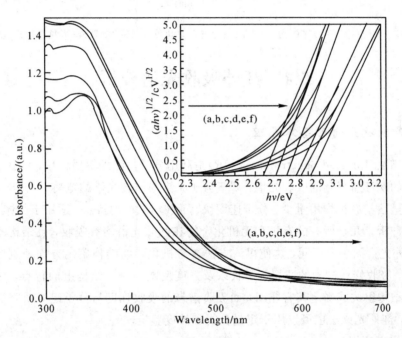

图 5.33　不同煅烧温度下的 Zn-Ce/TiO₂ 材料的紫外-可见漫反射光谱

图 5.34 为钴镍复合氧化物/Ti 纳米材料的 UV-Vis 漫反射光谱。从图中可以看出，在波长为 330～800 nm，尤其在波长大于 450 nm 的可见光区，钴镍复合氧化物/Ti 纳米材料的光吸收特性明显优于 Ti 片。Ti 片光吸收带边为 330 nm，根据式 1.3，λ＝1240/Eg(eV) 计算，其禁带宽度约为 3.76 eV。钴镍复合氧化物/Ti 纳米材料的光吸收带边为 590 nm，根据式 1.3，λ＝1240/Eg(eV) 计算，其禁带宽度约为 2.102 eV。拓宽范围变化了大约为 260 nm，这是由于在异质结钴镍复合氧化物/Ti 纳米材料形成的区域，Co — O 键的 Co3d 轨道和 Ni — O 键的 Ni3d 构成的导带轨道产生交叠，从而引起钴镍复合氧化物禁带宽度变小所致。

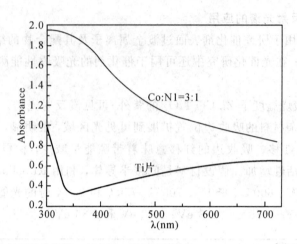

图 5.34　钴镍(Co∶Ni)比例为 3∶1 的钴镍复合氧化物和 Ti 片的紫外-可见漫反射光谱图

5.4　红外吸收光谱分析

5.4.1　红外吸收光谱的基本原理

红外光谱法(Infrared Spectrometry，IR)是利用分子与红外辐射作用，使分子产生振动和转动能级的跃迁所得到的吸收光谱，属于分子光谱与振转光谱的范畴。

红外光谱法具有试样用量少、分析速度快、不破坏试样的特点，适用于固体、液体和气体等试样的分析。几乎所有的有机和无机化合物在红外光谱均有吸收，且结构不同的两个化合物，红外光谱图一定不同，这使得该方法在有机化合物结构鉴定方面特别有用。在红外光谱图中，吸收峰在横轴的位置、形状以及强度反映了分子结构上的特点，可以用来鉴定未知物的结构组成或确定其官能团，而吸收谱带的吸收强度与分子组成或官能团的含量有关，因此，红外光谱法也可以用于定量分析和纯度鉴定。

1. 红外光区的划分

红外光区的波长范围约为 0.75～1000 μm，习惯上又将红外光区分为三个区：近红外光区、中红外光区和远红外光区。

波长靠近可见光的部分称为近红外光区($0.75～2.5\ \mu m$)，该光区的吸收主要是由低能电子跃迁、含氢原子团(如 O—H、N—H、C—H)伸缩振动的倍频和合频吸收产生。该区的光谱可用来研究稀土和其他过渡金属离子的化合物，并适用于水、醇、某些高分子化合物以及含氢原子的化合物的定量分析。

中红外光区波长范围 2.5～50 μm，绝大多数有机化合物和无机离子的基频吸收带(由基态振动能级以 $\nu=0$ 跃迁至第一振动激发态 $\nu=1$ 所产生的吸收峰)都在此区。由于基频振动是分子中吸收最强的振动，所以该区最适于进行化合物的定性和定量分析。同时，由于中红外光谱仪最为成熟、简单而且目前已经积累了该区大量的标准谱图数据，因此它是应用极为广泛的光谱区。通常的红外光谱即是指中红外区的光谱。

远红外光区波长范围位于 $50\sim1000\ \mu m$，气体分子中的纯转动跃迁、振动-转动跃迁、液体和固体中重原子的伸缩振动、某些变角振动、骨架振动以及晶体中的晶格振动都在该区。由于低频骨架振动能灵敏地反映出结构变化，所以对异构体的研究特别方便，此外，还能用于金属有机化合物（包括配合物）、氢键、吸附现象的研究，但由于该光区能量弱，除非中红外区没有特征谱带，一般不在此范围内进行分析。

2. 红外光谱图

当试样受到频率连续变化的红外光照射时，分子吸收某些频率的辐射，产生分子振动能级和转动能级从基带到激发态的跃迁，使相应于这些吸收区域的透射光强度减弱。记录红外光的透射比与波数或波长关系曲线，就得到红外光谱。红外光谱图通常以红外光通过样品的透射比(T)或吸光度(A)为纵坐标，以红外光的波数(σ)为横坐标（见图 5.35）。

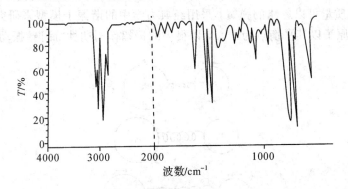

图 5.35　聚苯乙烯的红外光谱

对于分子振动来说，照射光的频率(ν)是一个很大的数值，使用很不方便，因此使用一个更方便的单位波数(σ)来表示光的能量，波数与波长互为倒数。中红外区的波数范围是 $4000\sim400\ cm^{-1}$。

与紫外-可见吸收光谱曲线相比，红外吸收光谱曲线具有如下特点：

第一，峰出现的频率范围低，横坐标一般用波数(cm^{-1})表示；第二，紫外一般看向上的吸收峰，而红外一般看向下的透射峰；第三，吸收峰数目多，图形复杂；第四，吸收强度低。

3. 红外光谱的产生

物质的分子是在不断地运动的。分子本身的运动是很复杂的，作为一级近似，可以把分子的运动区分为分子的平动、转动、振动和分子价电子（外层电子）相对于原子核的运动。平动是不会产生光谱的，与产生光谱有关的运动方式有三种：① 分子内价电子（外层电子）相对原子核的运动；② 分子内原子的振动；③ 分子绕其中心的转动。

根据量子力学理论，分子内部的每一种运动形式都有一定的能级，而且是量子化的，分子的转动能级间隔最小($\Delta E<0.05\ eV$)，其能量跃迁仅需远红外光或微波照射即可；振动能级间的间隔较大($\Delta E=0.05\sim1.0\ eV$)，从而欲产生振动能级的跃迁需要吸收较短波长的光，所以振动光谱出现在中红外区；根据夫兰克-康登原理，在振动跃迁的过程中往往伴随有转动跃迁的发生，因此，中红外区的光谱是分子的振动和转动联合吸收引起的，常称

为分子的振-转光谱。

在红外光谱分析中只有照射光的能量 $E = h\nu$ 等于两个振动能级间的能量差 ΔE 时，分子才能由低振动能级 E_1 跃迁到高振动能级 E_2，即 $\Delta E = E_1 - E_2$，产生红外吸收。在此还需强调指出，前述的分子振动和转动产生红外吸收的前提必须是能引起偶极矩变化的红外活性振动才能产生红外吸收，在发生振动跃迁的同时，分子旋转的能级也发生改变，因而红外光谱形成带状光谱。

4. 双原子分子的振动

由于振动能量变化 ΔE 是量子化的，分子中各基团之间、化学键之间会相互影响，即分子振动的波数与分子结构和所处的化学环境有关，因此，给出波数的精确计算式几乎是不可能的，需要对其进行近似处理。

对于双原子分子的伸缩振动而言，可将其视为质量为 m_1 与 m_2 的两个小球，把连接它们的化学键看作质量可以忽略的弹簧，采用经典力学中的谐振子模型来研究，如图 5.36 所示，分子的两个原子以其平衡点为中心，以很小的振幅作周期性"简谐"振动。

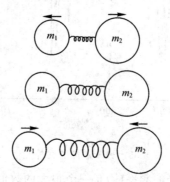

图 5.36　双原子分子的振动

量子力学证明，分子振动的总能量为：

$$E_n = \left(n + \frac{1}{2}\right) h\nu \tag{5.27}$$

式中，n 为振动量子数，E_n 为与振动量子数 n 相对应的体系能量，$n = 0, 1, 2, 3, \cdots$，ν 是振动频率。根据胡克定律，有

$$\nu = c\sigma = \frac{1}{2\pi}\sqrt{\frac{k}{\mu}} \quad \text{或} \quad \sigma = \frac{1}{2\pi c}\sqrt{\frac{k}{\mu}} \tag{5.28}$$

$$\mu = \frac{m_1 m_2}{m_1 + m_2} \tag{5.29}$$

式中 k 为化学键的力常数（单位为 N/cm），μ 为折合质量。

将式(5.26)代入式(5.25)，得

$$E_n = \left(n + \frac{1}{2}\right)\frac{h}{2\pi}\sqrt{\frac{k}{\mu}} \quad (n = 0, 1, 2, 3\cdots\cdots) \tag{5.30}$$

从上式可以看出，当 $n = 0$ 时，体系能量 E_n 不等于零，此时的能量称为零点能。$n = 0$ 时为基态（$E_0 = h\nu/2$），$n \neq 0$ 时为激发态，室温下绝大多数分子处于基态，受到阳光照射时可以吸收光的能量从基态跃迁到激发态，但振动能级跃迁应遵守选择规则，对于谐振子体系只有两个相邻能级间的跃迁才是允许的，其振动能量子数变化应为

$$\Delta n = \pm 1 \tag{5.31}$$

由基态($n=0$)跃迁到第一激发态($n=1$)所产生的吸收称为基频吸收，按吸收光谱的概念，吸收频率$\nu = \dfrac{\Delta E}{h} = \dfrac{E_1 - E_0}{h} = \dfrac{1}{2\pi}\sqrt{\dfrac{k}{\mu}}$，或波数$\sigma = \dfrac{1}{2\pi c}\sqrt{\dfrac{k}{\mu}}$，它在光谱中相应谱带称为基频吸收带。

影响基本振动频率的直接原因是原子质量和化学键的力常数。化学键的力常数k越大，原子质量μ越小，则化学键的振动频率越高，吸收峰将出现在高波数区；反之，则出现在低波数区(见表 5.9)。例如 ≡C—C≡、=C=C=、—C≡C— 三种碳碳键的质量相同，键力常数的顺序是三键＞双键＞单键。因此在红外光谱中 —C≡C— 的吸收峰出现在 2222 cm^{-1}，而 =C=C= 约在 1667 cm^{-1}，≡C—C≡ 在 1429 cm^{-1}。对于相同化学键的基团，波数与原子质量平方根成反比。例如 C—C、C—O、C—N 键的力常数相近，但折合质量不同，其大小顺序为 C—C ＜ C—N ＜ C—O，因而这三种键的基频振动峰分别出现在 1430 cm^{-1}、1330 cm^{-1}、1280 cm^{-1} 附近。

表 5.9　一些化学键的 k，μ 与 σ 的关系

化学键	折合质量 μ/u	分子	力常数 k(N·cm^{-1})	波数 σ/cm^{-1}
H—Cl	0.972	HCl	5.15	2886
H—O	0.941	H_2O	7.80	3750
H—N	0.933	NH_3	6.5	3438
H—C	0.923	C_6H_6	5.1	2940～3040
C—C	6.0	—	4.5～5.6	1198
C=C	6.0	C_6H_6	7.62	1500～1600
C=C	6.0	C_2H_4	9.5～9.9	1681
C≡C	6.0		15.6～17	2059
C—O	6.857	—	5.0～5.8	1112～1198
C=O	6.857		11.8～13.4	1709～1821

5. 多原子分子的振动

多原子分子由于原子数目增多，组成分子的键或基团和空间结构不同，其振动光谱比双原子分子要复杂。但是可以把它们的振动分解成许多简单的基本振动，即简正振动。

1）简正振动的特点

所谓简正振动是指整个分子质心不变、整体不转动，各原子在原地(平衡位置)作简谐振动且频率及位相相同。此时分子中的任何振动均可视为所有上述简谐振动的线性组合。

2）简正振动的基本形式

一般将振动形式分成两类：伸缩振动和变形振动。伸缩振动指原子间的距离沿键轴方

向的周期性变化，一般出现在高波数区；弯曲振动指具有一个共有原子的两个化学键键角的变化，或与某一原子团内各原子间的相互运动无关的、原子团整体相对于分子内其他部分的运动，弯曲振动一般出现在低波数区。

（1）伸缩振动。原子沿键轴方向伸缩，键长发生变化而键角不变的振动称为伸缩振动，用符号 ν 表示。它又可以分为对称伸缩振动（ν_s）和反对称伸缩振动（ν_{as}）。

（2）弯曲振动（又称变形振动）。基团键角发生周期变化而键长不变的振动称为弯曲振动。弯曲振动又分为面内弯曲振动和面外弯曲振动。面内变形振动又分为剪式振动（以 δ 表示）和面内摇摆振动（以 ρ 表示）。面外弯曲振动又分为面外摇摆振动（以 ω 表示）和扭曲振动（以 τ 表示）。

图 5.37 表示亚甲基的各种振动形式。

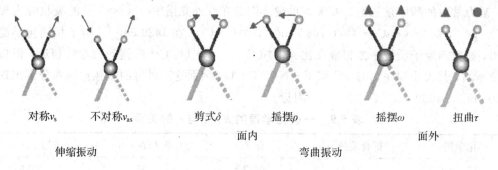

| 对称ν_s | 不对称ν_{as} | 剪式δ | 摇摆ρ | 摇摆ω | 扭曲τ |

伸缩振动　　　　　　　　　　　面内　　　　　　　　　面外
　　　　　　　　　　　　　　　　弯曲振动

图 5.37　亚甲基的各种振动形式

3）简正振动的理论数

简正振动的数目称为振动自由度，每个振动自由度相当于红外光谱图上一个基频吸收带。设分子由 n 个原子组成，每个原子在空间都有 3 个自由度，原子在空间的位置可以用直角坐标中的 3 个坐标 x、y、z 表示，因此，n 个原子组成的分子总共应有 $3n$ 个自由度，即 $3n$ 种运动状态，包括平动、转动和振动。

在这 $3n$ 种运动状态中，包括 3 个整个分子的质心沿 x、y、z 方向平移运动和 3 个整个分子绕 x、y、z 轴的转动运动，这 6 种运动都不是分子振动，因此，振动形式应有（$3n-6$）种。

对非直线型 H_2O 分子（图 5.38），其理论振动数＝$3n-6=3\times3-6=3$。

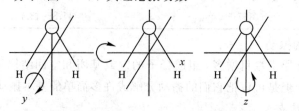

图 5.38　非直线型分子（H_2O）绕 x、y、z 轴转动示意图

对于直线型分子（图 5.39），若贯穿所有原子的轴是在 x 方向，则整个分子只能绕 y、z 轴转动，因此，直线型分子的振动形式为（$3n-5$）种。

对二氧化碳线型分子，理论振动数＝$3n-5=3\times3-5=4$。每种简正振动都有其特定

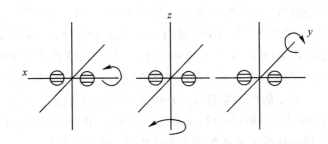

图 5.39　直线型分子绕 x、y、z 轴转动示意图

的振动频率,似乎都应有相应的红外吸收带。实际上,绝大多数化合物在红外光谱图上出现的特征峰数远小于理论上计算的振动数,这是由如下原因引起的:

(1) 没有偶极矩变化的振动,不产生红外吸收;

(2) 相同频率的振动吸收重叠,即简并;

(3) 仪器不能区别频率十分接近的振动,或吸收带很弱,仪器无法检测;

(4) 有些吸收带落在仪器检测范围之外。

例如,二氧化碳线型分子在理论上计算其基本振动数为 4,共有 4 个振动形式,在红外图谱上有 4 个吸收峰(图 5.40)。但在实际红外图谱中,只出现 667 cm^{-1} 和 2349 cm^{-1} 两个基频吸收峰。

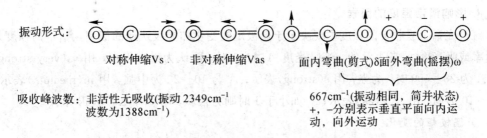

振动形式:

对称伸缩Vs　　非对称伸缩Vas　　面内弯曲(剪式)δ面外弯曲(摇摆)ω

吸收峰波数:非活性无吸收(振动 2349cm^{-1}
波数为1388cm^{-1})

667cm^{-1}(振动相同,简并状态)
+, -分别表示垂直平面向内运动,向外运动

图 5.40　二氧化碳线型分子的振动形式示意图

这是因为对称伸缩振动偶极矩变化为零,不产生吸收,而面内变形和面外变形振动的吸收频率完全一样,发生简并。

6. 红外光谱吸收峰

当红外辐射的能量与分子中振动能级跃迁所需能量相当时就会产生吸收光谱,由于振动量子数的取值可以任意形式组合,所以多原子分子振动能级总数很大,但由于存在各振动能级上的分子数分布,振动的简并、振动跃迁选择规则以及某种振动是否为红外活性振动等原因,红外光谱并非想象的那样复杂,而是相当清晰和简单。红外吸收峰的数目一般比理论振动数目少,这是因为有些振动是非红外活性的,如 CO_2 的对称伸缩振动;有些分子因对称性的原因,某些振动是简并的,如 CO_2 的两种变形振动;有些振动频率相近,仪器分辨不开;有的振动能量跃迁太小,落在仪器测量范围之外等。

(1) 基频率吸收峰。根据玻耳兹曼分布定律,通常情况下(一定温度下)处于基态的分子数比处于激发态的分子数多，例如在 300K 振动频率为 $1000\ cm^{-1}$ 时，处于 $\nu=0$ 振动基态的分子数大约为 $\nu=1$ 的振动激态分子数的 100 倍，因此，通常 $\nu=0\rightarrow\nu=1$ 跃迁概率最大，所以出现的相应的吸收峰的强度也最强，称为基频吸收峰，一般特征峰都是基频吸收。其他跃迁的概率较小，如 $\nu=0\rightarrow\nu=2$ 或 $\nu=1\rightarrow\nu=2$ 等跃迁概率较小，出现的吸收峰强度就弱。

(2) 倍频吸收峰。振动能级由基态($\nu=0$)跃迁至第二激发态($\nu=2$)、第三激发态($\nu=3$)……所产生的吸收峰称为倍频吸收峰(又称为泛频峰)。由于振动的非谐性，故能级的间隔不是等距离，所以倍频往往不是基频波数的整数倍，而是略小些。

(3) 合频吸收峰。合频吸收峰是两个(或更多)不同频率之和(如 $\nu_1+\nu_2$，$2\nu_1+\nu_2$)，这是由于吸收光子同时激发两种频率的振动。

(4) 差频吸收峰。差频吸收峰是两个频率之差(如 $\nu_2-\nu_1$)，是已处于一个激发态的分子在吸收足够的外加辐射而跃迁到另外激发态。合频和差频统称为组合频。

7. 红外光谱吸收带的强度

振动能级的跃迁概率和振动过程中偶极距的变化是影响红外吸收峰强度的两个主要因素，基频吸收带一般较强，而倍频吸收带较弱。因而，一般来说极性较强的基团(如 C＝O、C—X 等)振动，吸收强度较大；极性较弱的基团(如 C＝C、C—C、N＝N 等)振动，吸收较弱。另外，反对称伸缩振动的强度大于对称伸缩振动的强度，伸缩振动的强度大于变形振动的强度。

8. 影响谱带强度的因素

红外光谱上吸收带的强度主要决定于偶极矩的变化和能级跃迁的概率。谱带的强度是用透过率或吸光度 A 来表示的，当吸光度 $A>100$ 时，可认为谱带很强，用 vs(very strong)表示；A 为 20～100 时，为强，用 s(strong)表示；A 为 10～20 为中强，用 m(medium)表示；A 为 1～10 为弱，用 w(weak)表示；A 如小于 1 时则为很弱，用 vw(very weak)表示。

1) 偶极矩的变化

振动过程中偶极矩的变化是决定基频谱带强度的因素，这是产生红外共振吸收的先决条件。瞬间偶极矩愈大，吸收谱带愈大。而瞬间偶极矩的大小又决定于下列四个因素。

(1) 原子的电负性大小。当两原子间的电负性相差越大(极性越强)，则伸缩振动时引起的吸收谱带也越强，例如 $\nu_{OH}>\nu_{CH}$。

(2) 振动的形式不同，也使谱带强度不同。一般 $\nu_{as}>\nu_s$，$\nu_s>\nu_\delta$，这是因为振动形式对分子的电荷分布影响不同而造成的。

(3) 分子的对称性对谱带强度也有影响。这主要指结构对称的分子在振动过程中，因整个分子的偶极矩始终为零，不产生共振吸收，也就没有谱带出现。

(4) 其他如倍频与基频之间振动的耦合(称费米共振)，使很弱的倍频谱带强化。

2) 能级的跃迁概率

显然，能级跃迁的概率直接影响谱带的强度，跃迁概率越大，谱带的强度也大，所以被测物的浓度和吸收带的强度有正比关系，这是做定量分析的依据。由于倍频是从 ν_0、ν_1…到 $2\nu_0$，$2\nu_1$，…，振动的振幅加大，偶极矩变化也增大。从理论讲，吸收带的强度应当增大，可是由于这类的跃迁概率很少，所以倍频谱带一般都较弱。

9. 特征振动频率

1）基团特征频率与特征吸收峰

物质的红外光谱反映了其分子结构的信息，谱图中的吸收峰与分子中各基团的振动形式相对应。多原子分子的红外光谱与其结构的关系，一般是通过实验手段获得，即通过比较大量已知化合物的红外光谱，从中总结出各种基团的振动频率变化的规律。结果表明，组成分子的各种基团如 C—H、O—H、N—H、C=C、C=O、C≡C、C≡N 等，都有自己的特定的红外吸收区域，分子的其他部分对其吸收带位置的影响较小，通常把这种能代表基团存在并有较高强度的吸收谱带，称为基团特征频率或特征吸收峰。基团特征频率虽然是经验总结，但是这些特征频率的产生有坚实的经典力学理论基础。只要掌握了各种官能团的特征频数及其位移规律，就可以应用红外光谱来确定化合物中官能团的存在及其在化合物中的相应位置。

红外光谱（中红外）的工作范围一般是 $4000 \sim 400 \mathrm{cm}^{-1}$，常见官能团都在这个区域产生吸收带。按照红外光谱与分子结构的关系可将整个红外光谱区分为基团频率区（$4000 \sim 1300 \mathrm{cm}^{-1}$）和指纹区（$1300 \sim 400 \mathrm{cm}^{-1}$）两个区域。

（1）基团频率区（$4000 \sim 1300 \mathrm{~cm}^{-1}$）。该区域称为基团频率区、官能团区或特征区。这一区域是官能团特征峰出现较多的波数区段，而且该区域官能团的特征频率受分子中其他部分的影响比较小，大多产生官能团特征吸收峰。实际上由于内部或外部因素的影响，特征振动频率会在一个较窄的范围内产生位移，但这种位移往往与分子结构的细节相关联，不但不会影响吸收峰的特征性，而且会对分子结构的确定提供一些基团连接方式等有用的结构信息。基团频率区又可细分为下面三个区域：

① X—H 伸缩振动区（$4000 \sim 2500 \mathrm{~cm}^{-1}$）。X 可以是 C、O、N 或 S 等原子，这个区域主要是 C—H，O—H，N—H 和 S—H 键伸缩振动频率区。C—H 的伸缩振动可分为饱和碳氢（CH_3，CH_2，CH）和不饱和碳氢（=C—H）两种。饱和碳氢（C—H）伸缩振动出现在 $3000 \mathrm{~cm}^{-1}$ 以下，约在 $2800 \sim 3000 \mathrm{~cm}^{-1}$ 范围内，并且是强吸收峰（vs），取代基对它们的影响很小。常以此区域的强吸收带来判断化合物中是否存在饱和碳氢。如—CH_3（甲基）的不对称伸缩振动和对称伸缩振动分别在 $2960 \mathrm{~cm}^{-1}$ 和 $2876 \mathrm{~cm}^{-1}$ 附近产生吸收峰；—CH_2—（亚甲基）的不对称伸缩振动和对称伸缩振动分别在 $2930 \mathrm{~cm}^{-1}$ 和 $2850 \mathrm{~cm}^{-1}$ 附近产生吸收峰；—CH—（次甲基）的伸缩振动在 $2890 \mathrm{~cm}^{-1}$ 附近产生吸收峰，但强度很弱。不饱和碳氢 =C—H 的伸缩振动在 $3000 \mathrm{~cm}^{-1}$ 以上产生吸收峰，以此来判别化合物中是否含有不饱和碳氢 =C—H 的键。苯环的 C—H 键伸缩振动在 $3000 \sim 3100 \mathrm{~cm}^{-1}$ 范围内产生几个吸收峰，它的特征是强度比饱和的碳氢（C—H）小，但谱带比较尖锐。不饱和双键的碳氢 =C—H 伸缩振动在 $3010 \sim 3100 \mathrm{~cm}^{-1}$ 范围内产生吸收峰，端部 =CH_2 的碳氢（=C—H）伸缩振动在更高的区域 $3085 \mathrm{~cm}^{-1}$ 附近产生吸收峰。不饱和三键的碳氢（≡C—H）伸缩振动在更高的区域 $3300 \mathrm{~cm}^{-1}$ 附近产生吸收峰。O—H 基的伸缩振动在 $3200 \sim 3650 \mathrm{~cm}^{-1}$ 范围内产生吸收峰，谱带较强，它可以作为判断无醇类、酚类和有机酸类的重要依据。脂肪胺和酰胺的

N—H伸缩振动也在3100~3500 cm^{-1}范围内产生吸收峰，但吸收带强度峰与O—H伸缩振动相比较弱一些，且谱带与O—H伸缩振动相比较尖锐一些，因此，吸收带可能被O—H伸缩振动掩盖。O—H和N—H伸缩振动吸收峰受氢键的影响比较大，氢键使其伸缩振动吸收峰向低波数方向位移。

② 三键和累积双键区(2500~1900 cm^{-1})。这个区域主要是C≡C和C≡N键伸缩振动频率区，以及C=C=C，C=C=O等累积双键的不对称性伸缩振动频率区。炔的伸缩振动在(2140~2260 cm^{-1})。

③ 双键伸缩振动区(1900~1200 cm^{-1})。这个区域主要是C=O和C=C键伸缩振动频率区。C=O伸缩振动出现在1900~1650 cm^{-1}，是红外光谱中最特征的谱带，且强度往往也是最强的谱带(vs)，根据C=O伸缩振动的谱带很容易判断酮类、醛类、酸类、酯类以及酸酐等有机化合物。酸酐和酰亚胺中的羰基(C=O)吸收带由于振动偶合而呈现双峰。烯烃C=C的伸缩振动在1620~1680 cm^{-1}范围内产生吸收峰，一般很弱。单核芳烃的C=C伸缩振动在1600 cm^{-1}和1300 cm^{-1}附近范围内产生两个峰(有时裂分成4个峰)，这是芳环骨架结构的特征谱带，用于确认有无芳环存在。取代苯的碳氢(=C—H)变形振动的倍频谱带，在1650~2000 cm^{-1}范围内产生吸收峰，虽然强度很弱，但它们的谱带形状在确定芳环取代位置时有一定的作用。

(2) 指纹区(1300~400 cm^{-1})。这个区域的吸收光谱比较复杂，重原子单键的伸缩振动和各种变形振动都出现在这个区域。由于它们振动频率相近，不同振动形式之间易发生振动偶合，虽然吸收带位置与官能团之间没有固定的对应关系，但是它们能够灵敏地反映分子结构的微小差异，可以作为鉴定化合物的"指纹"使用，故称为指纹区。在这里还应该强调一下，并不是所有的吸收谱带都能与化合物中的官能团有对应关系，特别是指纹区的吸收谱带。但如上所述，指纹区的主要价值在于可用来鉴别不同的化合物，且宜于和标准谱图(或已知化合物谱图)进行比较，也就是说，凡是具有不同结构的两个化合物，一定不会有相同的"指纹"特征。虽然有上述情况，但某些同系物和光学异构体的"指纹"特征可能相似，不同的制样条件也可能引起指纹区吸收谱带的变化。

① 1300~900 cm^{-1}区域主要是C—O、C—N、C—F、C—P、C—S、P—O、Si—O等单键的伸缩振动和C=S、S=O、P=O等双键的伸缩振动吸收频率区，以及一些变形振动吸收频率区。其中甲基(—CH$_3$)对称变形振动在1380 cm^{-1}附近产生吸收峰，对判断是否存在甲基十分有价值；C—O的伸缩振动在1000~1300 cm^{-1}范围内产生吸收峰，是该区域最强的吸收谱带(vs)，非常容易识别。

② 900~400 cm^{-1}区域是一些重原子伸缩振动的吸收频率区。利用这一区域苯环的=C—H面外变形振动吸收峰在1650~2000 cm^{-1}区域及苯环的=C—H变形振动的倍频(或组合频)吸收峰，可以共同配合确定苯环的取代类型。某些吸收峰也可以用来确认化合物的顺-反构型。

2) 常见官能团的特征频率

红外吸收光谱的特征频率反映了化合物结构上的特点，可以用来鉴定未知物的结构组成或确定其官能团。各种官能团和化学键的特征频率与化合物的结构有关，通过研究大量的红外光谱数据，可以证明官能团的特征频率出现位置是有规律可循的。各种官能团的特征吸收频率(波数)都以图或表的形式详细加以总结，一般都是参考这些类似的图表，利用红外光谱进行化合物的结构分析。常见官能团的特征频率数据见附录 1。

5.4.2　试样的处理与制备

能否获得一张满意的红外光谱图，除了仪器性能因素外，试样的处理和制备也十分重要。如果处理不当，那么即使仪器的性能很好，也不能得到满意的红外光谱图。根据材料的聚集状态，可按下列方法制备试样。

1. 气态试样

对气体试样，可直接将它充入抽成真空的试样池内。对于痕量分析，采用多次反射，使光束通过试样池的光程增加数十倍。

2. 液体和溶液试样

对沸点较高的试样，可直接滴在两块盐片之间形成液膜(液膜法)；沸点较低、挥发性较大的试样，可注入封闭液体池中，液层厚度一般为 0.01～1 mm。

对于一些吸收很强的液体，当用调整厚度的方法仍然得不到满意的图谱时，往往可配制溶液以降低浓度来测绘光谱；量少的液体试样，为了能灌满液体槽，亦需要补充加入溶剂；一些固体或气体以溶液的形式来进行测定，也是比较方便的。溶液试样是红外光谱实验中最常见到的一种试样形式，但是对红外光谱法中所使用的溶剂必须仔细选择。通常，除了对试样应有足够的溶解度外，还应在所测光谱区域内溶剂本身没有强烈吸收，不侵蚀盐窗，对试样没有强烈的溶剂化效应等。原则上，在红外光谱中常选用分子简单、极性小的物质作为盐窗，例如，CS_2 是 $1350 \sim 600\ cm^{-1}$ 区域常用的溶剂，CCl_4 用于 $4000 \sim 1350\ cm^{-1}$ 区(在 $1580\ cm^{-1}$ 附近稍有干扰)。

3. 固体试样

1) 压片法

取试样 0.5～2 mg，在玛瑙研钵中研细，再加入 100～200 mg 磨细干燥的 KBr 或 KCl 粉末，混合均匀后加入压膜内，在压力机中边抽气边加压，制成一定直径及厚度的透明片，然后将此薄片放入仪器光束中进行测定。

2) 石蜡糊法

将试样(细粉状)与石蜡混合成糊状，压在两盐片之间进行测谱。当测定厚度不大时，会在四个光谱区出现较强的石蜡油(一种精制过的长链烷烃，不含芳烃、烯烃和其他杂质)的吸收峰，即 $3000 \sim 2850\ cm^{-1}$ 区的饱和 C—H 伸缩振动吸收，$1468\ cm^{-1}$ 和 $1379\ cm^{-1}$ 处的 C—H 变形振动吸收，以及在 $720\ cm^{-1}$ 处的 CH_2 面内摇摆振动引起的宽而弱的吸收。可见，当使用石蜡油作糊剂时，不能用来研究 C—H 键的吸收情况，此时可用六氯丁二烯来代替石蜡油。

3) 薄膜法

对于那些熔点低，熔融又不分解、升华或发生其他化学反应的物质，可将它们直接加热熔融后涂制或压制成膜。但对于大多数可溶解的材料来说，可先将试样制成溶液，然后蒸干溶剂以形成薄膜。

4）溶剂法

将试样溶于适当的溶剂中，然后注入液体吸收池中。

5.4.3 红外吸收光谱谱图解析方法

1. 定性分析

有机化合物的红外光谱具有鲜明的特征性，每一化合物都具有特异的红外吸收光谱，其谱带的数目、位置、形状和强度均随化合物及其聚集态的不同而不同，因此根据化合物的光谱，可以确定该化合物或其官能团是否存在。

红外光谱定性分析，一般可分为官能团定性分析和结构分析两个方面。官能团定性分析是根据化合物的红外光谱的特征基团频率来检定物质含有哪些基团，从而确定有关化合物的类别。结构分析则需要由化合物的红外光谱峰并结合其他试验资料（如相对分子质量、物理常数、紫外光谱、核磁共振谱和质谱等）来推断有关化合物的化学结构。

定性分析的基本步骤如下：

（1）试样的分离和精制。

用各种分离手段（如分馏、萃取、重结晶、层析等）提纯试样，得到单一的纯物质。试样不纯会给光谱分析带来困难，甚至还会导致错误的鉴定结果。

（2）了解试样性质及其来源。

了解试样来源、元素种类、相对分子质量、熔点、沸点、溶解度、不饱和度等有关化学性质，特别是分子的不饱和度计算对图谱分析非常有利，据其可推测分子结构中是否有双键、三键及芳香烃等基团。

所谓有机分子的不饱和度是指分子中碳原子的饱和程度，等于 π 键数与环数之和。计算公式如下：

$$\Omega = 1 + n_4 + \frac{n_3 - n_1}{2} \tag{5.32}$$

式中：n_4、n_3、n_1 分别为分子中所含的四价、三价和一价元素原子的数目。

$\Omega = 0$ 时，分子是饱和的，分子为链状烷烃或其不含双键的衍生物；

$\Omega = 1$ 时，分子可能有一个双键或脂环；

$\Omega = 3$ 时，分子可能有两个双键或脂环；

$\Omega = 4$ 时，分子可能有一个苯环（可理解为一个环加 3 个双键）。

一些杂原子如 S、O 不参加计算。

（3）谱图分析。

测得试样的红外光谱后，接着是对谱图进行分析。先从基团频率区的最强谱带开始，推测未知物可能含有的基团，判断不可能含有的基团；再从指纹区的谱带进一步验证，找出可能含有基团的相关峰，用一组相关峰确认一个基团的存在；如果是芳香族化合物，应定出苯环取代位置，根据官能团及化学合理性，拼凑可能的结构，然后查对标准谱图核实。在解析红外光谱时，要同时注意吸收峰的位置、强度和峰形。同一基团的几种振动相关峰应同时存在。

例 5 - 1 图 5.41 为一聚合物的红外谱图，判断该未知物的结构为聚苯乙烯。

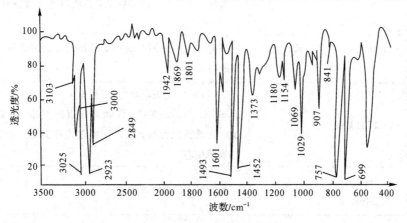

图 5.41 某聚合物的红外谱图

解 在 3100～3000 cm^{-1} 处有吸收峰，可知含有芳环或烯类的 C—H 伸缩振动，但究竟属于哪种类型就要看 C—H 的其他峰。以 2000～1668 cm^{-1} 区域的一系列的峰和 757～699 cm^{-1} 处出现的峰为依据查图，可知为苯的单取代苯，这样可判断 3100～3000 cm^{-1} 处的峰为苯环中的 C—H 的伸缩振动；再检查苯的骨架振动，在 1601 cm^{-1}、1583 cm^{-1}、1493 cm^{-1}、1452 cm^{-1} 的谱带可证实是有苯环存在；然后依据 3000～2800 cm^{-1} 的谱带判断是饱和碳氢化合物的吸收，而且 1493 cm^{-1} 和 1452 cm^{-1} 处的强吸收也可以说明有—CH_2 或 C—H 弯曲振动与苯环骨架振动的重叠，由上可初步判断为聚苯乙烯。

例 5 - 2 某化合物分子式为 C_8H_8O，试根据其红外光谱图(图 5.42)推测其结构。

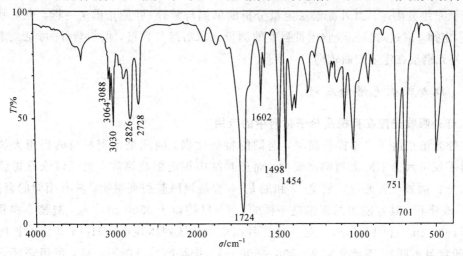

图 5.42 C_8H_8O 的红外光谱图

解 根 C_8H_8O 的红外光谱可知：

不饱和度	$\Omega=1+8+(0-8)/2=5$		可能含有苯环或 C=O、C=C 或环
谱峰归属	(1) 3088 cm^{-1} 3064 cm^{-1} 3030 cm^{-1}		苯环上 =C—H 伸缩振动，说明可能是芳香族化合物
	(2) 2826 cm^{-1} 2728 cm^{-1}		醛的 C—H 伸缩振动和变形振动倍频的共振偶合峰，醛基的特征峰
	(3) 1724 cm^{-1}		C=O 的特征吸收峰(一般醛基 C=O 伸缩振动吸收峰在 1725 cm^{-1})，如果 C=O 和苯环直接相连，共轭效应使吸收峰向低波数位移，所以连接方式可能是 C=O 没有直接与苯环相连
	(4) 1602 cm^{-1} 1498 cm^{-1}		芳环 C=C 骨架伸缩振动
	(5) 751 cm^{-1} 701 cm^{-1}		苯环上相邻 5 个 H 原子 =C—H 的面外变形振动和环骨架变形振动，苯环单取代的特征
可能结构	苯环—CH$_2$—C(=O)—H		
结构验证	其不饱和度与计算结果相符，并与标准谱图对照证明结构正确		

2. 定量分析

红外光谱的谱带较多，选择余地大，所以能方便地对单一组分或多组分进行定量分析，该法不受样品状态的限制，能定量测定气体、液体和固体样品。红外光谱法的灵敏度较低，不适于微量组分测定。红外光谱法定量分析的依据与紫外-可见光谱法一样，也是基于朗伯-比尔定律，通过对特征吸收谱带强度的测量来求出组分含量，但与紫外-可见光谱法相比，红外光谱法在定量方面较弱。

5.4.4 红外吸收光谱的应用

1. 红外吸收光谱在有机高分子材料中的应用

红外光谱法由于仪器操作简单，谱图的特征性强，因此是鉴别材料的理想方法。红外光谱不仅可区分不同类型的高聚物，而且对结构相近的高聚物，也可以依靠指纹区图谱来区分。例如，尼龙-6、尼龙-7 和尼龙-8 都是聚酰胺类高聚物，具有相同的官能团，如图 5.43 所示，其官能团的谱带是一样的，N—H 键位于 3300 cm^{-1} 处，酰胺 I 和 II 带分别位于 1635 cm^{-1} 和 1540 cm^{-1} 处。这三种高聚物的区别体现在 (CH$_2$)n 基团的长度不同(即 n 的数目不同)，因此它们在 1400~800 cm^{-1} 指纹区的谱图不一样，可用来区分这三种高聚物。

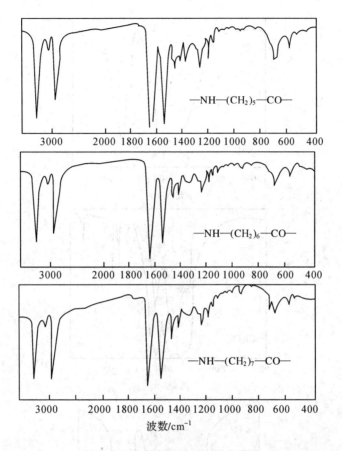

图 5.43　尼龙类材料的红外光谱图

2. 红外吸收光谱在无机非金属材料中的应用

与有机化合物比较，无机化合物的红外鉴定为数较少。无机化合物的红外光谱图比有机化合物简单，谱带数较少，并且很大部分是在低频区。其中氧化物采用红外光谱进行定性分析的例子较多，如图 5.44 所示，对应的是刚玉结构类氧化物 Al_2O_3、Cr_2O_3、Fe_2O_3 等的红外光谱图。从图中可以看出，它们的振动频率低且谱带宽，在 $700\sim200cm^{-1}$，其中 Fe_2O_3 的振动频率低于相应的 Cr_2O_3。除此之外，其他类型的氧化物也多采用红外谱图进行定性分析，如 MgO、NiO、TiO_2、SiO_2 等，图 5.45 对应的是 SiO_2 的红外光谱图，图中 $809\ cm^{-1}$ 处对应的是 $Si-O-Si$ 的反对称伸缩振动峰，而 $472\ cm^{-1}$ 处对应的是 $Si-O$ 的对称伸缩振动峰。

3. 红外吸收光谱在复合材料中的应用

红外光谱图对于复合材料的定性表征也是有效的分析方法和手段。图 5.46 对应的分别为(a)纯 $CoFe_2O_4$ 纳米粒子、(b)EDTA、(c)$CoFe_2O_4$@壳聚糖-EDTA 复合材料和(d)壳聚糖的红外光谱。图 5.46(a)中，$579\ cm^{-1}$ 处的吸收峰对应的是金属—O 键的伸缩振动。图 5.46(b)中，1689、1409、1316 cm^{-1} 处分别对应的是 EDTA 中 C=O 键、C—O 键和

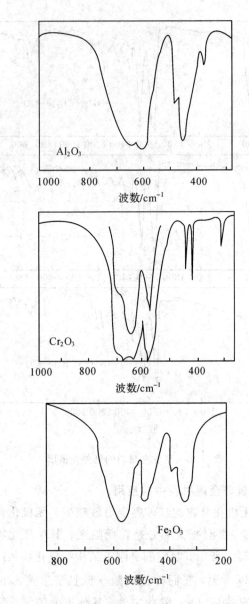

图 5.44 刚玉结构 M_2O_3 的红外光谱图

C—N键的特征吸收峰。图 5.46(d)中，1617、1389、1076 cm^{-1} 处分别对应的是壳聚糖中 N—H 键、C—O 键合 O—H 键的特征吸收峰。图 5.46(c)CoFe$_2$O$_4$@壳聚糖-EDTA 复合材料的红外波谱与 EDTA 和壳聚糖的进行对比，1689 cm^{-1} 处的 C=O 伸缩振动红移到 1627 cm^{-1} 处，对应的是酰胺 I 键，1617 cm^{-1} 处的 N—H 弯曲振动红移到 1554 cm^{-1} 处，对应的是酰胺 II 键，该键的生成表明壳聚糖和 EDTA 反应生成了酰胺键，图 5.46(c)中，539 cm^{-1} 处对应的是金属—O 键的特征峰。

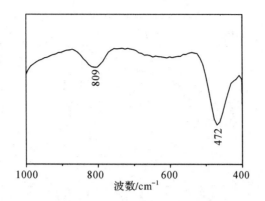

图 5.45　SiO_2 的红外光谱图

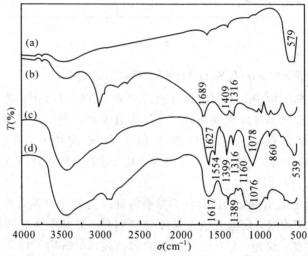

（a）纯 $CoFe_2O_4$ 纳米粒子；（b）EDTA；（c）$CoFe_2O_4$ 壳聚糖-EDTA 复合材料；（d）壳聚糖

图 5.46　红外光谱图

图 5.47 分别为（a）Fe_3O_4 纳米粒子和（b）Fe_3O_4/聚苯乙烯-丙烯酰胺纳米复合微球的红外光谱图。图 5.47(a) 中，$580\ cm^{-1}$ 对应的是 Fe_3O_4 的特征吸收峰，在图 5.47(b) 中，同样出现了该特征峰，说明 Fe_3O_4/聚苯乙烯-丙烯酰胺纳米复合微球中含有 Fe — O 键；而图 5.47(b) 中的 692、756、$1597\ cm^{-1}$ 处的峰对应的是苯乙烯的吸收峰，3398、$3194\ cm^{-1}$ 处的峰对应的是丙烯酰胺上—NH_2 的特征吸收峰；除此之外，$1653\ cm^{-1}$ 处的峰对应的是 C═O 键的特征吸收峰，这个键的存在表明，聚苯乙烯-丙烯酰胺通过—$CONH_2$ 键结合在一起并包覆在磁性 Fe_3O_4 纳米粒子的表面。

5.4.5　红外反射光谱及其应用

1. 红外反射光谱定义

红外反射是从光源发出的红外光经过折射率大的晶体再投射到折射率小的试样表面上，当入射角大于临界角时，入射光线就会产生全反射。事实上红外光并不是全部被反射

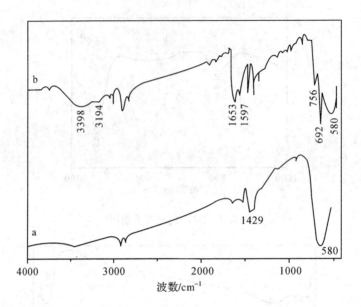

图 5.47　Fe_3O_4 纳米粒子(a)和 Fe_3O_4/聚苯乙烯-丙烯酰胺纳米复合微球(b)的红外光谱图

回来，而是穿透到试样表面内一定深度后再返回表面。在该过程中，试样在入射光频率区域内有选择吸收，反射光强度发生减弱，产生与透射吸收相类似的谱图，从而获得样品表层化学成分的结构信息，这就是红外反射吸收光谱法（Reflection - Absorption Spectroscopy，RAS）。RAS 是表征金属表面吸附物、涂料结构以及研究金属表面化学反应的重要方法。

常规红外光谱鉴定采用溴化钾压片法，需要将样品与溴化钾混合磨成粉末，压制成薄片，再上机用透过方式测量，反射光谱不需要特别制样，最好样品有平滑的表面。红外反射光谱技术是一种简便、快速、原位、无损伤的测试技术，适用于物质鉴定、研究材料结构，具有广阔的应用前景。

2. 红外反射光谱的应用

红外反射光谱（镜、漫反射）在无机材料的鉴定与研究领域中具有较广阔的应用前景，根据透明或不透明宝石的红外反射光谱表征，有助于获取宝石矿物晶体结构中羟基和水分子的内、外振动，阴离子、络阴离子的伸缩或弯曲振动，分子基团结构单元及配位体对称性等重要的信息，特别对某些充填处理的宝石中有机高分子充填材料的鉴定提供了一种简捷、准确、无损的测试方法。

众所周知，透过测量得到的红外光谱，用透过记录方式显示时，光谱的吸收谱带都是向下的，用吸收记录方式显示光谱的吸收谱带都是向上的。而使用反射测量得到的红外光谱形态比较复杂。反射光谱测量是在反射光的入射角大于全反射临界角的情况下进行的，除了部分入射光被物质表面反射到检测器外，还有部分红外光透过样品表面，再被物质内部反射回来进入到检测器，实际测到的并不是纯的反射谱，还叠加有透过谱；物质的反射光谱还受到折光率的影响，在强吸收带附近产生折光率异常色散，光谱发生畸变，使得反射光谱的谱带位置与吸收光谱有差异，引起读谱困难。要将这种畸变的红外反射光谱校正为正常的并为珠宝鉴定人员所熟悉的红外吸收光谱，可通过 Dispersion 校正或 Kramers-Kronig 变换程序予以消除，经过 Dispersion 校正或 K-K 变换的红外反射光谱统称为红外吸收光谱。

图 5.48 为由天然琥珀的红外反射光谱经 K-K 变换的红外吸收光谱。天然琥珀中由 ν_{as} (CH$_2$)官能团的反对称伸缩振动导致红外吸收谱带主要出现在 2929 cm^{-1} 处(视产地不同而异)，而 ν_s(CH$_2$)对称伸缩振动导致红外吸收谱带主要出现在 2859 cm^{-1} 处，与之对应的 δ(CH$_2$，CH$_3$)官能团的弯曲振动导致红外吸收中强谱带的具体位置视其产地不同而异。如，辽宁琥珀则分别出现在 1456 cm^{-1}、1375 cm^{-1} 处，表征天然琥珀的基本骨架为脂肪族脂结构。由脂肪族脂中 ν(C=O)官能团的伸缩振动导致红外吸收中强谱带出现在 1720~1740 cm^{-1} 处(分裂峰，视其产地不同而异)，如，辽宁琥珀主要出现在 1740 cm^{-1} 处。由 ν(C—O)伸缩振动导致红外吸收弱谱带出现在 1140~1160 cm^{-1} 处(视产地不同而异)，而辽宁琥珀中 799 cm^{-1} 处的红外吸收弱谱带归属[CH(CH$_3$)$_2$]骨架振动所致。

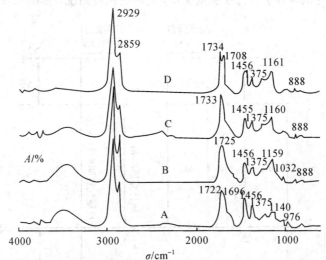

A—中国辽宁琥珀；B—俄罗斯琥珀；C—乌克兰琥珀；D—波兰琥珀

图 5.48　天然琥珀的红外吸收光谱图(由红外反射光谱经 K-K 变换)

5.5　激光拉曼光谱分析

拉曼散射现象是在 1928 年由印度物理学家拉曼(Raman)发现的，并由此获得了 1930 年的诺贝尔物理学奖。拉曼光谱法(Rarman spectrometry)是建立在拉曼散射效应基础上的分析方法，它反映了分子振动能级和转动能级的变化，但由于拉曼效应太弱及技术发展上的滞后而长期没有得到人们关注。20 世纪 60 年代激光器这一理想发光源的出现，促进了激光拉曼光谱法(Laser Rarman Spectrometry，LRS)的建立并在之后迅速发展。

对于极性非对称分子，通过红外光谱可以获得不少分子结构的信息，但对于具有非极性基团的对称分子，拉曼光谱则能发挥更大作用，两种方法具有很大的互补性，相互配合能得到分子振动的完整信息，为研究分子振动和化合物结构信息提供更有力的手段。

5.5.1 激光拉曼光谱产生的基本原理

1. 拉曼散射

当频率为 ν_0 的单色光入射到气体、液体或透明晶体试样上时，绝大部分可以透过，有 $10^{-5} \sim 10^{-3}$ 强度的入射光子被散射。散射有两种类型：当入射光子与试样分子进行弹性碰撞时，分子与光子无能量交换，散射光子的频率与入射光相同，即发生了弹性散射，这种弹性散射被称为瑞利散射；当入射光子与试样分子发生非弹性碰撞时，分子与光子有能量交换，散射光子频率发生了变化，即发生了非弹性散射，又称拉曼散射，相应的谱线称为拉曼散射线（拉曼线）。由于拉曼效应很弱，直到 1961 年激光这一单色强光源出现后，才诞生了激光拉曼光谱法，即研究拉曼散射线的频率与分子结构之间的关系的方法。显然，拉曼散射是一种非弹性散射，入射光子与试样分子进行了能量交换，此时有两种情况，如图 5.49 所示。

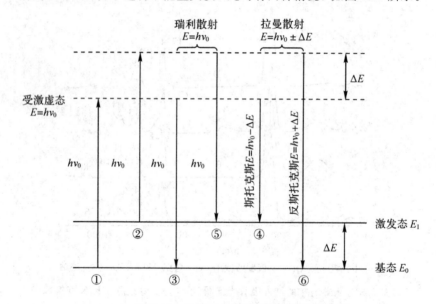

图 5.49　分子的散射能级示意图

1）分子处在基态振动能级

基态振动能级的分子与入射光子碰撞后，从光子中获得能量 $h\nu_0$ 跃迁到较高能级（受激虚态），如图 5.49 中的①所示。受激虚态是指光子对分子微扰或变形而产生的一种新的能态。分子处在受激虚态很不稳定，将很快返回到原基态振动能级（图 5.49 中的③）或振动激发态能级（图 5.49 中的④）。显然，当返回原基态时，吸收的能量以光子形式释放出来，此时的光子能量未发生变化，仍为 $h\nu_0$，即所谓的瑞利散射，光子频率不变。当分子从受激虚态返回至振动激发态时，此时辐射出的光子能量减少一个能极差 ΔE，即 $h\nu_0 - \Delta E$，光子频率降为 $\nu_0 - \Delta E/h$，形成了低于入射光频率的散射线，即为斯托克斯线。

2）分子处在激发态振动能级

激发态振动能级的分子与入射光子碰撞后，从光子获得能量跃迁到较高能级（$E + \Delta E$），如图 5.49 中的②所示。此时，分子同样很不稳定，将返回原激发态振动能级时(图 5.49 中的⑤)或基态振动能级(图 5.49 中的⑥)。当返回至原激发态振动能级时，所释放出光子的能量未变仍为 $h\nu_0$，同样发生了所谓的瑞利散射。当分子返回到原基态振动能级时，此时释放出的光子能量增加一个能极差 ΔE，即为 $h\nu_0+\Delta E$，光子频率也升为 $\nu_0+\Delta E/h$，形成了高于入射光频率的散射线，即为反斯托克斯线。

2. 拉曼位移

斯托克斯线或反斯托克斯线与入射光频率之差分别为 $-\Delta E/h$ 和 $+\Delta E/h$，该差值称为拉曼位移。显然，斯托克斯线与反斯托克斯线的拉曼位移大小相等、方向相反，而且跃迁的概率也应相等。但在正常情况下，由于分子大多数是处于基态，测量到的斯托克斯线强度比反斯托克斯线强得多，所以在一般拉曼光谱分析中，都采用斯托克斯线研究拉曼位移。

拉曼位移的大小与入射光的频率 ν_0 无关，只与分子的能级结构有关，其他范围为 $25\ \mathrm{cm}^{-1}\sim4000\ \mathrm{cm}^{-1}$。

3. 产生拉曼位移的条件

拉曼散射的发生必须在相应分子极化率发生变化时才能实现，这与红外吸收有所不同，红外吸收改变的是电偶极矩 μ。分子极化率是指分子改变其电子云分布的难易程度，用 α 表示。只有 α 发生变化的分子振动才能与入射光的电场 E 相互作用，产生诱导偶极矩 μ

$$\mu=\alpha E \tag{5.33}$$

由此可见，拉曼散射与入射光电场 E 所引起的分子极化的诱导偶极矩有关。

4. 拉曼光谱选律

分子振动光谱的理论分析表明，分子振动模式在红外光谱和拉曼光谱中出现的概率是受选律严格限制的。红外光谱起源于偶极矩的变化，即分子振动过程中偶极矩 μ 有变化。拉曼光谱起源于极化率 α 的变化，即分子振动过程中极化率 α 有变化，这种振动模式在拉曼光谱中出现谱带——拉曼活性。偶极矩和极化率的变化取决于分子的结构和振动的对称性。

拉曼光谱中入射光照射试样分子不足以引起电子能级的跃迁，但是光子的电场可以使分子的电子云变形或极化。极化率是指分子的电子云分布可以改变的难易程度，对于简单分子如 CS_2、CO_2 和 SO_2 等可以从其振动模式的分析得到其光谱的选律。

以线性三原子分子二硫化碳为例，它有 $3n-5=4$ 个振动形式，如图 5.50 所示。对称伸缩振动由于分子的伸长或缩短平衡状态前后电子云形状是不同的，极化率发生改变，因此对称伸缩振动是拉曼活性的。不对称伸缩振动和变形振动在通过其平衡状态前后电子云形状是相同的，因此是拉曼非活性的，而偶极矩随分子振动不断地变化着，所以它们是红外活性的。

具有对称中心的分子如 CS_2、CO_2 等，其对称伸缩振动是拉曼活性的、红外非活性的；不对称伸缩振动是红外活性的、拉曼非活性的。这种极端的情况称为选律互不相容性，但这只适用于具有对称中心的分子。对于无对称中心的分子如 SO_2，不满足选律互不相容性，其三个振动形式都是拉曼和红外活性的。至于较复杂的分子就不能用这种直观的、简单的方法讨论光谱选律，通常要先确定分子所属的对称点群，然后查阅点群的特征表得到

图 5.50 CS_2 的振动形式、电子云和极化率变化示意图

红外和拉曼活性的选律，它是根据量子力学计算出来的。

5. 激光拉曼光谱与红外光谱比较

拉曼光谱与红外光谱的相同点：对于一个给定的化学键，其红外吸收频率与拉曼位移相等，均代表第一振动能级的能量。因此，对某一给定的化合物，某些峰的红外吸收波数和拉曼位移完全相同，红外吸收波数与拉曼位移均在红外光区，两者都反映分子的结构信息。拉曼光谱和红外光谱一样，也是用来检测物质分子的振动和转动能级。

拉曼光谱与红外光谱的不同点：红外是吸收光谱，拉曼是散射光谱。拉曼光谱与红外光谱两种技术包含的信息通常是互补的，详见表 5.10。

表 5.10　红外光谱与拉曼光谱的区别

光谱类型 项　目	红外光谱	拉曼光谱
产生机理	振动引起偶极矩或电荷分布变化	振动引起电极化率或电子云分布变化的难易程度改变
入射光	红外光	可见光
检测光	红外光的吸收	可见光的散射
谱带范围	$400 \sim 4000 \ cm^{-1}$	$40 \sim 4000 \ cm^{-1}$
水	不能作为溶剂	可以作为溶剂
样品测试装置	不能用玻璃仪器	玻璃毛细管做样品池
制样	需要研磨制成溴化钾片	固体样品可以直接检测
信号强弱	强，容易测量	弱，不易测量
检测方法	直接用红外光检测处于红外区的分子振动和转动能量	用可见激光来检测处于红外区的分子振动和转动能量，属于间接检测
	极性基团的谱带强烈（$C=O$、$C—Cl$）	非极性基团谱带强（$S-S$、$C-C$、$N-N$）
	较容易测定链上的取代基	容易表征碳链振动

（1）拉曼光谱是一个散射过程，因而任何尺寸、形状、透明度的样品，只要能被激光照

射到，就可以直接用来测量。由于激光束的直径较小，且可进一步聚焦，因而极少量样品都可测量。

（2）水是强极性分子，故其红外吸收非常强烈，但水的拉曼散射却极其微弱，因而水溶液可直接进行测量，这对生物大分子的研究非常有利。此外，玻璃的拉曼散射也较弱，因而玻璃可作为理想的窗口材料，例如液体或粉末固体样品可放于玻璃毛细管中进行测量。

（3）对于聚合物及其他分子，拉曼散射的选择定则的限制较小，因而可得到更为丰富的谱带。S—S、C—C、C≡C、N=N 等红外较弱的官能团，在拉曼光谱中信号较为强烈。

5.5.2　激光拉曼光谱分析方法

记录拉曼光强与波数的关系曲线，就得到拉曼光谱。拉曼光谱的横坐标为拉曼位移，以波数 cm^{-1} 表示，纵坐标为拉曼光强。由于拉曼位移与激发光无关，一般仅用 Stokes 位移部分，对发荧光的分子，有时用反 Stokes 位移。拉曼位移表征了分子中不同基团振动的特性，因此，可以通过测定拉曼位移对分子进行定性和结构分析。

常用的拉曼特征基团频率见附录 2～6 所示。

5.5.3　拉曼光谱法的应用

1. 拉曼光谱在有机材料研究中的应用

拉曼光谱在有机高分子材料方面主要是用作结构鉴定和分子相互作用的手段，它与红外光谱互为补充，可以鉴别特殊的结构特征或特征基团。拉曼位移的大小、强度及拉曼峰的形状是鉴定化学键及官能团的重要依据。

图 5.51 为 3 -乙基苯胺的拉曼光谱图，伯胺和仲胺在 3500～3300 cm^{-1} 处具有一较强的 ν_{N-H} 拉曼谱带，芳胺的 ν_{C-N} 振动在 1380～1260 cm^{-1} 处有较强的拉曼谱带，脂肪仲胺和叔胺的 ν_{C-N} 振动分别在 900～850 cm^{-1} 处和 830 cm^{-1} 附近有较强的拉曼谱带。

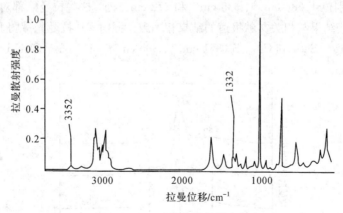

图 5.51　3 -乙基苯胺拉曼光谱

2. 拉曼光谱在无机材料研究中的应用

拉曼光谱能够高效率、无损表征石墨烯的质量，图 5.52 是不同形态石墨的拉曼光谱。沉积物内芯（包含碳纳米管和碳纳米粒子）的拉曼光谱图（b）与高取向热解石墨（HOPG）的拉曼光谱图(a)比较相似，反映两者在结构上的相似。碳纳米管主峰(1574 cm⁻¹)同 HOPG 主峰(1580 cm⁻¹)相比，峰加宽而且稍微下移，被认为是因为 HOPG 是二维层状结构，而碳纳米管是由石墨片弯曲而成的管状封闭结构，C—C 键长发生变化，峰加宽则是由于碳纳米管的直径有一定的分布。沉积物内芯的拉曼光谱图(b)中在 1346 cm⁻¹ 附近有一弱峰，被认为是碳纳米粒子造成的。沉积物外壳的拉曼光谱图(c)则与玻璃碳的拉曼光谱图(d)相似，表明外壳主要包含的是碳纳米粒子。

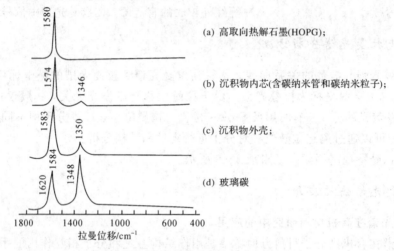

(a) 高取向热解石墨(HOPG);
(b) 沉积物内芯(含碳纳米管和碳纳米粒子);
(c) 沉积物外壳;
(d) 玻璃碳

图 5.52　不同形态石墨的拉曼光谱图

同时，拉曼光谱可以作为物相结构分析的一个补充。由于 CZTS(铜锌锡硫)与 ZnS(硫化锌)、CuS(硫化铜)以及 Cu₂SnS₃(铜锡硫)的晶格常数较为接近，XRD 很难完全区分样品中是否存在这些杂相(图 2.8)。因此，我们采用拉曼光谱对所制备的薄膜做进一步的物相结构表征，不同条件下制备的 CZTS 薄膜的拉曼光谱如图 5.53 所示。图上表明所制备的薄膜都存在三个拉曼峰，分别位于 286 cm⁻¹、335 cm⁻¹ 和 372 cm⁻¹ 处，这些拉曼峰都对应于锌黄锡矿结构的 CZTS。这些结果与相关文献报道的结果相一致。同时，从拉曼光谱图上可以看出，并未发现 ZnS、Cu₂SnS₃、SnS₂ 和 Cu₂₊ₓS (351 cm⁻¹、305 cm⁻¹、315 cm⁻¹ 和 475 cm⁻¹)等杂相，为单一的 CZTS 相。

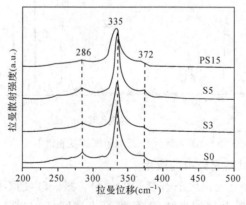

图 5.53　CZTS 薄膜的拉曼光谱

5.6　荧光光谱分析

5.6.1　荧光光谱的基本原理

1. 荧光的产生

如 5.1.1 节所述,当分子受到光照射时,分子吸收特定波长的能量,由基态跃迁到激发态的各振动能级上;当从激发态能级跃迁回到基态时,释放的能量以光辐射的形式发出,产生发光现象。

有机分子中的电子在基态是自旋成对的,分子中的总自旋量子数 $S=0$。由光谱的多重性定义 $M=2S+1$,$S=0$ 时,$M=1$,称为单重态,基态的单重态以 S_0 表示。若激发后,电子的自旋方向仍然和处于基态的电子配对,即自旋方向保持不变,则激发态仍然是单重态,以 S_i 表示。如果在激发过程中电子的自旋方向发生改变,即与基态时的自旋方向相反,变为与处于基态的电子呈平行状态,则 $S=(+1/2)+(+1/2)=1$,$M=2S+1=3$,这样的激发态为三重态,以符号 T_i 表示(图 5.54)。由于自旋平行比自旋相反的状态稳定,故三重态的能级要比相应单重态的能级低。根据跃迁定则,由基态到三重态之间的跃迁属于禁阻跃迁,发生的概率很小,电子很难直接由基态跃迁至三重激发态,故三重激发态上的电子通常需要经过一系列中间过程才能进入。分子能级要比原子能级复杂得多,每个电子能级上都有多个振动能级和转动能级,故发生电子能级跃迁时,分子的吸收光谱和发散光谱都产生的是带状光谱。

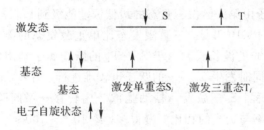

激发态　　　　　　　　↓　S　　　　↑　T

基态

　　　　　　　基态　　激发单重态S_i　　激发三重态T_i

电子自旋状态　↑↓

图 5.54　电子激发态的多重度示意图

激发态分子经去激发回到基态能够产生发光现象,但去激发过程并不一定产生光,或产生与吸收光具有完全相同波长的光,也即存在多种去激发的途径和方式,如既可能以辐射方式,也可能以无辐射方式失去能量回到低能级或基态(如图 5.55 所示)。电子在激发态停留的时间短、返回的过程简单时,发生的概率大,发光强度相对也大。

1) 非辐射能量传递过程

(1) 振动弛豫:同一电子能级内,以热能量交换形式由高振动能级至低相邻振动能级间的跃迁,称为振动弛豫。发生振动弛豫的时间约为 10^{-12} s。

(2) 内转换:在相同多重态的电子能级中,相等能级间的非辐射能级交换称为内转换。如通过振动弛豫和内转换,激发态电子可由 S_2 转移到 S_1,T_2 转移到 T_1。发生内转换的时间约为 10^{-12} s。

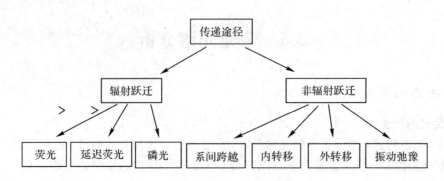

图 5.55　去激发能量传递的途径

（3）外转换：激发态分子与溶剂或其他分子之间产生相互碰撞而失去能量回到基态的非辐射跃迁，称为外转换。外转换可使荧光或磷光减弱或发生"猝灭"。

（4）系间跨越：不同多重态，在有重叠的转动能级间非辐射跃迁，如图 5.10 中所示由 S_1 到 T_1 的跃迁。系间跨越改变了电子自旋状态，属禁阻跃迁，可通过自旋-轨道偶合进行。

2）辐射能量传递过程

（1）荧光发射：由于电子发生振动弛豫和内转换的过程远比由第一激发单重态的最低振动能级到基态的跃迁快得多，故分子的荧光发射多为由第一激发单重态的最低振动能级回到基态的各振动能级间的跃迁所产生的辐射（$S_1 \rightarrow S_0$ 跃迁，发射的荧光波长为 λ'_2）。荧光的发射时间约为 $10^{-7} \sim 10^{-9}$ s。由图 5.10 可见，分子发射荧光的能量比吸收的能量小、波长长，$\lambda'_2 > \lambda_2 > \lambda_1$。

（2）磷光发射：电子由第一激发三重态的最低振动能级到基态各振动能级的跃迁（$T_1 \rightarrow S_0$ 跃迁）产生磷光。由图 5.10 可见，三重激发态比单重激发态的能级还要低一些，故产生磷光的波长要比产生荧光的波长长。由于 $S_0 \rightarrow T_1$ 的跃迁属于禁阻跃迁，电子直接进入三重激发态的概率很小，同时发生 $T_1 \rightarrow S_0$ 的跃迁也较难进行，另外，由图 5.10 可见，磷光的产生可能包括了多个过程：$S_0 \rightarrow$ 激发 $\rightarrow$ 振动弛豫 $\rightarrow$ 内转移 $\rightarrow$ 系间跨越 $\rightarrow$ 振动弛豫 $\rightarrow T_1 \rightarrow S_0$，所以磷光的发光速率与荧光的相比要慢得多，约 $10^{-4} \sim 100$ s。光照停止后，某些过程仍在进行，且 $T_1 \rightarrow S_0$ 的跃迁慢，故磷光发射还可持续一段时间。

2. 荧光光谱

由于能发射荧光的分子结构具有特殊性，任何具有荧光（或磷光）的分子都具有两个特征光谱：激发光谱和发射光谱。根据测量与表示方式的不同，荧光光谱还可分为同步荧光光谱、三维荧光光谱和时间分辨荧光光谱。

1）发射光谱（荧光光谱）

固定激发光波长（选最大激发波长），扫描记录荧光物质发射的各波长荧光（或磷光）强度，可获得荧光强度与发射光波长关系曲线，即荧光物质的发射光谱，也称荧光光谱，如图 5.56 所示。

2）激发光谱

固定测量波长（选最大发射波长），扫描记录激发波长获得的荧光强度与激发波长的关

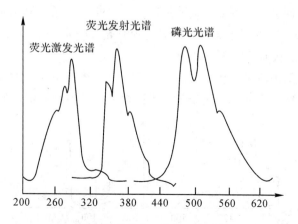

图 5.56　菲的激发、荧光和磷光光谱

系曲线，即荧光物质的激发光谱。

由此可见，在一台仪器上要既能获得发射光谱也能获得激发光谱，测试样前后必须分别设置单色器，即具有两个单色器。

3）同步荧光光谱

荧光物质既具有发射光谱又具有激发光谱，如果采用同步扫描技术（两个单色器同步转动），同时记录所获得的谱图，称为同步荧光光谱，如图 5.57(a)所示。同步扫描可采取三种方式进行。

（1）固定波长差同步扫描法：在扫描过程中，保持激发波长和发射波长的波长差固定（$\Delta\lambda = \lambda_{em} - \lambda_{ex} =$ 常数）。

（2）固定能量差同步扫描法：在扫描过程中，激发波长和发射波长之间保持一个恒定的波数差 $\Delta\sigma[\Delta\sigma = (1/\lambda_{em} - 1/\lambda_{ex}) \times 10^7 =$ 常数]。

（3）可变波长（可变角）同步扫描法：使两个单色器分别以不同速率进行扫描，即扫描过程中激发波长和发射波长的波长差是不固定的。

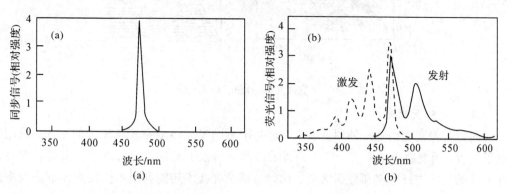

图 5.57　并四苯的同步荧光光谱(a)($\Delta\lambda = 3$ nm)及激发光谱和发射光谱(b)

同步荧光光谱并不是荧光物质的激发光谱与发射光谱的简单叠加，同步扫描至激发光谱与发射光谱重叠波长处，才同时产生信号，如图 5.57(b)所示。在固定波长差同步扫描法中，$\Delta\lambda$ 的选择直接影响所得到的同步光谱的形状、带宽和信号强度。通过控制 $\Delta\lambda$ 值，可为混合物分析提供一种途径。例如，酪氨酸和色氨酸的荧光激发光谱很相似，发射光谱重叠严重，但 $\Delta\lambda < 15\ nm$ 时的同步荧光光谱只显示酪氨酸的光谱特征，$\Delta\lambda > 60\ nm$ 时，只显示色氨酸的光谱特征，从而可实现分别测定。

同步荧光光谱的图谱简单，谱带窄，减小了图谱重叠现象和散射光的影响，提高了分析测定的选择性，如图 5.58 所示，同步荧光光谱损失了其他光谱带，提供的信息量减少。

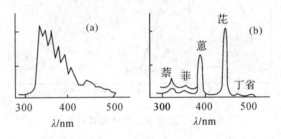

图 5.58　混合物的荧光发射谱(a)和同步荧光光谱(b)

4）三维荧光光谱

20 世纪 80 年代，随着计算机应用的普及，三维荧光光谱技术发展起来。以荧光强度、激发光谱和发射光谱为坐标可获得三维荧光光谱，也称总发光光谱。三维荧光光谱可用两种图形方式表示：三维曲线光谱图和平面显示的等强度线光谱图（等高线光谱），如图 5.59(a)、(b)所示。三维荧光光谱图可清楚地表现出激发波长和发射波长变化时荧光强度的变化，提供了更加完整的荧光光谱信息。作为一种指纹鉴定技术，三维荧光光谱进一步扩展了荧光光谱法的应用范围。

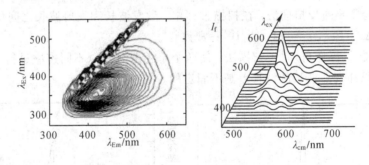

图 5.59　等高线光谱(a)和三维荧光光谱(b)

5）时间分辨荧光光谱

时间分辨荧光光谱是一种测量技术，是基于不同发光体寿命衰减速率的不同，采用时间延迟装置，用发射单色器进行扫描获得的时间分辨发射谱。它可以对光谱重叠但寿命存在差异的组分进行分辨和分别测定。时间分辨荧光技术还能利用不同发光体形成速率的不同进行选择性测定，如钍-桑色素-TOPO-SLS 体系中，干扰元素 Zr、Al 形成发光体系慢，在 12 s 内测定钍可消除 Zr、Al 的干扰。

3. 荧光光谱的基本特征

荧光光谱显示的某些基本特征为荧光物质的识别提供了基本原则。

1）斯托克位移

在溶液中，分子的荧光发射光谱的波长总比激发光谱的长，分子荧光的发射相对于吸收位移到较长的波长处，产生位移的原因是由于激发与发射之间产生了能量消耗，即位于激发态时，受激分子通过振动弛豫消耗了部分能量，同时溶剂分子与受激分子的碰撞也会失去部分能量，故产生了斯托克位移现象。

2）发射光谱的形状与激发波长无关

从图 5.60 中可见，引起荧光分子激发的波长是 λ_1 和 λ_2，但荧光发射均是由第一激发单重态的最低振动能级再跃迁回到基态的各振动能级，所发射的荧光光谱由第一激发单重态和基态之间的能量决定，与激发波长无关。

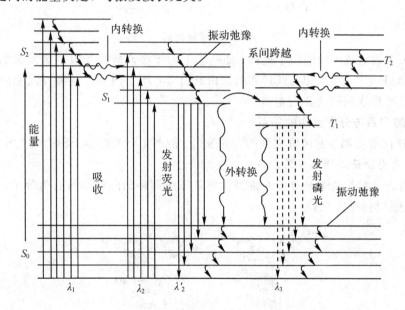

图 5.60　分子荧光与磷光的发射过程

3）镜像规则

通常荧光发射光谱与它的激发光谱形状成镜像对称关系，如图 5.61 和图 5.62 所示。

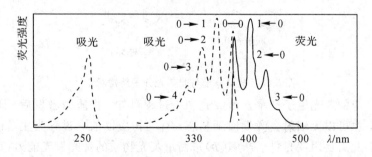

图 5.61　蒽的乙醇溶液的荧光光谱（右）和吸收光谱（左）图

镜像对称规则的产生原因是由于吸收光谱的形状表明了分子第一激发态的振动能级的结构，而荧光发射光谱则表明了分子基态的振动能级结构。基态与激发态的振动能级相

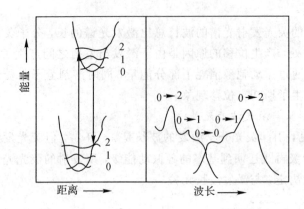

图 5.62　镜像规则

似，激发与去激发组成相反的两个过程，如基态上的零振动能级与第一激发态的第二振动能级之间的跃迁概率最大，相反跃迁亦然。由此可知，用不同波长的激发光照射荧光分子时，都可以获得形状相同的荧光光谱。

4. 荧光的产率与分子结构的关系

并不是任何物质都具有可观察到的荧光发射，能产生荧光的分子称为荧光分子。

1) 产生荧光分子必须具备的条件

(1) 具有合适结构的荧光分子通常为含有苯环或稠环的刚性结构有机分子，如典型的荧光素的分子结构(见图 5.63)。

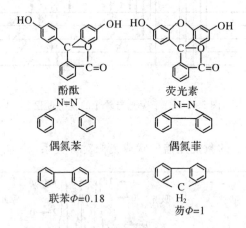

图 5.63　荧光分子与非荧光分子结构对比

(2) 具有一定的荧光量子产率。由荧光产生过程可知，物质被激发后，既能通过发射荧光回到基态，也可以无辐射去激发回到基态，有的物质以前一过程为主，有的则以无辐射跃迁为主，因此需要用荧光量子产率(Φ)来衡量荧光物质的荧光发光能力，即

$$\Phi = \frac{发射的光量子数}{吸收的光量子数} \qquad (5.34)$$

Φ 与激发态能量释放各过程的速率常数有关，如果外转换过程速度很快，则不出现荧光发射，因此也可以用各过程的速率常数来表示荧光量子产率，即

$$\Phi = \frac{K_f}{K_f + \sum K_i} \tag{5.35}$$

式中，K_f 是荧光发射过程的速率常数，$\sum K_i$ 为外转换及系间跨越等有关无辐射跃迁过程的速率常数之和。一般而言，K_f 取决于分子结构，$\sum K_i$ 则主要与分子所处的化学环境有关。

2）化学物的结构与荧光

（1）跃迁类型分子结构中存在 $\pi^* \rightarrow \pi$、$\pi^* \rightarrow n$ 跃迁的荧光效率高，系间跨越过程的速率常数小，有利于荧光的产生。

（2）共轭效应。荧光分子多为芳香族化合物，提高分子中的共轭度有利于增加荧光效率并产生红移。

（3）刚性平面结构。分子具有刚性平面结构可降低分子振动，减少与溶剂的相互作用，故具有很强的荧光。如荧光素和酚酞有相似结构，荧光素有很强的荧光，酚酞却没有。

（4）取代基效应芳环上有供电子基团，如 $-NH_2$，$-OH$，$-OCH_3$ 等，可使荧光增强。有吸电子基团，如 $-X$、$-NO_2$、$-COOH$ 等，可使荧光减弱。

5. 影响荧光强度的环境因素

1）溶剂

除了溶剂对光的散射、折射等影响外，溶剂对荧光强度和形状的影响主要表现在溶剂的极性、形成氢键及配位键等的能力方面。溶剂极性增大时，通常将使荧光光谱发生红移。氢键及配位键的形成更使荧光强度和形状发生较大变化。

2）温度

荧光强度对温度变化十分敏感。温度增加，溶剂的弛豫作用减小，溶剂分子与荧光分子激发态的碰撞频率增加，外转换去激发态的概率增加，荧光量子产率下降。由于低温可以使荧光有显著的加强，提高了分析的灵敏度，低温荧光分析日益受到重视。

3）溶液 pH

对含有酸碱基团的荧光分子，受溶液 pH 的影响较大，需要严格控制。如在 pH 5～12 的溶液中，苯胺以分子形式存在，产生蓝色荧光，而在 pH＜5 和 pH＞12 的溶液中，则分别形成阳离子和阴离子，均无荧光产生。

4）内滤光作用和自吸现象

内滤光作用是指溶液中含有能吸收荧光的组分，使荧光分子发射的荧光强度减弱的现象。如色氨酸中有重铬酸钾存在时，重铬酸钾正好吸收了色氨酸的激发和发射峰，测得的色氨酸荧光强度显著降低。

自吸收现象是指荧光分子的荧光发射光谱的短波长端与其吸收光谱的长波长端重叠，在溶液浓度较大时，一些分子的荧光发射光谱被另一些分子吸收的现象。自吸收现象也使测定到的荧光分子的荧光强度降低，浓度越大这种影响越严重。

5）荧光的猝灭

荧光分子与溶剂分子或其他分子之间相互作用，使荧光消失或强度减弱的现象称为荧光猝灭。能引起荧光猝灭的物质称为猝灭剂。发生荧光猝灭现象的原因有碰撞猝灭(动态猝灭)、静态猝灭、转入三重态猝灭和自吸收猝灭等。碰撞猝灭是由于激发态荧光分子与猝灭剂分子碰撞失去能量,无辐射回到基态,这是引起荧光猝灭的主要原因。静态猝灭是指荧光分子与猝灭剂生成不能产生荧光的配合物。O_2 是最常见的猝灭剂,故荧光分析时需要除去溶液中的氧。荧光分子由激发单重态转入激发三重态后也不能发射荧光。浓度高时,荧光分子发生自吸收现象也是发生荧光猝灭的原因之一。

5.6.2 荧光光谱分析方法

1. 荧光分析法的特点

(1) 灵敏度高。由于是在黑背景下测定荧光发射强度,一般而言,分子荧光分析法的灵敏度比紫外-可见分光光度法高 2~4 个数量级,检出限可达 0.1~0.001 $\mu g \cdot mL^{-1}$。

(2) 选择性强。既能依据特征发射光谱,又可根据特征吸收光谱来鉴定物质,还可以采用同步荧光光谱和时间分辨荧光光谱测量技术,进一步提高选择性。

(3) 试样量少。荧光分析法的主要不足是应用范围小,本身能够发射荧光的物质及能形成荧光测量体系的物质相对较少,另外,方法灵敏度高的同时受环境因素的影响也较大。

2. 定量依据与方法

荧光强度 I_f 与吸收的光强 I_a 和荧光量子产率 Φ 之间的关系为

$$I_f = \Phi \cdot I_a \tag{5.36}$$

由朗伯-比尔定律

$$I_a = I_0 - I_t = I_0(1 - 10^{-klc}) \tag{5.37}$$

$$I_f = \Phi I_0(1 - 10 - klc) = \Phi I_0(1 - e^{-2.303klc}) \tag{5.38}$$

浓度很低时,将上式按泰勒展开,并作近似处理后可得

$$I_f = 2.303\Phi I_0{}^{klc} = k \cdot c \tag{5.39}$$

式(5.37)即为定量的依据。常用的定量方法有标准曲线法和比较法。

当被测物本身能够产生荧光时,可通过直接测定荧光强度来确定该物质的浓度。但大多数无机和有机化合物本身并不发生荧光,或荧光量子产率很低而不能直接测定,此时可采用间接法测定。间接测定法有两种方式:一是通过化学反应使非荧光物转变成荧光物,如荧光标记法;二是通过荧光猝灭法测定,即有些化合物具有使荧光体发生荧光猝灭的作用,荧光强度降低值与猝灭剂浓度具有线性关系,可进行定量分析。

5.6.3 荧光光谱法的应用

部分无机离子的荧光分析测定的实例如表 5.11 所示。无机化合物本身不具有荧光,可与有机荧光试剂配合构成发光体系后测量,约可测量 60 多种元素。测定无机离子时常用的几种荧光试剂有 8—羟基喹啉、2—羟基—3—萘甲酸、2,2′—二羟基偶氮苯及安息香(C_6H_5—CO—CHOH—C_6H_5)等。铍、铝、硼、镓、硒、镁、稀土等金属元素的分析可采用普通荧光分析法;氟、硫、铁、银、钴、镍等元素可采用荧光猝灭法测定;铬、铌、铀、碲等元素可采用低温荧光法测定。具有荧光特性的有机化合物、生物及药物化合物可直接采

用荧光分析测定。简单结构的有机化合物本身很少具有荧光，需要与其他有机化合物作用后，利用产生的荧光进行测定(如表 5.12 所示)。目前荧光分析已成为测定许多生物物质或药物(如肾上腺素、青霉素、苯巴比妥、维生素、普鲁卡因等)的灵敏测定方法。对于不产生荧光的甾族化合物，在经浓硫酸处理后，可使其不产生荧光的环状醇类结构变成能产生荧光的酚类结构后测定。对于多组分荧光物质的测定，如果谱峰不相互重叠，则可分别测定；有部分重叠时，也可利用同步扫描方式，通过控制 $\Delta\lambda$ 值提高分辨率，如图 5.58 所示的混合物具有较好的同步扫描荧光光谱分离效果。

在分子荧光分析法中，利用激光诱导产生超高灵敏度，已能实时检测到溶液中单分子的行为，如对溶液中罗丹明 6G 分子、荧光素分子的单分子行为研究等，使该方面的研究工作受到广泛关注。在生物和基因检测方面，由于 DNA 自身的荧光效果很低而不能直接检测到，但以某些荧光分子作为探针，可通过探针标记分子的荧光变化来研究 DNA。典型的荧光探针为溴化乙啶(CE)，Tb^{3+}、吖啶类荧光染料、钌的配合物等也被使用。在基因检测方面，目前也已逐步采用荧光染料作为标记物来取代同位素标记物。

表 5.11　某些无机物的荧光测定法

离子	试剂	λ/nm 吸收	λ/nm 荧光	检出限/($\mu g \cdot mL^{-1}$)	干扰
Al^{3+}	石榴茜素 R	470	500	0.007	Be, Co, Cr, Cu, F^-, $NO_3{}^-$, Ni, $PO_4{}^{3-}$, Th, Zr
F^-	石榴茜素 R - Al 配和物(熄灭)	470	500	0.001	Be, Co, Cr, Cu, Fe, Ni, $PO_4{}^{3-}$, Th, Zr
$B_4O_7{}^{2-}$	二苯乙醇酮	370	450	0.04	Be, Sb
Cd^{2+}	2 -(邻-羟基苯)-间氮杂氧	365	蓝色	2	NH_3
Li^+	8 -羟基喹啉	370	580	0.2	Mg
Sn^{4+}	黄酮醇	400	470	0.008	F^-, $PO_4{}^{3-}$, Zr
Zn^{2+}	二苯乙醇酮	—	绿色	10	Be, B, Sb, 显色离子

表 5.12　某些有机化合物的荧光测定法

待测物	试剂	激发光波长 λ/nm	荧光波长 λ/nm	测定范围 $\rho/(\mu g \cdot mL^{-1})$	检出限
丙三醇	三磷酸腺苷等	365	460	—	$0.46\mu g \cdot mL^{-1}$
甲醛	乙酰丙酮	412	510	0.005～0.97	—
草酸	间苯二酚等	365	460	0.08～0.44	—

续表

待测物	试剂	激发光波长 λ/nm	荧光波长 λ/nm	测定范围 ρ/(μg·mL⁻¹)	检出限
甘油三酸酯	乙酰丙酮等	405	505	400～4000	—
糠醛和戊糖	蒽酮	465	505	1.5～15	—
葡萄糖	5-羟基-1-萘满酮	365	532	0～20	—
邻苯二酸	间苯二酚	紫外	绿黄	50～5000	—
阿脲（四氧嘧啶）	1,2-苯二胺	365	485	—	血液中 1.4×10^{-2} μg
维生素 A	无水乙醇	345	490	0～2.0	—

习　题

5.1　简述原子吸收光谱法定量分析的依据及定量分析的特点。

5.2　原子谱线变宽的主要因素有哪些？

5.3　原子吸收光谱存在哪些主要的干扰？如何减少或消除这些干扰？

5.4　试说明有机化合物的紫外吸收光谱的电子跃迁有哪几种类型及吸收带类型。

5.5　试说明采用什么方法可以区别 $n \rightarrow \pi^*$、$\pi \rightarrow \pi^*$ 跃迁类型。

5.6　下列两组化合物，分别说明它们紫外吸收光谱有何异同（见图 5.64）。

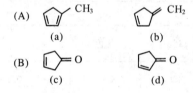

图 5.64　习题 5.6 插图

5.7　何谓溶剂效应？为什么溶剂的极性增强时，$\pi \rightarrow \pi^*$ 跃迁的吸收峰发生红移，而 $n \rightarrow \pi^*$ 跃迁的吸收峰发生蓝移？

5.8　试说明影响红外吸收峰强度的主要因素。

5.9　HF 中键的力常数约为 9 N/cm。

（1）计算 HF 的振动吸收峰频率；

（2）计算 DF 的振动吸收峰频率。

5.10　分子在振动过程中，有偶极矩的改变才有红外吸收。有红外吸收的称为红外活性；相反，称为非红外活性。指出图 5.65 所示振动是否具有红外活性。

5.11　什么是基频？什么是倍频？

5.12　CS_2 是线性分子，试画出它的基本振动类型，并指出哪些振动是红外活性的。

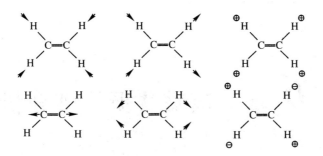

图 5.65　习题 5.10 插图

5.13　试分析产生红外光谱的条件，为什么分子中有的振动形式不会产生红外光谱？

5.14　试比较拉曼光谱法与红外光谱法的异同。

5.15　指出以下分子的振动方式哪些具有红外活性，哪些具有拉曼活性，或两者均是。

(1) O_2 的对称伸缩振动　　　　　　　(2) CO_2 的不对称伸缩振动

(3) H_2O 的弯曲振动　　　　　　　　(4) C_2H_4 的弯曲振动

5.16　指出紫外-可见吸收光谱法、红外吸收光谱法和激光拉曼光谱法分别适合下列哪些试样的分析。

(1) 气体　　(2) 纯液体　　(3) 水溶液　　(4) 粉末　　(5) 表面组成

5.17　指出下列振动形式哪种是拉曼活性振动。

(a) ←O=O→　　(b) →S=C=S←　　(c) ←O=C=O→　　(d) ←O=C=O←

5.18　为什么荧光分子既有激发光谱又有发射光谱？为什么两者之间存在波长差？

5.19　荧光光谱具有哪些普遍特征？

5.20　为什么有的分子能够发射荧光，有的不能？

第 **6** 章　核磁共振波谱分析法

核磁共振波谱法（Nuclear Magnetic Resonance Spectroscopy，NMR）是研究原子核对射频辐射（Radio-frequency Radiation）的吸收，它是对各种有机物和无机物的成分、结构进行定性分析的强有力的工具之一，有时亦可进行定量分析。核磁共振现象于 1946 年由 E. M. Purcell 和 F. Bloch 等人发现。目前核磁共振波谱法已发展成为测定有机化合物结构的重要方法，并且与其他仪器配合，已鉴定了十几万种化合物。核磁共振波谱学的快速发展，使它在有机化学、生物化学、药物化学、物理学、临床医学以及众多工业领域中得到广泛应用。

本章主要介绍核磁共振的基本原理、质子的化学位移、耦合作用、核磁共振的信号强度、一级氢谱及解析、应用实例。

6.1　核磁共振的基本原理

6.1.1　原子核的自旋

原子核由质子和中子组成，其中质子数决定了原子核所带电荷数，质子与中子数之和是原子核的质量，原子核的质量和所带电荷是原子核最基本的属性。原子核一般的表示方法是在符号的左上角标出原子核的质量数，左下角标出其所带电荷数（有时也标在元素符号右边），如 ^1_1H、^2_1H、$^{12}_6C$ 等。由于同位素之间有相同的质子数，而中子数不同，即它们所带的电荷数相同而质量数不同，所以原子核的表示方法可简化为只在元素符号左上角标出质量数 ^1H、^2H、^{12}C 等。

表 6.1　各种核的自旋量子数

质量数	质子数	中子数	自旋量子数	典型核
偶数	偶数	偶数	0	^{12}C、^{16}O、^{32}S
偶数	奇数	奇数	$\frac{1}{2}n(n=2,4,6,\cdots\cdots)$	^2H、^{14}N
奇数	偶数	奇数	$\frac{1}{2}n(n=1,3,5,\cdots\cdots)$	^1H、^{13}C、^{15}N、^{19}F、^{31}P
	奇数	偶数		

由于原子核是带电荷的粒子，若有自旋现象，即产生磁矩。在量子力学中用自旋量子数 I 表征原子核的自旋，自旋量子数 I 的值与核的质量数和所带电荷数有关，即与核中的质子数和中子数有关(表 6.1)。质子数和中子数均为偶数(质量数为偶数)的原子核，如 ^{12}C、^{16}O、^{32}S 等，自旋量子数 $I=0$，原子核没有自旋，因而没有磁矩，不产生共振吸收谱，故不能用核磁共振来研究。质子数和中子数有一项是奇数(质量数为奇数)，自旋量子数 I 为半整数，原子核有自旋。质子数和中子数都是奇数(质量数为偶数)的原子核自旋量子数为整数，原子核有自旋。自旋量子数等于 1 或者大于 1 的原子核：$I=3/2$ 的有 ^{11}B、^{35}Cl、^{79}Br、^{81}Br 等；$I=5/2$ 的有 ^{17}O、^{127}I 等；$I=1$ 的有 ^{2}H、^{14}N 等。这类原子核的核电荷分布可看做是一个椭圆体，电荷分布不均匀，它们的共振吸收常会产生复杂情况，目前在核磁共振的研究上应用还很少。

自旋量子数 I 等于 1/2 的原子核有 ^{1}H、^{13}C、^{19}F、^{31}P 等。这些核可当做一个电荷均匀分布的球体，并像陀螺一样地自旋，故有磁矩形成。这些核特别适用于核磁共振实验。前面三种原子在自然界的丰度接近 100%，核磁共振容易测定，尤其是氢核(质子)，不但易于测定，而且它又是组成有机化合物材料的主要元素之一，因此对于氢核核磁共振谱的测定，在材料分析中占重要地位。一般有关讨论核磁共振的书，主要讨论的是氢核的核磁共振。对于 ^{13}C、^{19}F、^{31}P 的核磁共振的研究，近年来也有较大的发展。

与宏观物体旋转时产生角动量(或称为动力矩)一样，原子核在自旋时也产生角动量。自旋角动量 $\boldsymbol{P}$ 是一个矢量，不仅有大小，而且有方向。如前所述，自旋量子数 I 为 1/2 的原子核(如氢核)，可当做电荷均匀分布的球体。当氢核围绕着它的自旋轴转动时就产生磁场。由于氢核带正电荷，转动时产生的磁场方向可由右手螺旋定则确定，由此可将旋转的核看做是一个小的磁铁棒。因此自旋核相当于一个小的磁体，其磁性可用核磁矩 $\boldsymbol{\mu}$ 来描述，$\boldsymbol{\mu}$ 也是一个矢量，其方向与 $\boldsymbol{P}$ 的方向重合。

$$\boldsymbol{\mu}=\gamma\boldsymbol{P} \tag{6.1}$$

γ 称为旋磁比，是原子核的基本属性之一，它在核磁共振研究中特别有用。不同的原子核 γ 值不同，例如，^{1}H 的 $\gamma=26.752\times10^{7}\ T^{-1}\cdot s^{-1}$(T：特斯拉，磁感应强度的单位)；$^{13}C$ 的 $\gamma=6.728\times10^{7}\ T^{-1}\cdot s^{-1}$。核的旋磁比 γ 越大，核的磁性越强，在核磁共振中越容易被检测。

6.1.2　磁性核在外磁场 $(\boldsymbol{B_0})$ 中的行为

如果 $I\neq0$ 的磁性核处于外磁场 B_0 中，B_0 作用于磁核将产生以下现象。

1. 原子核的取向与进动

如果将氢核置于外加磁场 H_0 中，则它对于外加磁场可以有 $(2I+1)$ 种取向。由于氢核的 $I=1/2$，因此它只能有两种取向：一种与外磁场平行，这时能量较低，以磁量子数 $m=+1/2$ 表征；一种与外磁场逆平行，这时氢核的能量稍高，以 $m=-1/2$ 表征，如图 6.1(a)所示。在低能态(或高能态)的氢核中，如果有些氢核的磁场与外磁场不完全平行，外磁场就要使它取向于外磁场的方向，也就是说，当具有磁矩的核置于外磁场中，它在外磁场的作用下，核自旋产生的磁场与外磁场发生相互作用，因而原子核的运动状态除了自旋外，还要附加一个以外磁场方向为轴线的回旋，它一面自旋，一面围绕着磁场方向发生回旋，这种回旋运动称进动(precession)或拉摩尔进动(Larmor precession)。它类似于陀螺的运动，陀螺旋转时，如果陀螺的旋转轴与重力的作用方向有偏差时，就产生摇头运动，这就是进动。进动时有一定的频率，称拉摩尔频率。自旋核的核进动圆频率 ω 与外加磁感应强度 B_0 的关系可用拉摩尔公式表示为

$$\omega = \gamma \cdot B_0 \tag{6.2}$$

式中，γ 为核的旋磁比；B_0 为外磁场强度；ω 为核进动的圆频率，它与线频 ν 的关系为 $\omega = 2\pi\nu$。因此核进动频率也可表示为

$$\nu = \frac{\gamma}{2\pi}B_0 \tag{6.3}$$

式中，ν 为核进动线频，其余符号同式(6.2)。对于指定核，旋磁比 γ 是固定值，其进动频率 ν 与外磁场强度 B_0 成正比；在同一外磁场中，不同核因 γ 值不同而有不同的进动频率。

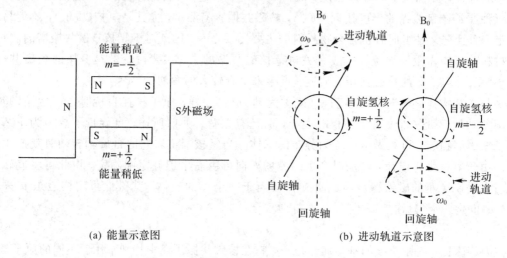

(a) 能量示意图　　　　　　　　(b) 进动轨道示意图

图 6.1　自旋核在外磁场中的两种取向示意

2. 原子核的能级分裂

图 6.1(b)表示了自旋核(氢核)在外磁场中的两种取向，图中斜箭头表示氢核自旋轴的取向。在这种情况下，$m = -1/2$ 的取向由于与外磁场方向相反，能量较 $m = +1/2$ 者为高。显然，在磁场中氢核倾向于具有 $m = +1/2$ 的低能态。两种进动取向不同的氢核，其能量差 ΔE 为

$$\Delta E = \frac{h}{2\pi}\gamma B_0 \tag{6.4}$$

在外磁场作用下，自旋核能级的裂分可用图 6.2 示意。由图 6.2 可见，当磁场不存在时，$I = 1/2$ 的原子核对两种可能的磁量子数并不优先选择任何一个，此时具有简并的能级；若置于外加磁场中，则能级发生裂分，其能级差与核的磁旋比有关，也和外磁场强度有关(公式(6.4))。因此在磁场中，一个核要从低能态向高能态跃迁，就必须吸收 ΔE 的能量；换言之，核吸收 ΔE 的能量后，便产生共振，此时核由 $m = +1/2$ 的取向跃迁至 $m =$

$-1/2$ 的取向。

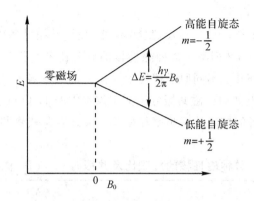

图 6.2　在外磁场作用下，核自旋能级的裂分示意图

6.1.3　核磁共振现象

用具有一定能量的电磁波照射静磁场中的磁性核，当电磁波的能量正好等于磁性核相邻能级间的能量差，即 $E_{\text{外}}=\Delta E$ 时，核就能吸收电磁波的能量从较低能级跃迁到较高能级，这种跃迁称为核磁共振，被吸收的电磁波的能量符合下式

$$E = h\nu = \Delta E = \frac{h}{2\pi}\gamma B_0 \tag{6.5}$$

式中，ν＝光子频率＝进动频率，即

$$\nu = \frac{1}{2\pi}\gamma B_0 \tag{6.6}$$

在核磁共振中，此频率相当于电磁波分区中的射频（即无线电波）范围。

利用式(6.6)可以计算出 $B_0=2.350$ T 时，^{1}H 的吸收频率为

$$\nu = 26.753 \times 10^7\,\text{T}^{-1} \cdot \text{s}^{-1} \times \frac{2.35\ \text{T}}{2\pi} = 100\ \text{MHz};$$

^{13}C 的吸收频率为

$$\nu = 6.728 \times 10^7\ \text{T}^{-1} \cdot \text{s}^{-1} \times \frac{2.35\ \text{T}}{2\pi} = 25.2\ \text{MHz}$$

最常用的核磁共振波谱是氢核磁共振谱(^{1}H NMR)和碳核磁共振谱(^{13}C NMR)，简称氢谱和碳谱。但必须记住，碳谱是 ^{13}C 核磁共振谱，因为 ^{12}C 的 $I=0$，是没有核磁共振现象的。

式(6.6)是发生核磁共振的条件，即发生共振时射频频率 ν_0 与磁感应强度 B_0 之间的关系。也可以用另一种方式来描述核磁共振产生的条件，磁核在外磁场中产生拉摩尔进动，进动频率如式(6.3)所示。如果外界电磁波的频率正好等于核进动频率，那么核就能吸收这一频率电磁波的能量，产生核磁共振现象。

由上述讨论可知，外磁场的存在是核磁共振产生的必要条件，没有外磁场，磁核不会做拉摩尔进动，不会有不同的取向，简并的能级不发生分裂，因此就不能产生核磁共振

现象。

此外还说明以下两点:

(1) 对于不同的原子核,由于 γ (旋磁比)不同,发生共振的条件不同,即发生共振时的 ν_0 与 B_0 相对值不同。表 6.2 列举了数种磁性核的旋磁比及它们发生共振时的 ν_0 和 B_0 的相对值。即在相同的磁场中,不同原子核发生共振时的频率各不相同,根据这一点可以鉴别各种元素及同位素。例如用核磁共振方法测定重水中的 H_2O 的含量,D_2O 和 H_2O 的化学性质十分相似,但两者的核磁共振频率却相差极大。因此核磁共振法是一种十分灵敏而准确的方法。

表 6.2　数种磁性核的旋磁比及共振时 ν_0 和 B_0 的相对值

同位素	$\gamma/\times 10^7\ T^{-1}\cdot s^{-1}$	$\nu_0/$ MHz	
		$B_0=1.409T$	$B_0=2.350T$
^1H	26.75	60.0	100
^2H	4.11	9.21	15.4
^{13}C	6.73	15.1	25.2
^{19}F	25.18	56.4	94.2
^{31}P	10.84	24.3	40.5

(2) 对于同一种核,γ 值一定。当外加磁场一定时,共振频率也一定;当磁场强度改变时,共振频率也随着改变。例如,氢核在 1.409 T 的磁场中,共振频率为 60 MHz,而在 2.350 T 时,共振频率为 100 MHz。

下面,用一个示意图(图 6.3)来归纳上述核磁共振基本原理的要点。

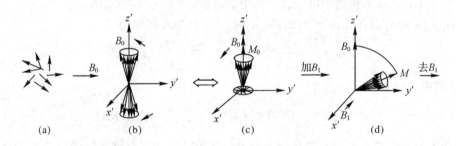

图 6.3　核磁共振基本原理示意图

核磁共振实际处理的自旋体系是一大群核,在此仅以 $I=1/2$ 的核为讨论对象,图中"↑"代表原子核磁矩 μ。

(1) 外磁场 B_0 为零时,核磁矩 μ 的方向是任意的(图 6.3(a))。

(2) 当自旋体系处于外磁场 B_0 中,μ 有不同的取向,并且围绕 B_0 做进动。其中一部分 μ 的取向与 B_0 方向相同,处于低能级,它们围绕 B_0 做逆时针进动,形成一个圆锥面;另一部分 μ 的取向与 B_0 方向相反,处于高能级,它们围绕 B_0 做顺时针进动,形成一个反方向的圆锥面,前者的数量略多于后者(图 6.3(b))。

（3）由于矢量具有加和性，大量核在两个圆锥面上进动的总效果是一定数量的 μ（两种取向 μ 的数目之差）沿着与 B_0 相同方向的圆锥面进动，而反方向的 μ 被抵消（图 6.3(c)）。

（4）如果在垂直于 B_0 的方向上施加射频场 B_1，处于低能级的核吸收 B_1 的能量发生共振，从低能级跃迁到高能级（图 6.3(d)）。

6.2　质子的化学位移

由公式(6.3)可知，某一种原子核的共振频率只与该核的旋磁比 γ 及外磁场 B_0 有关。例如，当 $B_0 = 1.4092$ T 时，^1H 的共振频率为 60 MHz，^{13}C 的共振频率为 15.1 MHz。也就是说，在一定条件下，化合物中所有的 ^1H 同时发生共振，产生一条谱线，所有的 ^{13}C 也只产生一条谱线，这样对有机物结构分析没有什么意义。但实际情况并非如此。1950 年，W.G.Proctor等在研究硝酸铵的 ^{14}N NMR 时发现两条谱线，一条谱线是铵氮产生的，另一条则是硝酸根中的氮产生的。这说明核磁共振可以反映同一种核（^{14}N）的不同化学环境。在高分辨仪器上，化合物中处于不同化学环境的 ^1H 也会产生不同的谱线，例如乙醇有三条谱线，分别代表了分子中 CH$_3$、CH$_2$ 和 OH 三种不同化学环境的质子。谱线的位置不同，说明共振条件（共振频率）不同。处于不同化学环境的原子核有不同共振频率的现象，为有机物结构分析提供了可能。

6.2.1　化学位移的产生

在 6.1 节讨论核磁共振基本原理时，我们把原子核当做孤立的粒子，即裸露的核，就是说没有考虑核外电子，没有考虑核在化合物分子中所处的具体环境等因素。当裸露核处于外磁场 B_0 中，它只受 B_0 的作用。而实际上，处在分子中的核并不是裸露的，有核外电子存在。核外电子云受 B_0 的诱导产生一个方向与 B_0 相反，大小与 B_0 成正比的诱导磁场。它使原子核实际受到的外磁场强度减小，也就是说核外电子对原子核有屏蔽作用。定义诱导磁场 B' 与外磁场 B_0 的比值为屏蔽常数 σ

$$\sigma = \frac{B'}{B_0} \tag{6.7}$$

则 σ 表示核外电子对原子核屏蔽作用的大小，那么处于外磁场中的原子核受到的不再是外磁场 B_0 而是 $B_0(1-\sigma)$ 的作用。所以，实际原子核在外磁场 B_0 中的共振频率不再由公式(6.6)决定，而应该将其修正为

$$\nu = \frac{1}{2\pi}\gamma B_0(1-\sigma) \tag{6.8}$$

屏蔽作用的大小与电子云密度有关，核外电子云密度越大，核受到的屏蔽作用越大，实际受到的外磁场强度降低越多，共振频率降低的幅度也越大。如果要维持核以原有的频率共振，则外磁场强度必须增强。电子云密度和核所处的化学环境有关，这种因核所处化学环境改变而引起的共振条件（核的共振频率或外磁场强度）变化的现象称为化学位移

(Chemical Shift)。由于化学位移的大小与核所处的化学环境有密切关系，因此就可以根据化学位移的大小来了解核所处的化学环境，即了解有机化合物的分子结构。

6.2.2 化学位移的表示方法

处于不同化学环境的原子核，由于屏蔽作用不同而产生的共振条件差异很小，难以精确测定其绝对值。例如在 100 MHz 仪器中（即 ^1H 的共振频率为 100 MHz），处于不同化学环境的 ^1H 因屏蔽作用引起的共振频率差别在 0~1500 Hz 内，仅为其共振频率的百万分之十几。故实际操作时采用一标准物质作为基准，测定样品和标准物质的共振频率之差。

从式(6.8)共振方程式可以看出，共振频率与外磁场强度 B_0 成正比；磁场强度不同，同一种化学环境的核共振频率不同。若用磁场强度或频率表示化学位移，则使用不同型号（即不同振荡器频率）的仪器所得的化学位移值不同。例如，1，2，2-三氯丙烷（$CH_3CCl_2CH_2Cl$）有两种化学环境不同的 ^1H，在氢谱中出现两个吸收峰。其中 CH_2 与电负性大的 Cl 原子直接相连，核外电子云密度较小，即受到的屏蔽作用较小，故 CH_2 吸收频率比 CH_3 大。在 60 MHz 核磁共振仪器上测得的谱图中 CH_3 与标准物质的吸收峰相距 134 Hz，CH_2 与标准物质的吸收峰相距 240 Hz。而在 100 MHz 仪器测定其 NMR 谱图，对应的数据为 223 Hz 和 400 Hz。从此例可以看出，同一种化合物在不同仪器上测得的谱图若以共振频率差表示没有简单、直观的可比性。

为了解决这个问题，采用化学位移常数 δ 来表示化学位移，化学位移常数 δ 的定义如公式(6.9)所示

$$\delta = \frac{(\nu_样 - \nu_标)}{\nu_标} \times 10^6 = \frac{\frac{\gamma B_0}{2\pi}(1-\sigma_样) - \frac{\gamma B_0}{2\pi}(1-\sigma_标)}{\frac{\gamma B_0}{2\pi}(1-\sigma_标)} \times 10^6 = \frac{\sigma_标 - \sigma_样}{1-\sigma_标} \times 10^6 \quad (6.9)$$

式中，$\nu_样$、$\nu_标$ 分别为样品和标准物质中磁核的共振频率；$\Delta\nu$ 为样品分子中磁核与标准物中磁核的共振频率差，即样品峰与标准物峰之间的差值。因为 $\Delta\nu$ 的数值相对于 $\nu_标$ 来说是很小的，而 $\nu_标$ 与仪器的振荡频率非常接近，故 $\nu_标$ 常常可用振荡器频率代替。由于 $\nu_样$ 和 $\nu_标$ 的数值都很大（MHz 级），它们的差值却很小（通常不过几十至几千 Hz），因此共振频率的差值与振荡频率的比值非常小，一般在百万分之几的数量级，为了便于读写，在式(6.9)中乘以 10^6。

1，2，2-三氯丙烷（$CH_3CCl_2CH_2Cl$）中 CH_3 的化学位移如用 δ 值表示，在 60 MHz 和 100 MHz 仪器上测定时分别为

$$60\ MHz\ 仪器： \quad \delta = \frac{134}{60 \times 10^6} \times 10^6 = 2.23$$

$$100\ MHz\ 仪器： \quad \delta = \frac{223}{100 \times 10^6} \times 10^6 = 2.23$$

同样可以计算 CH_2 的化学位移值均为 4.00。由此可见，用 δ 值表示化学位移，同一个物质在不同规格型号的仪器上所测得的数值是相同的。

公式(6.9)的定义适合于固定磁场强度改变射频频率的扫频式仪器。对于固定射频频率而改变外磁场强度的扫场式仪器，化学位移的定义为

$$\delta = \frac{B_{标} - B_{样}}{B_{标}} \times 10^6 = \frac{\dfrac{2\pi\nu}{\gamma(1-\sigma_{标})} - \dfrac{2\pi\nu}{\gamma(1-\sigma_{样})}}{\dfrac{2\pi\nu}{\gamma(1-\sigma_{标})}} \times 10^6 = \frac{\sigma_{标} - \sigma_{样}}{1-\sigma_{样}} \times 10^6 \qquad (6.10)$$

式中，$B_{样}$ 和 $B_{标}$ 分别为样品中的磁性核和标准物中的磁性核产生共振吸收时的外磁场强度。由于试样和标样的屏蔽常数远小于 1，对于氢核约为 10^{-5}，其他核一般小于 10^{-3}，所以式(6.9)和式(6.10)都可以表示为

$$\delta = (\sigma_{标} - \sigma_{样}) \times 10^6 \qquad (6.11)$$

式(6.11)表明，同一物质的化学位移，扫频式仪器的测试值和扫场式仪器的测试值是一致的。

6.2.3　化学位移的测定

如上所述，测定化学位移有两种实验方法：一种是采用固定照射的电磁波频率，连续改变磁场强度 B_0，从低场(低磁场强度)向高场(高磁场强度)变化，当 B_0 正好与分子中某一化学环境的核的共振频率满足公式(6.6)的共振条件时，就产生吸收信号，在谱图上出现吸收峰。这种方式称为扫场。另一种是采用固定磁场强度 B_0 而改变照射频率 ν 的方法，称为扫频。这两种测定方法分别对应式(6.9)和式(6.10)化学位移的定义。一般仪器采用扫场的方法。

化学位移是相对于某一标准物而测定的，常用的标准物是四甲基硅烷[Tetramethylsilane，$(CH_3)_4Si$，简称 TMS]，测定时一般都将 TMS 作为内标和样品一起溶解于合适的溶剂中。但 TMS 是非极性溶剂，不溶于水。对于那些强极性试样，氢谱和碳谱测定所用的溶剂一般是氘代溶剂，即溶剂中的 ^1H 被 ^2D 所取代。常用的氘代溶剂有氘代氯仿($CDCl_3$)、氘代丙酮(CD_3COCD_3)、氘代甲醇(CD_3OD)、重水(D_2O)等。

TMS 用作标准物的优点有以下几个方面。

(1) TMS 化学性质不活泼，与样品之间不发生化学反应和分子间缔合。

(2) TMS 是一个对称结构，四个甲基有相同的化学环境，因此无论在氢谱还是在碳谱中都只有一个峰。

(3) 因为 Si 的电负性(1.9)比 C 的电负性(2.5)小，TMS 中的氢核和碳核处在高电子密度区，产生大的屏蔽效应，它产生 NMR 信号所需的磁场强度比一般有机物中的氢核和碳核产生 NMR 信号所需的磁场强度都大得多，与绝大部分样品信号之间不会互相重叠干扰。

(4) TMS 沸点很低(27℃)，容易去除，有利于回收样品。

在 ^1H 谱和 ^{13}C 谱中都规定标准物 TMS 的化学位移值 $\delta=0$，位于图谱的右边。在它的左边 δ 为正值，在它的右边 δ 为负值，绝大部分有机物中的氢核或碳核的化学位移都是正值。当外磁场强度自左至右扫描逐渐增大时，δ 值却自左至右逐渐减小。δ 值越小，表示屏蔽作用越小，吸收峰出现在高场；δ 值越大，屏蔽作用越大，吸收峰出现在低场。

6.2.4 影响化学位移的因素

化学位移值能反映质子的类型以及所处的化学环境,与分子结构密切相关,因此有必要对其进行详细的研究。

1. 诱导效应

核外电子云的抗磁性屏蔽是影响质子化学位移的主要因素。核外电子云密度与邻近原子或基团的电负性大小密切相关,电负性强的原子或基团吸电子诱导效应大,使得靠近它们的质子周围电子云密度减小,质子所受到的屏蔽效应减小,所以共振发生在较低场,δ 值较大。表 6.3 列出一些甲烷衍生物的化学位移值以及相应取代基的电负性数据。这是典型的诱导效应的例子。

表 6.3 取代甲烷的化学位移值和取代基的电负性

取代甲烷 CH_3X	CH_3F	CH_3OCH_3	CH_3Cl	CH_3Br	CH_3CH_3	CH_3H	CH_3Li
化学位移 δ	4.26	3.24	3.05	2.68	0.88	0.2	−1.95
取代基 X 的电负性	4.0	3.5	3.1	2.8	2.5	2.1	0.98

电负性基团越多,吸电子诱导效应的影响越大,相应的质子化学位移值越大,如一氯甲烷、二氯甲烷和三氯甲烷的质子化学位移分别为 3.05、5.30 和 7.27。电负性基团的吸电子诱导效应沿化学键延伸,相隔的化学键越多,影响越小。例如,在甲醇、乙醇和正丙醇中的甲基随着—OH基团的距离增加化学位移向高场移动,其值分别为 3.39、1.18 和 0.93。

2. 相连碳原子的杂化态影响

碳碳单键是碳原子 sp^3 杂化轨道重叠而成的,而碳碳双键和三键分别是 sp^2 和 sp 杂化轨道形成的。s 电子是球形对称的,离碳原子近,而离氢原子较远。所以杂化轨道中 s 成分越多,成键电子越靠近碳核,而离质子较远,对质子的屏蔽作用较小。sp^3、sp^2 和 sp 杂化轨道中的 s 成分依次增加,成键电子对质子的屏蔽作用依次减小,δ 值应该依次增大。实际测得的乙烷、乙烯和乙炔的质子 δ 值分别为 0.88、5.23 和 2.88。乙烯与乙炔的次序颠倒了。这是因为下面将要讨论的非球形对称的电子云产生各向异性效应,它比杂化轨道对质子化学位移的影响更大。

3. 各向异性效应

化合物中非球形对称的电子云,如 π 电子系统,对邻近质子会附加一个各向异性的磁场,即这个附加磁场在某些区域与外磁场 B_0 的方向相反,使外磁场强度减弱,起抗磁性屏蔽作用,而在另外一些区域与外磁场 B_0 方向相同,对外磁场起增强作用,产生顺磁性屏蔽的作用。通常抗磁性屏蔽作用简称为屏蔽作用,产生屏蔽作用的区域用"+"表示,顺磁性屏蔽作用也称去屏蔽作用,去屏蔽作用的区域用"−"表示。下面讨论几个典型的各向异性效应。

1) 芳烃的各向异性效应

苯环中的 6 个碳原子都是 sp^2 杂化的，每一个碳原子的 sp^2 杂化轨道与相邻的碳原子形成 6 个 C-C σ 键，每一个的碳原子 sp^2 杂化和 6 个氢原子处于同一平面上。每一个碳原子上还有一个垂直于此平面的 p 轨道，6 个 p 轨道彼此重叠，形成环状大 π 键，离域的 π 电子在平面上下形成两个环状电子云。当苯环平面正好与外磁场 B_0 方向垂直时，在外磁场的感应下，环状电子云产生一个各向异性的磁场。在苯环平面的上下，感应磁场的方向与外磁场方向相反，造成较强的屏蔽作用（＋）；而在苯环平面的四周产生一个与外磁场方向相同的顺磁性磁场，其作用增加了外磁场，造成了去屏蔽作用（－），见图 6.4。苯环上的氢正好都处于去屏蔽区域，所以在低场共振，$\delta \approx 7.3$。

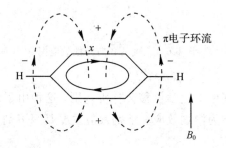

图 6.4 苯环的各向异性效应

2) 双键的各向异性效应

碳碳双键的情况与芳烃十分相似，碳原子的 sp^2 杂化形成平面分子，π 电子在平面上下形成环电流，见图 6.5。在外磁场作用下，π 电子产生的感应磁场对分子平面上下起屏蔽作用，对平面四周起去屏蔽作用，烯氢正好是处于去屏蔽区域，化学位移大约为 5～6。醛基氢也处于去屏蔽区，同时邻近还有电负性较强的氧原子存在，吸收峰出现在更加低场，δ 值约为 9～10。

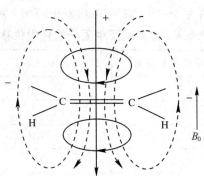

图 6.5 烯烃中双键的各向异性效应

3) 三键的各向异性效应

三键是由一个 σ 键（sp 杂化）和两个 π 键组成。sp 杂化形成线性分子，两对 p 电子相互垂直，并同时垂直于键轴，此时电子云呈圆柱状绕键轴运动，见图 6.6。炔氢正好处于屏蔽区域内，所以在高场共振。同时炔碳是 sp 杂化轨道，诱导效应使 C-H 键成键电子更靠近碳，使炔氢去屏蔽而向低场移动，两种相反的效应共同作用使炔氢的化学位移为 2～3。

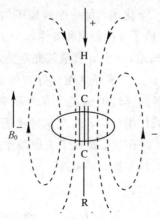

图 6.6 三键的各向异性效应图

4）氢键和溶剂效应

同一化合物在不同溶剂中的化学位移会有所差别，这种由于溶质分子受到不同溶剂影响而引起的化学位移变化称为溶剂效应。溶剂效应主要是因溶剂的各向异性效应或溶剂与溶质之间形成氢键而产生的。

6.2.5 常见基团中 ^1H 的化学位移

在归纳大量 ^1H NMR 谱测定数据的基础上，人们已经对处于不同化学环境下的各类质子化学位移有了较为完善的总结，并以各种图形、表格或经验公式等形式表示。

了解并记住常见基团中质子的化学位移，对于初步推测有机物结构类型十分必要。表 6.4 表示了常见基团中质子的化学位移，可以看到从高场到低场依次为饱和碳上的氢（δ 约为 0～2.0），相邻有电负性基团的饱和碳上的氢（δ 约为 2～4.5），炔氢（δ 约为 2～3），烯氢（δ 约为 4.5～6.0），芳氢（δ 约为 6～8），醛氢（δ 约为 9～10），羧基上的氢（δ 约为 10～12）。

表 6.4 常见基团中质子的化学位移

常见基团质子	化学位移 δ/ppm	常见基团质子	化学位移 δ/ppm
RCH_3	0.9	$Ar—H$	6.5～8
R_2CH_2	1.2	RCH_2X	3～4
R_3CH	1.5	$O—CH_3$	3.6
$=CH—CH_3$	1.7	$—OH$	0.5～5.5
$\equiv C—CH_3$	1.8	$—COCH_3$	2.2
$Ar—CH_3$	2.3	$R—CHO$	9.0～10.0
$=CH_2$	4.5～6	$R—COOH$	10～12
$\equiv CH$	2～3	$—NH_2$	0.5～4.5

6.3　自旋-自旋耦合

Gutowsty 等在 1951 年发现 $COCl_2F$ 溶液中的 [19]F 核磁共振谱中存在两条谱线。由于该分子中只有一个 F 原子，这种自然现象显然不能用化学位移来解释，由此发现了自旋-自旋耦合现象。

在讨论化学位移时，我们考虑了磁核的电子环境，即核外电子云对核产生的屏蔽作用，但忽略了同一分子中磁核间的相互作用。这种磁核间的相互作用很小，对位移没有影响，而对谱峰的形状有着重要影响。例如乙醇的 ^{1}H 的 NMR，在较低分辨率时，出现三个峰，从低场到高场分别为 OH、CH_2 和 CH_3 三种基团的 [1]H 产生的吸收信号[图 6.7(a)]。在高分辨率时，CH_2 和 CH_3 的吸收峰分别分裂为四重峰和三重峰[图 6.7(b)]。裂分峰的产生是由于 CH_2 和 CH_3 两个基团上的 [1]H 相互干扰引起的。这种磁核之间的相互干扰称为自旋-自旋耦合(Spin - Spin Coupling)。由自旋耦合产生的多重谱峰现象称为自旋裂分，耦合是裂分的原因，裂分是耦合的结果。

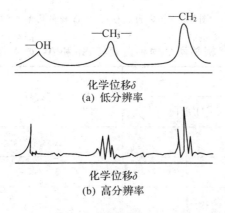

图 6.7　乙醇的核磁共振氢谱

6.3.1　自旋耦合的简单原理

考察一个自旋核 A，如果 A 核相邻没有其他自旋核存在，则 A 核在核磁共振谱图中出现一个吸收峰。峰的位置，即共振频率由式(6.8)决定。如果 A 核邻近有另一个自旋核 X 存在，则 X 核自旋产生的小磁场 ΔB 会干扰 A 核。若 X 核的自旋量子数 $I = 1/2$，在外磁场 B_0 中 X 核有两种不同取向 $m = +1/2$ 和 $m = -1/2$，它们分别产生两个强度相同(ΔB)，方向相反的小磁场，其中一个与外磁场方向 B_0 相同，另一个与 B_0 相反。这时 A 核实际受到的磁场强度不再是 $B_0(1-\sigma)$，而是 $[B_0(1-\sigma) + \Delta B]$ 或 $[B_0(1-\sigma) - \Delta B]$。因此 A 核的共振频率也不再由式(6.8)决定，而应该修正为

$$\nu_1 = \frac{\gamma}{2\pi}[B_0(1-\sigma) + \Delta B] \quad \text{和} \quad \nu_2 = \frac{\gamma}{2\pi}[B_0(1-\sigma) - \Delta B] \tag{6.12}$$

这就是说，A 核原来应在频率 ν 位置出现的共振吸收峰不再出现，而在这一位置两侧各出

现一个吸收峰 ν_1 和 ν_2(图 6.8),即 A 核受到邻近自旋量子数为 1/2 的 X 核干扰后,其吸收峰被裂分为两重峰。由于在外磁场中 X 核两种取向的概率近似相等,所以两个裂分峰的强度近似相等。在 A 核受到 X 核干扰的同时,X 核也受到来自 A 核同样的干扰,也同样被裂分成两重峰,所以自旋-自旋耦合是磁核之间相互干扰的现象和结果。如果与 A 核相邻的有两个相同的自旋核 X_1 和 X_2,它们在外磁场中各自有两种自旋取向,故出现四种不同的组合(表 6.5)。

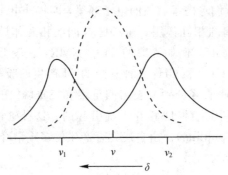

图 6.8　相邻自旋核 X 对 A 核的影响

表 6.5　相邻两个同种自旋核 X_1 和 X_2 对 A 核影响

取 向 组 合		氢核局部磁场	A 核实际受到的磁场
H 取向	H′取向		
↑	↑	$2\Delta B$	$B_0(1-\sigma)+2\Delta B$
↑	↓	0	$B_0(1-\sigma)$
↓	↑	0	$B_0(1-\sigma)$
↓	↓	$-2\Delta B$	$B_0(1-\sigma)-2\Delta B$

磁核 X_1 和 X_2 等价,因此(2)和(3)没有差别,结果只产生三种局部磁场。A 核实际受到三种不同的磁场强度作用,在三个不同的位置分别出现吸收峰,即裂分为三重峰。上述四种自旋取向的概率都一样,因此,三重峰中各峰的强度比为 1:2:1。

用同样的方法可以分析相邻存在三个相同的自旋核时,A 核实际受到四种不同磁场强度的作用而分裂为四重峰。四重峰的强度比为 1:3:3:1。

A 核和 X 核之间的耦合作用是相互的,A 核受 X 核的干扰,同时又干扰了 X 核。两条谱线之间的距离为 J,称作耦合常数(Coupling Constant)。耦合常数 J 表示耦合的磁核之间的相互干扰程度的大小,以赫兹(Hz)为单位。

6.3.2　自旋耦合作用的一般规则

耦合起源于自旋核之间的相互干扰,耦合常数 J 的大小与外磁场强度无关。耦合是通过成键电子传递的，J 的大小与发生耦合的两个（组）磁核之间相隔的化学键数目有关，也与它们之间的电子云密度以及核所处的空间相对位置等因素有关。所以 J 与化学位移值一样是有机物结构分析的重要依据。

1. 核的等价性

在讨论耦合作用的一般规则之前，必须搞清楚核的等价性质。在核磁共振中核的等价性分为两个层次：化学等价和磁等价。

1）化学等价

如果分子中有两个相同的原子或基团处于相同的化学环境时，称它们是化学等价。化学等价的核具有相同的化学位移值。通过对称性操作可以来判断原子或基团的化学等价性。

化学等价与否的一般情况如下。

(1) 因单键的自由旋转，甲基上的三个氢或饱和碳原子上相同基团都是化学等价的。

(2) 亚甲基（CH_2）或同碳上的两个相同基团情况比较复杂，需具体分析。

① 固定环上 CH_2 两个氢不是化学等价的，如环己烷或取代的环己烷上的 CH_2；

② 与手性碳直接相连的 CH_2 上两个氢不是化学等价的。

2）磁等价

如果两个原子核不仅化学位移相同（即化学等价），而且还以相同的耦合常数与分子中的其他核耦合，则这两个原子核就是磁等价的。可见磁等价比化学等价的条件更高。

例如，乙醇分子中甲基的三个质子有相同的化学环境，是化学等价的，亚甲基的两个质子也是化学等价的。同时甲基的三个质子与亚甲基每个质子的耦合常数都相等，所以三个质子是磁等价的，同样的理由，亚甲基的两个质子也是磁等价的。

2. 耦合作用的一般规则

(1) 原子核之间的自旋耦合作用是通过成键电子传递的，因此耦合常数与两个核在分子中相隔的化学键的数目和种类有关。当质子间相隔超过三个键时，相互作用力很小，耦合裂分作用可以忽略不计。

(2) 磁等价的核相互之间也有耦合作用，但没有谱峰裂分的现象。

(3) 一组磁等价的核如果与另外 n 个磁等价的核相邻时，这一组核的谱峰将被裂分为 $2nI+1$ 个峰，I 为自旋量子数。对于 ^1H 以及 ^{13}C、^{19}F 等核来说，$I=1/2$，裂分峰数目等于 $n+1$ 个，因此通常称为"$n+1$ 规律"。

(4) 如果某组核既与一组 n 个磁等价的核耦合，又与另一组 m 个磁等价的核耦合，且两种耦合常数不同，则裂分峰数目为 $(n+1)(m+1)$。

(5) 因耦合而产生的多重峰相对强度可用二项式 $(a+b)^n$ 展开的系数表示，n 为磁等价核的个数。即相邻有一个耦合核时（$n=1$），形成强度基本相等的二重峰；相邻有两个磁等价的核时（$n=2$），因耦合作用形成三重峰强度为 $1:2:1$；相邻有三个磁等价核时（$n=3$），形成四重峰强度为 $1:3:3:1$ 等。

(6) 裂分峰组的中心位置是该组磁核的化学位移值。裂分峰之间的裂距反映耦合常数

J 的大小。在测量耦合常数时应注意 J 是以赫兹(Hz)为单位,而核磁共振谱图的横坐标是化学位移值,直接从谱图上量得的裂分峰间距($\Delta\delta$)必须乘以仪器的频率才能转化为 Hz。

(7) 有机化合物中常含有其他的自旋量子数不等于零的核,如 ^2D、^{13}C、^{14}N、^{19}F、^{31}P 等,它们与 ^1H 也会发生耦合作用。^{19}F 和 ^{31}P 与 ^1H 的耦合比较重要,^{19}F、^{31}P 的自旋量子数均为 1/2,所以它们对 ^1H 的耦合符合 $n+1$ 规律。

符合上述规则的核磁共振谱图称为一级谱图。一般认为相互耦合的两组核的化学位移差 $\Delta\nu$(以频率表示,即等于 $\Delta\delta\times$仪器频率)至少是它们的耦合常数的 6 倍以上,即 $\Delta\nu/J > 6$ 时所得到的谱图为一级谱图。而 $\Delta\nu/J < 6$ 时测得的谱图称为高级谱图。$\Delta\nu/J > 6$ 的耦合称为弱耦合,而 $\Delta\nu/J < 6$ 的耦合称为强耦合。高级谱图中磁核之间耦合作用不符合上述规则。

6.4 核磁共振的信号强度

NMR 谱上信号峰的强度正比于峰下面的面积,这也是 ^1H NMR 谱提供的一个重要信息。NMR 谱上可以用积分线高度反映出信号强度。各信号峰强度之比应等于相应的质子数之比。由图 6.9 可以看出,由左到右曲线呈阶梯形(图中以虚线表示),此曲线称为积分线。它是将共振峰的面积积分而得。依据谱图上台阶状的积分曲线,每一个台阶的高度代表其下方对应的谱峰面积。由于图谱上共振峰的面积是和质子的数目成正比的,因此只要算出每组峰的积分面积的比就能确定每组峰的质子数的比,再根据总的质子数就可以计算出每组峰的质子数。

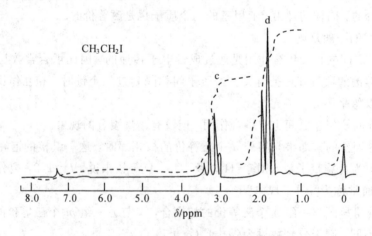

图 6.9　CDCl₃ 溶液中 CH₃CH₂I 的核磁共振谱

图 6.9 中两组峰的积分线不相连,单独标示,积分线的高度应分别测量各组积分线的上下两个平台的垂直距离。图 6.9 中 c 组峰积分线高 24 mm,d 组峰积分线高 36 mm,故可知 c 组峰为二个质子,是—CH₂;d 组峰为三个质子,是—CH₃。

图 6.10 中每组相邻峰的积分线相连,积分线的高度应分别测量对应该组峰的积分线的

上下两个平台的垂直距离。从左到右积分线的高度为 6.1：4.2：4.2：6.2，所以积分面积的比为 3：2：2：3，此亦为质子数之比。

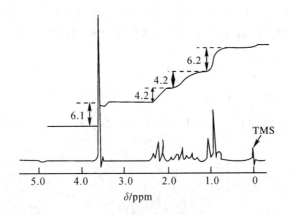

图 6.10　$C_5H_{10}O_2$ 的核磁共振谱

图 6.11 中没有表示积分曲线，但是在每组峰上面标出了数字，这些数字表示各积分曲线高度比。从左到右积分线的高度比为 2：2：1：2：6：9，所以积分面积的比为 2：2：1：2：6：9，此亦为质子数之比。

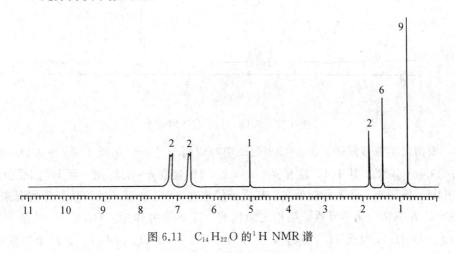

图 6.11　$C_{14}H_{22}O$ 的 ^1H NMR 谱

6.5　一级核磁共振氢谱

由前所述可知，一张 ^1H NMR 谱图能够提供三个方面的信息：化学位移值 δ、谱峰分裂及各峰面积之比。这三方面的信息都与化合物结构密切关联：化学位移反映质子的化学环境；谱峰面积比等于各峰的质子数之比；谱峰分裂反映了磁不等价质子的数目，多数情况同碳质子没有耦合作用，此时谱峰分裂数反映了邻碳上的质子数。所以 ^1H NMR 谱图的解析就是具体分析和综合利用这三种信息来推测化合物中所含的基团以及基团之间的连接顺序、空间排布等，最后提出分子的可能结构并加以验证。

6.5.1 已知化合物¹H NMR 谱图的指认

所谓"指认"就是找出¹H NMR谱图中每一个谱峰的归属,即找出谱峰与结构单元之间的关系。通过对已知化合物谱图的"指认",学会综合利用化学位移、耦合及积分曲线三种信息。下面举例说明。

例1 已知 $CH_3-\overset{\overset{\displaystyle O}{\|}}{C}-O$ （结构式） H_b （$C_4H_6O_2$）的¹H NMR谱图如图6.12所示,对该谱图进行指认。

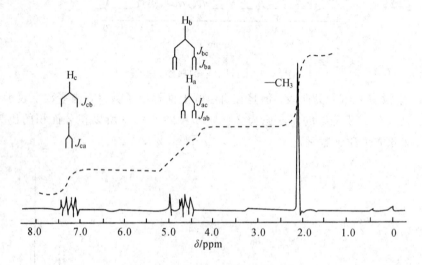

图 6.12　$C_4H_6O_2$ 的¹H NMR 谱

解　根据化学位移规律,在 $\delta=2.1$ 处的单峰应属于—CH_3的质子峰;$=CH_2$ 中 H_a 和 H_b 在 $\delta=4.0\sim5.0$ 处,其中 H_a 应在 $\delta=4.43$ 处,H_b 应在 $\delta=4.74$ 处;而 H_c 因受吸电子基团—COOH—的影响,显著移向低场,其质子峰组在 $\delta=7.0\sim7.4$ 处。从裂分情况来看:由于 H_a 和 H_b 并不完全化学等性,互相之间稍有一定的裂分作用。H_a 受 H_c 的耦合作用裂分为二($J_{ac}=6$ Hz);又受 H_b 的耦合,裂分为二($J_{ab}=1$ Hz),因此 H_a 是两个二重峰。H_b 受 H_c 的耦合作用裂分为二($J_{bc}=14$ Hz);又受 H_a 的耦合作用,裂分为二($J_{ba}=1$ Hz),因此 H_a 也是两个二重峰。H_c 受 H_b 的耦合作用裂分为二($J_{cb}=14$ Hz);又受 H_a 的耦合作用裂分为二($J_{ca}=6$ Hz);因此 H_c 也是两个二重峰。从积分线高度来看,三组质子数符合1:2:3。因此图谱解释合理。

6.5.2 氢核磁共振谱图解析

未知化合物¹H NMR谱图解析的一般步骤如下。

(1)根据分子式计算化合物的不饱和度 Ω。

(2)测量积分曲线的高度,进而确定各峰组对应的质子数目。有几种不同的方法可以采用。例如，测量出积分曲线中每一个台阶的高度（有时仪器直接给出每一组峰面积的数字值，如图 6.11 中谱峰上方的数字），然后折合成整数比；若已知分子式，可将所有吸收峰组的积分曲线高度之和除以氢原子数目，求得每个质子产生的信号强度，然后求出各个峰组的质子数；也可以用一个已经确定的结构单元为基准，然后计算其他峰组的质子数，常用作基准的结构单元有甲基、单取代苯等。由于测量积分曲线高度不可能绝对准确，在确定每个峰组的质子数时，必须注意分子可能存在的对称性以及化学结构上的合理性。例如，在高场的峰组确定为有 4、6 和 9 个质子，则分别表示分子中存在两个 CH_2、两个 CH_3 或三个 CH_2、三个 CH_3，即分子有一定的对称性。

（3）根据每一个峰组的化学位移值、质子数目以及峰组裂分的情况推测出对应的结构单元。在这一步骤中，应特别注意那些貌似化学等价，而实际上不是化学等价的质子或基团。连接在同一碳原子上的质子或相同基团，因单键不能自由旋转或因与手性碳原子直接相连等原因常常不是化学等价的。这种情况会影响峰组个数，并使裂分峰形复杂化。

（4）计算剩余的结构单元和不饱和度。分子式减去已确定的所有结构单元的组成原子，差值就是剩余单元。这一步骤虽然简单，但也必不可少，因为不含氢的基团，如羰基、醚基等在氢谱中不产生直接的信号。

（5）将结构单元组合成可能的结构式。根据化学位移和耦合关系将各个结构单元连接起来。对于简单的化合物有时只能列出一种结构式，但对于比较复杂的化合物则能列出多种可能的结构，此时应注意排除与谱图明显不符的结构，以减少下一步的工作量。

（6）对所有可能的结构进行指认，排除不合理的结构。

（7）如果依然不能得出明确的结论，则需借助于其他波谱分析方法，如紫外或红外光谱、质谱以及核磁共振谱等。

例 2　图 6.10 是化合物 $C_5H_{10}O_2$ 的核磁共振谱，试根据此图谱分析它是什么化合物。

解　（1）根据分子式计算不饱和度 $\Omega = 1 + 5 - \dfrac{10}{2} = 1$，因此化合物中有一个双键。

（2）由积分线可见，自左向右，质子峰的相对面积比为 $6.1 : 4.2 : 4.2 : 6.2 = 3 : 2 : 2 : 3$，总质子数为 10，则从左到右质子峰对应的质子数分别为 3、2、2、3。

（3）在 $\delta = 3.6$ 处的单峰，质子数为 3，是一个孤立的甲基，查阅化学位移表有可能是 CH_3O-CO- 基团。

（4）在 $\delta = 0.9$ 处的三重峰，质子数为 3，是和 $—CH_2—$ 相连的 $—CH_3$。

（5）在 $\delta = 2.2$ 处的三重峰，质子数为 2，是和 $—CO—$ 相连的 $—CH_2—$。

（6）剩余的结构单元是 $\delta = 1.7$ 处 $—CH_2—$，两边分别和 $—CH_2—$ 和 $—CH_3$ 相连，分峰数为 $3 \times 4 = 12$。

（7）将以上结构单元组合，可能的结构式为：$CH_3O—CO—CH_2—CH_2—CH_3$。

6.5.3　氢核磁共振谱图解析时的注意事项

1. 注意区分杂质峰、溶剂峰和旋转边带等非样品峰

在正常的样品中，杂质的含量远低于样品，所以杂质峰的面积也远小于样品峰，并且与样品峰面积之间不存在简单的整数比关系。

核磁共振测定时，一般都将样品溶解在某种氘代溶剂中。由于氘代溶剂不可能达到100%的同位素纯，其中微量的氢会出现相应的吸收峰。例如氘代氯仿（$CDCl_3$）中微量的氯仿（$CHCl_3$），在 $\delta = 7.27$ 处出现吸收峰。溶剂峰的相对强度与测定时样品溶液的浓度有关，当样品浓度很低时，溶剂峰就很明显。核磁共振常用氘代溶剂峰的化学位移值可参见表6.3。

旋转边带是由于核磁共振测定时样品管的快速旋转而产生的，它是以强谱峰为中心，左右等距离处出现的一对弱峰。它们与强峰之间的距离与样品管旋转速度有关。通过改变样品管的转速可以方便地确定旋转边带。在仪器工作状态良好的情况下一般不出现旋转边带。

2. 注意分子中活泼氢产生的信号

OH、NH、SH 等活泼氢的核磁共振信号比较特殊，在解析时应注意。一是活泼氢多数形成氢键，其化学位移值不固定，随测定条件在一定区域内变动；二是活泼氢在溶液中会发生交换反应。当交换反应速度很快时，体系中存在的多种活泼氢（如样品中既含羧基，又含氨基、羟基或者含有几个不同化学环境的羟基，样品和溶剂中含活泼氢等）在核磁共振谱图上只显示一个平均的活泼氢信号，而且它们与相邻含氢基团的谱峰不再产生耦合裂分现象。如果使用氘代二甲基亚砜（$(CD_3)_2SO$）为溶剂，因羟基能与它强烈缔合而使交换速度大大降低，此时可以观察到样品中不同羟基的信号以及羟基与邻碳上的质子耦合裂分的信息。根据裂分峰的个数可以区分伯、仲、叔醇。另外，当样品很纯（不含痕量酸或碱）时，交换速度也很慢，羟基同样会被邻碳质子裂分（应注意羟基与邻碳质子的耦合是相互的，所以此时邻碳质子也会被羟基耦合，原来的裂分情况会有相应的变化）。

正是因为活泼氢有以上特点，通过实验可以将它们与其他氢的信号区别开来。一种方法是改变实验条件，如样品浓度、测量温度等，吸收峰位置发生变化的就是活泼氢；另一种方法是利用重水交换反应。具体做法为：先测绘正常的氢谱，然后在样品溶液中滴加1～2滴重水并振荡，再测绘一张氢谱。由于活泼氢与重水中的氘快速交换，原来由活泼氢产生的吸收峰消失。

3. 注意不符合一级谱图的情况

一级谱图是有条件的。在许多情况下，由于相互耦合的两种质子化学位移值相差很小，不能满足 $\Delta\nu/J > 6$ 的条件，因此裂分峰形不完全符合 $n+1$ 规律。当偏离一级谱图条件很远时，谱图中裂分峰的强度比和裂分峰数目均不符合 $n+1$ 规律，这就是高级谱图。

6.6 核磁共振碳谱简介

有机化合物中的碳原子构成了有机物的骨架。因此观察和研究碳原子的信号对研究有机物有着非常重要的意义。从6.1.1节可知，自旋量子数 $I=0$ 的核是没有核磁共振信号的。由于自然界丰富的 ^{12}C 的 $I=0$，没有核磁共振信号，而 $I=1/2$ 的 ^{13}C 核，虽然有核磁共振信号，但其天然丰度仅为 1.1%，故信号很弱，给检测带来了困难。所以在早期的核磁共振研究中，一般只研究核磁共振氢谱（^{1}H NMR），直到 20 世纪 70 年代脉冲傅里叶变换核磁共振波谱仪问世，核磁共振碳谱（^{13}C NMR）的研究工作才迅速发展起来，这期间随着计算机的不断更新发展，核磁共振碳谱的测试技术和方法也在不断地改进，如偏共振耦合，可获得 ^{13}C—^{1}H 之间的耦合信息，DEPT 技术可识别碳原子级数等，因此从碳谱中可以获得极为丰富的信息。

与氢谱相比碳谱有以下特点：

（1）信号强度低。由于 ^{13}C 天然丰度只有 1.1%，^{13}C 的旋磁比 γ_C 约为 ^{1}H 的旋磁比 γ_H 的四分之一，所以 ^{13}C 的 NMR 信号比 ^{1}H 的要低得多，大约是 ^{1}H 信号的六千分之一。故在 ^{13}C 的 NMR 的测定中常常要进行长时间的累积才能得到一张信噪比较好的图谱。

（2）化学位移范围宽。^{1}H 谱的谱线化学位移值 δ 在 0～10，少数谱线可再超出约 5，一般不超过 20，而一般 ^{13}C 谱的谱线化学位移 δ 为 0～250，特殊情况下会再超过 50～100。由于化学位移范围较宽，故对化学环境有微小差异的核也能区别，这对鉴定分子结构更为有利。

（3）耦合常数大。由于 ^{13}C 天然丰度只有 1.1%，与它直接相连的碳原子也是 ^{13}C 的概率很小，故在碳谱中一般不考虑天然丰度化合物中的 ^{13}C—^{13}C 耦合，而碳原子常与氢原子相连，它们可以互相耦合，这种 ^{13}C—^{1}H 一键耦合常数的数值很大，一般在 125～250 Hz。因为 ^{13}C 天然丰度很低，这种耦合并不影响 ^{1}H 谱，但在碳谱中是主要的。所以不去耦的碳谱，各个裂分的谱线彼此交叠，很难识辨。故常规的碳谱都是质子噪声去偶谱，去掉了全部 ^{13}C—^{1}H 耦合，得到各种碳的谱线都是单峰。

（4）弛豫时间长。^{13}C 的弛豫时间比 ^{1}H 慢得多，有的化合物中的一些碳原子的弛豫时间长达几分钟，这使得测定 T_1、T_2 等比较方便。另外，不同种类的碳原子弛豫时间也相差较大，这样，可以通过测定弛豫时间来得到更多的结构信息。但也正是由于各种碳原子的弛豫时间不同，去耦造成的 NOE 效应大小不一，所以常规的 ^{13}C 谱（质子噪声去耦谱）是不能直接用于定量的。

（5）共振方法多。^{13}C 的 NMR 除质子噪声去偶谱外，还有多种其他的共振方法，可获得不同的信息。如偏共振去耦谱，可获得 ^{13}C—^{1}H 耦合信息；门控去耦谱，可获得定量信息等。因此，碳谱比氢谱的信息更丰富，解析结论更清楚。

（6）图谱简单。虽然碳原子与氢原子之间的耦合常数较大，但由于它们的共振频率相差很大，所以—CH—、—CH$_2$—、—CH$_3$ 等都构成简单的 AX、AX$_2$、AX$_3$ 体系。因此即使是不去耦的碳谱，也可用一级谱解析，比氢谱简单。

与核磁共振氢谱一样，碳谱中最重要的参数是化学位移，耦合常数、峰面积也是较为重要的参数。另外，氢谱中不常用的弛豫时间如 T_1 值在碳谱中因与分子大小、碳原子的类型等有着密切的关系而有广泛的应用，如用于判断分子大小、形状；估计碳原子上的取代数，识别季碳，解释谱线强度；研究分子运动的各向异性；研究分子的链柔顺性和内运动；研究空间位阻以及研究有机物分子、离子的谛合、溶剂化等。

核磁共振碳谱的测定方法有很多种，其中最常见的为质子噪声去耦谱，如图 6.13 为乙基苯的^{13}C-NMR 质子噪声去耦谱，在图中共出现六道谱线，且强度不一。高场两条分别为乙基基团中的甲基和亚甲基的谱线，低场四条分别为苯环上的 6 个碳原子，强度最高的 2 条谱线为苯环上 2 组化学等价的碳原子，故谱线重叠；最低的一条谱线为季碳。由此可见，在这类谱中，每一种化学等价的碳原子只有一条谱线，原来被氢耦合分裂的几条谱线并为一条，谱线强度增加。这种由于去耦使得谱线增强的效应称为核 Overhauser(NOE)效应。但是由于不同种类的碳原子 T_1 值不相等，NOE 效应也不相等，因此对峰强度的影响也就不一样，故峰强度不能定量地反映碳原子的数量。所以在质子噪声去耦谱中只能得到化学位移的信息。

一般来说，碳谱中的化学位移 δ_c 是最重要的参数。它直接反映了所观察核周围的基团、电子分布的情况，即核所受屏蔽作用的大小。碳谱的化学位移对核所受的化学环境是很敏感的，它的范围比氢谱宽得多，一般在 0～250 ppm。对于相对分子质量在 300～500 的化合物，碳谱几乎可以分辨每一个不同化学环境的碳原子，而氢谱有时却严重重叠。

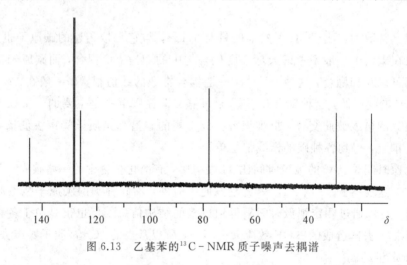

图 6.13　乙基苯的^{13}C-NMR 质子噪声去耦谱

6.7　固体高分辨核磁共振波谱简介

6.7.1　概述

本章前几节讨论的均为液体高分辨核磁共振波谱，主要用于研究液体状态下或溶剂中物质的化学结构。但在实际工作中，许多科学工作者往往需要直接测定固体状态下的高分辨核磁共振波谱，主要原因为：许多样品不能直接溶解于任何溶剂或在不破坏其性状或结构的情况下不能完整地溶解于任何溶剂；有些样品虽可溶(或熔融)，但溶解(或熔融)后的溶液已不能反映原来的物质状态；固体物质所感受的各向异性作用包含着许多重要的信息，把这些信息丢掉非常可惜。如物体在固态时特有的相结构、相变、固态链构象、分子运动等在液体情况下则无从观察。固体高分辨核磁共振技术起始于 20 世纪 70 年代初，它能够提供非常丰富细致的结构信息,随着磁体以及脉冲技术的不断发展,目前已被广泛地用于研究高分子聚合物、酶、分子筛催化剂、陶瓷、玻璃、木头、纤维以及生物细胞膜等。

1. 基本原理

一般来说,外磁场中核所受到的相互作用主要有以下五项:

(1) 核自旋体系与外磁场间的相互作用,一般在 10^8 Hz 数量级,是这些作用中最大的一项。

(2) 核外电子云对核的屏蔽,即化学位移项,其数量级一般在 10^3 Hz。

(3) 核的四极矩相互作用,对于 $I=1/2$ 的核,此项基本无影响,在此不作讨论。

(4) 核与核之间的直接耦合作用,也称为偶极-偶极相互作用,其数量级一般在 10^4 Hz。

(5) 核自旋间的间接耦合作用,即耦合作用,数量级一般在 $10\sim100$ Hz,是相互作用中最小的一项。

在液体核磁共振波谱中,溶液中的样品分子高速运转、翻转,其结果平均了分子中化学位移的各向异性,并使得偶极-偶极相互作用平均为零,因此对于 $I=1/2$ 的核,仅需考虑核自旋体系与外磁场间相互作用以及核自旋间的间接耦合作用,可得到尖锐的谱线和高分辨图谱。但对于固体样品,分子相对静止在刚性晶体中,分子运动受到限制,因此产生化学位移各向异性,可使谱宽增宽小于 10 kHz,而邻核之间强烈的偶极-偶极相互作用,则是谱线增宽的主要因素。对于 $I=1/2$ 的^{1}H 核,会使谱线增宽约 50 kHz,而此时耦合作用与偶极-偶极相互作用相比很小,故不重要。因此在固体核磁共振波谱中,对于 $I=1/2$ 的核,除了要考虑核自旋体系与外磁场间的相互作用外,还要考虑化学位移各向异性以及邻核之间的偶极-偶极相互作用而引起的谱线增宽。

2. 偶极-偶极相互作用

邻核之间偶极-偶极相互作用是固体核磁共振谱线增宽的主要因素,产生的谱线增宽为均匀增宽。现以一对孤立的自旋为 1/2 的质子对来讨论。由于每个质子磁矩除受外磁场 B_0 的作用外,还将受到另一个质子磁矩的作用,因此类似于 J 耦合作用而产生谱线裂分。单晶样品中核的取向一致,可得到尖锐的双重谱线。多晶粉末样品中则由于存在各种取向而引起共振频率散开,因此得到的是很宽的带状谱线。当核间矢量与外磁场之间的夹角为某一特殊值时,谱线不再裂分,得到一张清晰谱图的理想状况,这一角度称为魔角(MagicAngle)。

3. 化学位移各向异性

由 6.2.1 节中已知化学位移的产生是由于核外电子云对原子核的屏蔽作用,因此当核的电子环境在外磁场中的取向不同时,其屏蔽情况也就不同,由此产生化学位移各向异性。化学位移各向异性是造成固体核磁共振谱线增宽的另一个主要因素,由此引起的谱线增宽为非均匀增宽(有许多窄线叠加引起的增宽)。在液体核磁共振中,由于分子的快速运动,化学位移是各向同性的,常用单一的化学位移来表征化合物中的一个核或一组等价的核,而在固体核磁共振中,由于化学位移各向异性,化合物中的一个核往往会表现出多个化学位移值。如对二甲氧基苯,其液体^{13}C - NMR 谱由于分子在溶液中快速翻转，并绕其单键快速旋转，因此 2 个甲氧基彼此等价，同样 2 个取代位置上的芳碳彼此等价以及 4 个未取代的芳碳也是等价的，故只出现 3 条谱线。而其固体 $^{13}C-CP/MAS-NMR$ 谱则因为分子的运动受到晶格的限制，而引起的以上相同基团环境上的差别，出现 8 条可分辨的谱线。

6.7.2　应用

由于外磁场中核的各种相互作用，固体核磁共振谱线将严重增宽。如对 ^1H 来说，邻核之间强烈的偶极-偶极相互作用会使谱线增宽约 50 kHz，大大超出了 ^1H 核的共振范围，普通的固体核磁共振 ^1H 谱将是一条覆盖整个宽谱的谱线，无法解析，一般不做检测。因此固体核磁共振通常检验的是一些 $I=1/2$ 的天然丰度较低的稀核，如 ^{13}C、^{29}Si、^{15}N 等。要获得一张好的固体高分辨核磁共振图谱，首先要解决的问题是如何使谱线尽可能窄化，其次是如何增强稀核的信号，提高灵敏度，解决 T_1 太长的问题。目前固体 NMR 主要采用以下三种技术。

1. 强功率的偶极去耦技术（Dipolar Decoupling，DD）

这一技术用于消除异核间的偶极-偶极相互作用，主要是 ^1H 核与其他核如 ^{13}C、^{29}Si、^{15}N 之间的偶极-偶极相互作用。由于固体的偶极-偶极耦合常数比液体的自旋-自旋耦合常数大得多，因此需要用强功率去耦，例如 100 W，在液体实验中去耦功率仅为几瓦。

2. 魔角旋转技术（Magic Angle Spinning，MAS）

这一技术用于消除化学位移各向异性。对于固体粉末样品，即使应用强功率的偶极去耦技术，还存在着化学位移各向异性，因此有的谱线仍然很宽，相互重叠，难以解析。前已述及，偶极-偶极相互作用引起的谱线裂分取决于核的取向与外磁场的夹角的大小，而化学位移张量取决于三个主轴与外磁场之间夹角的大小，当夹角约为 54.74° 时，就能消除偶极-偶极相互作用和化学位移各向异性。因此若将样品管倾倒，使之旋转轴与磁场方向的夹角为 54.74°，即为魔角状态，快速旋转，便能使谱线窄化，这就是魔角旋转技术。

3. 交叉极化技术（Cross Polarization，CP）

这一技术用于增强稀核的信号，提高灵敏度，解决 T_1 太长的问题。固体核磁共振通常检测的是一些 $I=1/2$ 的稀核，如 ^{13}C、^{29}Si、^{15}N 等，所以检测到的信号灵敏度很差，常常需要进行多次（几千甚至上万次）累加，由于某些自旋体系里核自旋的 T_1 较长，故在实验中重复扫描的时间间隔也将很长（一般重复扫描的时间间隔应大于 5 倍的弛豫时间），采集一张信噪比较好的图谱往往需要花费很长时间。极化转移技术（Polarization Transfer，PT）利用稀核和丰核之间存在的强偶极-偶极耦合现象（如 ^{13}C 与 ^1H），将丰核（^1H）较大的自旋状态极化转移给较弱的稀核（^{13}C），使稀核（^{13}C）极化而迅速恢复平衡，一方面提高了稀核的检测灵敏度，另一方面可减少重复扫描的时间间隔，从而大大地缩短了实验时间。在固体 NMR 中采用的极化转移比较特殊，称为交叉极化。典型的有机分子用了交叉极化后，^{13}C 信号强度可提高 4 倍以上。

这三种技术一般常结合起来使用。图 6.14 为化合物 184,4 -双[2，3 -（二羟基丙酮化物)丙氧基]偶苯酰的固体^{13}C谱,由图 6.14 可知,高功率去耦(DD)＋交叉极化(CP)＋魔角旋转(MAS)可获得分辨率较高的固体谱。

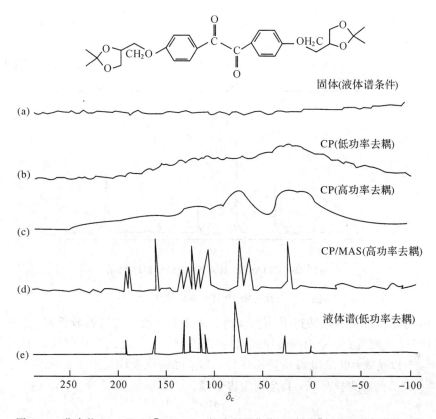

图 6.14　化合物 18 4,4-双[2,3-(二羟基丙酮化物)丙氧基]偶苯酰的固体^{13}C谱

4. 旋转边带消除和识别

随着固体核磁技术的发展,目前固体核磁共振技术与液体一样可测定各种类型的一维谱、二维谱以及三维谱,它们的解谱方法与液体谱类似。只是由于在测定固体图谱时,样品需快速旋转,因此某些原子核的共振谱线(如^{13}C谱中羰基、芳烃碳原子等)可能会产生较强的旋转边带(液体谱中旋转边带较弱,且易识别),从而干扰图谱的解析,故在图谱测定和解析时应特别注意旋转边带的消除或识别。常用的方法有边带压制技术(Total Suppression of Spinning Sidebands,TOSS)、提高转速以及改变转速等。边带压制技术是在采样通道中加入 TOSS 脉冲序列,从而压制边带。图 6.15 为化合物 19 甘氨酸的固体^{13}C谱。

对于场强较低的仪器,由于其谱宽的频率较低,可采用提高样品转速的方法,使边带峰位置超出谱宽,从而消除边带的干扰。但由于样品转速是不能无限提高的,故此方法对高场仪器不适合。

改变转速的方法是利用了边带峰位置随样品转速变化而样品峰位置不变的原理,通过多次改变转速,观察图谱中峰位置变化情况,从而判断出哪些峰为边带峰,哪些峰为样品

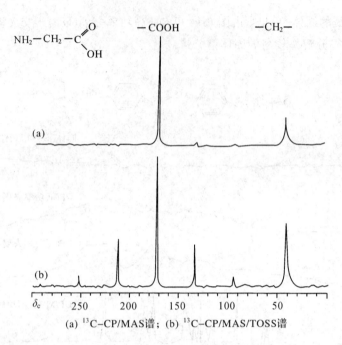

(a) ^{13}C–CP/MAS谱；(b) ^{13}C–CP/MAS/TOSS谱

图 6.15　化合物 19 甘氨酸的固体^{13}C 谱

峰。图 6.16 为蒙脱石在不同转速下的^{27}Al 谱。由图中可见，当转速较低时（图 6.16(a)），谱图中峰较多，也较为致密，而当转速提高后（图 6.16(b)），谱图中峰明显减少，且较为稀疏，除 $\delta=4.5$ 以及 $\delta=68.2$ 处峰位置不变外，其余峰的位置均发生了变化，故可推出 $\delta=4.5$ 以及 $\delta=68.2$ 处峰为样品峰，其余则为边带峰。

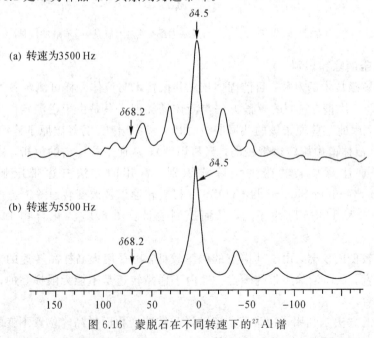

图 6.16　蒙脱石在不同转速下的^{27}Al 谱

习　题

6.1　在 ^1H、^2H、^{12}C、^{14}N 和 ^{28}Si 中，哪些核没有核磁共振现象，为什么？

6.2　^1H 和 ^{13}C 的磁旋比分别为 $26.75 \times 10^7 T^{-1} \cdot s^{-1}$ 和 $6.73 \times 10^7 T^{-1} \cdot s^{-1}$，当磁场为 11.7440T 时，它们的共振频率是多少？

6.3　什么是化学位移？为什么不用核的共振频率(Hz)表示化学位移？

6.4　简述自旋耦合和自旋裂分产生的原因以及在化合物结构解析中的应用。

6.5　在核磁共振波谱法中，常用 TMS(四甲基硅烷) 做内标来确定化学位移，这样做有什么好处？

6.6　某有机化合物相对分子质量为 88，元素分析结果其质量组成为 C：54.5%、O：36、H：9.1%，NMR 图谱表明：a 组峰是三重峰，$\delta \approx 1.2$，相对面积=3；b 组峰是四重峰，$\delta \approx 2.3$，相对面积=2；c 组峰是单重峰，$\delta \approx 3.6$，相对面积=3。

(1) 试求该化合物各元素组成比。

(2) 确定该化合物的最可能结构并说明各组峰所对应的基团。

6.7　当采用 90 MHz 频率照射时，TMS 和化合物中某质子之间的频率差为 430 Hz，这个质子吸收的化学位移是多少？

6.8　在使用 200 MHz 的 NMR 波谱仪时得到某试样中的质子的化学位移值为 6.8，试计算在 300 MHz 的 NMR 波谱仪中同一质子产生的信号所在位置为多少 Hz？

6.9　$C_4H_8Br_2$ 的核磁共振谱峰数如下：$\delta_1 = 1.7$，双峰 $\delta_2 = 2.3$，三重峰 $\delta_3 = 3.5$，四重峰 $\delta_4 = 4.3$，六重峰。这四种峰的面积比依次为 3：2：2：1。试写出该化合物的结构式，用数字 1、2、3、4 标明相应的碳原子，并作简明解释。

6.10　判断下列化合物的核磁共振图谱(氢谱)。

$$\begin{array}{ccc} Br & & CF_2Br \\ & \diagdown \underset{|}{C} \diagup & \\ CH_3 & & CH_2Br \end{array}$$

6.11　化合物 $C_3H_6O_2$ ^1H-NMR 谱图如下：(1) 有 3 种类型质子；(2) a：$\delta = 1.2$，三重峰；b：$\delta = 2.4$ 四重峰；c：$\delta = 10.2$，单峰；(3) 峰面积之比 a：b：c=3：2：1；请写出它的结构式，并解释原因。

6.12　分子式为 $C_5H_{11}Br$ 的化合物有下列 NMR 谱数据：

δ	质子数	信号类型
0.80	6	二重峰
1.02	3	二重峰
2.05	1	多重峰
3.53	1	多重峰

该化合物结构是什么？

6.13　试推测分子为 $C_8H_{18}O$，在 NMR 谱中只显示一个尖锐单峰的化合物结构。

6.14　化合物 a、b、c 分子式均为 $C_3H_6Cl_2$，它们的 NMR 数据如下，试推测 a、b、c 的结构。

a	b	c
$\delta=5.3$，1H，三重峰	$\delta=2.8$，2H，五重峰	$\delta=5.0$，1H，多重峰
$\delta=2.0$，2H，多重峰	$\delta=1.6$，4H，三重峰	$\delta=3.2$，2H，二重峰
$\delta=1.0$，3H，三重峰		$\delta=1.6$，3H，二重峰

6.15　化合物 A，分子式为 $C_5H_{11}Br$. NMR 谱：6H，二重峰，$\delta=0.80$，3H，二重峰，$\delta=1.02$；1H，多重峰，$\delta=2.05$；1H，多重峰；$\delta=3.53$。请写出该化合物的结构。

6.16　分子式为 $C_4H_7Br_3$ 的化合物在 ^1H-NMR 图上在 $\delta=2.0$ 与 $\delta=3.9$ 处，有两个单峰，其峰面积之比为 3:4，请写出该化合物的结构式。

6.17　一个卤代烃，分子式为 $C_5H_{10}Br_2$，测得 ^1H-NMR 图谱如下：

(1) 有三种类型质子；

(2) NMR 数据如下：

化学位移	峰裂分
a：$\delta=1.3$	多重峰
b：$\delta=1.85$	多重峰
c：$\delta=3.35$	三重峰

(3) 峰面积之比为 a:b:c=1:2:2。

请写出它的结构式，并进行分析。

第 7 章　质 谱 分 析 法

质谱法（Mass Spectrometry，MS）是通过将试样分子裂解为分子离子和各种离子碎片的集合，并按质荷比（m/z）大小进行分离、记录其信息的分析方法。目前质谱法是唯一可以提供相对分子质量信息和确定分子式的分析方法。

质谱法具有分析速度快，灵敏度高以及谱图解析相对简单的优点。在有机化合物结构分析方面，质谱法是测定相对分子质量、分子式或元素组成以及阐明分子结构的重要手段，根据质谱图提供的信息可以进行多种有机物及无机物的定性和定量分析、复杂化合物的结构分析、试样中各种同位素比的测定及固体表面的结构和组成分析等。目前质谱法已广泛地应用于化学、化工、石油、材料、生命、环境、地质、能源、医药等各个领域。

7.1　质谱分析的基本原理

质谱不是光谱，是物质的质量谱。质谱中没有波长和透光率，而是离子流或离子束的运动，有类似于光学中的聚焦和色散等离子光学概念，其工作原理如图 7.1 所示。

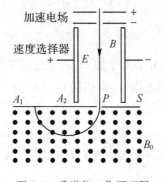

图 7.1　质谱仪工作原理图

分子电离后形成的离子经电场加速从离子源引出，加速电场中获得的电离势能 zeU 转化成动能 $\frac{1}{2}mv^2$，两者相等，即

$$zeU = \frac{1}{2}mv^2 \tag{7.1}$$

式中，m 为离子的质量，v 为离子被加速后的运动速度，z 为电荷数，e 为元电荷（即基本电荷，$e=1.60\times10^{-19}$C），U 为加速电压。

具有速度 v 的带电粒子进入质谱分析器的电磁场中，就存在沿着原来射出方向直线运动的离心力（mv^2/R）和磁场偏转的向心力（$Bzev$）作用，两合力使离子呈弧形运动，二者达到平衡

$$\frac{mv^2}{R} = Bzev \tag{7.2}$$

式中，e、m、v 与前式相同；B 为磁感应强度；R 为离子经磁场偏转后做圆周运动的半径。

整理得

$$v = \frac{BzeR}{m} \tag{7.3}$$

代入方程（7.1）中，可得

$$\frac{m}{z} = \frac{B^2R^2e}{2U} \tag{7.4}$$

此式为基本公式，化为实用公式则为

$$RB = 144\sqrt{\frac{mU}{z}} \tag{7.5}$$

式中单位：R 为厘米（cm），B 为特斯拉（T），U 为伏特（V），m 为原子质量单位。

离子在磁场作用下运动的轨道半径为

$$R = \frac{144}{B}\sqrt{\frac{mU}{z}} \tag{7.6}$$

此式可用来设计或核算一台质谱仪器的质量范围。当 R 一定时，式（7.4）可简化为

$$\frac{m}{z} = K\frac{B^2}{U} \tag{7.7}$$

式中，K 为常数。

方程（7.7）说明：磁质谱仪器中，离子的 m/z 与磁感应强度的平方成正比，与离子加速电压成反比。可以保持 B 恒定而改变 U（电扫描），或保持 U 恒定而改变 B（磁扫描）来实现离子分离，后者是常用的工作方式。

7.2 质谱法的分类

从研究对象来看，质谱法可以分为原子质谱法（Atomic Mass Spectrometry）和分子质谱法（Molecular Mass Spectrometry）。本章重点介绍的是分子质谱。

按研究样品的性质或应用领域可将质谱划分为同位素质谱、无机质谱、有机质谱，此外还有二次离子质谱，氦质谱等。

按质谱仪器设计原理（主要是质量分析器类型），可将其分为静态仪器和动态仪器两大类。

按离子源或离子化技术分类，可将质谱分为高频火花电离质谱、离子探针质谱、电子轰击质谱、快原子轰击质谱等。

7.2.1　分子质谱法与原子质谱法的比较

分子质谱和原子质谱的原理和仪器总体结构基本相同，但因研究对象不同，其仪器各部分结构、技术和应用与原子质谱又有很大差别。

1. 获得的信息量大

原子质谱一般提供元素及其同位素原子质量，其图谱简单，信息量较少；分子质谱可给出分子离子、碎片离子、亚稳离子等多种离子及其相互关系，说明分子裂解机理，图谱一般较为复杂，可提供分子相对质量、官能团、元素组成及分子结构等多种信息。

2. 进样方式多样化

原子质谱的被分析试样可直接作为离子源的一个或两个电极，常无独立进样器。以有机化合物为代表的分子质谱涉及试样种类繁多，存在形态有气体、液体、固体，相对分子质量范围宽，热稳定性差，多以混合物形式存在，这些均不同于无机元素。因此，分子质谱有多种进样系统和方式，技术比较复杂。

3. 多种离子化技术

无机元素质谱一般采用高温热电离、火花电离等比较激烈且较成熟的离子化技术；而有机分子一般不耐高温，宜采用能量相对较低的粒子流电离，为了获得分子离子及其他各种碎片离子等，发展出许多适应不同结构分子的离子源和离子化技术。离子化技术是促进分子质谱发展的重要推动力。

4. 质量范围大

原子质谱测定质量范围在元素周期表各元素的同位素原子相对质量范围内，最大也只有几百；而分子质谱研究质量范围一般为 $10^1 \sim 10^3$，可高达数万到数十万，比原子质谱质量范围高 2～3 个数量级。

5. 发展历程差异

在质谱法近 100 年发展史中，前期主要是原子质谱，近 50 年才有分子质谱出现和不断发展。当今原子质谱技术已相对成熟，基本能满足实际需要；而分子质谱不及原子质谱成熟，还有很大的发展空间。

7.2.2　分子质谱表示法

质谱仪获得按质荷比(m/z)从小到大排列的质谱。一般给出的质谱数据有两种形式：一种是棒状图即质谱图，另一种是质谱表。质谱图是以质荷比为横坐标，相对强度为纵坐标。一般将原始质谱图上最强的离子峰作为基峰，并定其相对强度为 100%，其他离子峰强度以对基峰强度的相对百分数表示，如图 7.2 所示。质谱表是用表格形式表示的质谱数据，如表 7.1 所示。

表 7.1 蟾毒色胺质谱表

m/z	41	42	43	56	57	58	59	60	63	64	65	66	76
相对强度	5	30	10	5	12	100	40	1	7	1	10	2	3
m/z	77	78	88	89	90	91	92	101	102	103	104	105	115
相对强度	12	4	1	9	5	15	2	2	4	6	3	5	2
m/z	116	117	118	119	128	129	130	131	132	133	144	145	146
相对强度	4	9	5	2	5	1	12	2	3	2	2	5	37
m/z	147	148	157	158	159	160	161	201	202	203	204	205	
相对强度	6	1	1	5	13	13	3	2	3	2	44	7	

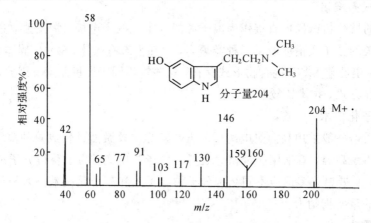

图 7.2 蟾毒色胺质谱图

7.3 质谱中的离子

7.3.1 质谱术语

1. 质荷比(m/z)

质荷比是离子的质量和该离子所带静电单位数的比值。

2. 基峰和相对强度

质谱图中最强峰称为基峰。设质谱图中最强峰的高度为 100%，以此峰高度去除其他各峰的高度，所得的分数即为各离子的相对强度，又称为相对丰度。

3. 质量的概念

质谱仪主要测量以原子质量单位(u)表示的化合物的相对质量 M。在质谱法中使用三种不同的质量概念，它们是平均质量、标称质量和精确质量。

平均相对质量由化学组成的平均相对原子质量计算而得，仅在大分子的质谱分子中有一定的意义。标称相对质量由在自然界中最大丰度同位素的标称相对原子质量计算而得，而精确相对分子质量是用自然界中最大丰度同位素的精确相对原子质量计算而得的。精确相对原子质量是以 ^{12}C 同位素的质量 12.0000 为基准而确定的。

7.3.2　质谱中的离子类型

1. 分子离子

分子经电子轰击，失去一个电子所形成的正离子叫分子离子。

$$M + e^- \rightarrow M^{+\cdot} + 2e^- \tag{7.8}$$

式中，$M^{+\cdot}$ 是分子离子，分子离子为奇电子离子（自由基阳离子）。分子离子的 m/z 在数值上就是化合物的相对分子质量，据其相对丰度可判断此化合物的类型。因此，分子离子在化合物质谱的解释中具有特殊重要的意义。

2. 准分子离子

由软电离技术产生的质子或其他阳离子的加合离子，如 $[M+H]^+$、$[M+Na]^+$、$[M+K]^+$ 以及去质子化或其他阴离子加合离子，如 $[M-H]^-$、$[M+X]^-$ 等称为准分子离子。

3. 同位素离子

大多数元素都是由具有一定自然丰度的同位素组成的。这些元素形成化合物后，其同位素就以一定的丰度出现在化合物中。因此，化合物的质谱中就会有不同同位素形成的离子峰，通常把由同位素形成的离子峰叫同位素峰。

4. 多电荷离子

分子中带有不止一个电荷的离子称为多电荷离子。当离子带有多电荷时，其质荷比下降，因此可以利用常规的四极质量分析器来检测相对分子质量大的化合物。

5. 碎片离子

碎片离子是分子离子或准分子离子碎裂产生的。当然，碎片离子还可以进一步碎裂形成更小的离子。

6. 重排离子

经过重排反应产生的离子，其结构并非分子中原有。在重排反应中，化学键的断裂和生成同时发生，并丢失中性分子或碎片。

7. 亚稳离子

在飞行过程中发生裂解的母离子称为亚稳离子。由于母离子中途已经裂解生成某种离子和中性碎片，记录器中只能记录到这种子离子，也称这种离子为亚稳离子，由它形成的质谱峰为亚稳峰。

7.3.3　分子离子

在质谱中分子离子具有特别重要的意义，对于单电荷离子，分子离子的质荷比 (m/z) 就是化合物的相对分子质量。根据分子离子的强度以及与碎片离子的关系可以判断化合物的类型及可能含有的基团。由分子离子及同位素峰的相对丰度或由高分辨质谱仪可以测定化合物的精确相对分子质量，进而推导出化合物的元素组成和分子式。

1. 分子离子的产生

在离子源中有机化合物分子失去一个电子所形成的离子叫分子离子。

$$M^+ \rightarrow M^{+\cdot} + e^- \tag{7.9}$$

式中，$M^{+\cdot}$ 离子是分子离子。由于分子离子是失去一个电子形成的，因此，分子离子是自由基离子。通常把带有未成对电子的离子称为奇电子离子（$OE^{+\cdot}$），并标以"＋·"，把外层电子完全成对的离子称为偶电子离子（EE^+），并标以"＋"，分子离子一定是奇电子离子。分子在电离时将优先失去杂原子上的非成键电子，其次是 π 电子，较难失去的是 σ 电子。分子离子是化合物分子失去一个电子形成的，因此，分子离子的质荷比在数值上就是化合物的相对分子质量，所以分子离子在化合物质谱的解释中具有特殊的重要意义。分子离子峰一般为质谱图中质荷比（m/z）最大的峰，由于分子离子峰的稳定性不同，所以质谱图中质荷比（m/z）最大的峰不一定就是分子离子峰。

2. 分子离子强度与化合物结构的关系

在质谱中，分子离子峰的强度和化合物的结构有关。环状化合物比较稳定，不易破裂，因而分子离子较强。带支链的化合物较易碎裂，分子离子峰就弱，有些稳定性差的化合物经常看不到分子离子峰。一般规律是，化合物分子稳定性差，分子离子峰弱，有些酸、醇及支链烃的分子离子峰较弱甚至不出现，相反，芳香化合物往往都有较强的分子离子峰。分子离子峰强弱的大致顺序是：芳香化合物＞共轭链烯＞烯烃＞脂环化合物＞直链烷烃＞酮＞胺＞酯＞醚＞酸＞支链烷烃＞醇。

3. 获得分子离子的方法

在很多时候分子离子峰很弱，有时甚至不出现，如果经判断没有分子离子峰或分子离子峰不能确定，则需要采取一些方法得到分子离子峰。常用的方法如下所述。

1）降低电离能量

通常电子电离源（Electron Ionization，EI）所用电子的能量为 70 eV，在高能量电子的轰击下，某些化合物很难得到分子离子。这时可采用 10～20 eV 左右的低能电子，虽然总离子流强度会大大降低，但有可能得到一定强度的分子离子峰。

2）制备衍生物

某些化合物不易挥发或热稳定性差，可以进行衍生化处理。例如，可将某些有机酸制备成相应的酯，酯类容易汽化，而且易得到分子离子峰，由此来推断有机酸的相对分子质量。

3）采取软电离方式

软电离方式很多，如化学电离源、快原子轰击源、场解吸源及电喷雾源等。要根据试样的特点选用不同的离子化方式。软电离方式得到的往往是准分子离子，由准分子离子来推断出化合物的相对分子质量。

7.3.4 碎片离子

分子失去一个电子形成分子离子 $M^{+\cdot}$，如果分子离子具有过剩的能量，就会发生进一步断裂产生碎片离子。当然,碎片离子还可以进一步碎裂形成更小的离子。分子离子进一步断裂反应可能产生丢失一个中性分子的奇电子离子或丢失一个中性自由基的偶电子离子,如下式所示:

$$M^{+\cdot} \rightarrow OE^{+\cdot} + N \tag{7.10}$$

$$M^{+\cdot} \rightarrow EE^{+} + N^{\cdot} \tag{7.11}$$

奇电子离子($OE^{+\cdot}$)有两个活泼的反应中心,即电荷中心和自由基中心,而偶电子离子($EE^{+\cdot}$)只有电荷中心。分子离子的断裂和碎片离子的进一步碎裂都是由这些中心引发的。由于将配对电子拆开需要较高的能量,离子断裂时发生键均裂的活化能也相对较高,因此奇电子离子和偶电子离子均优先丢失偶电子碎片。当然分子离子也可能失去一个自由基而生成偶电子离子。自由基的生成热比结构近似的中性分子高,这就意味着断裂反应生成的偶电子离子的生成热较低。一般情况下,断裂反应只在活性中心的邻近发生,因此对于由活性中心引发的断裂反应,确定活性中心在离子中的位置是非常重要的。

1. "半异裂"、"异裂"、"均裂"及表示法

在离子断裂过程中,如果自由基离子的一个孤电子转移到一个碎片上,这种断裂叫"半异裂",用一个鱼钩状的半箭号"⌒"表示孤电子转移的途径;在离子断裂过程中,如果一个键断开时的一对电子同时转移到同一个碎片上,这种断裂叫"异裂",用一个完整的箭号"⟶"表示一对电子的转移;如果一个键断开时的一对电子分别转移到所断裂的两个碎片上,这种断裂叫"均裂",用两条不同方向的鱼钩状半箭号"⌒ ⌒"表示两个电子的不同转移方向。

2. 断裂的基本规则

1) 产生电中性小分子的断裂优先

离子在断裂中若能产生 H_2、CH_4、H_2O、C_2H_4、CO、NO、CH_3OH、H_2S、HCl、$CH_2=C=O$、CO_2 等电中性小分子产物,将有利于这种断裂途径的进行,产生比较强的碎片离子峰。

2) 斯蒂文森规则

$OE^{+\cdot}$ 离子裂解时电离能较低的碎片离子有较高的形成概率。

3) 最大烷基丢失原则

同一前体离子总是失去较大基团的断裂过程占优势。

3. 碎片离子的稳定性

从化学热力学角度出发,在分子离子断裂过程中能够产生稳定碎片离子的过程总是优先进行,观测到的碎片离子丰度也高。碳正离子的稳定性有如下顺序:

$$叔碳正离子 > 仲碳正离子 > 伯碳正离子 > 甲基正离子$$

这是因为叔离子上的正电荷被三个烷基的超共轭效应所分散,叔碳正离子电荷的分散程度最高,所以其最稳定,而甲基正离子没有烷基的超共轭效应,所以稳定性最低。所以烃类化合物多在有较多支链的碳原子处发生断裂,且优先丢失较大的烷基。当存在 $\pi - \pi$ 共轭时,会使碎片离子更稳定。

4. 电子轰击质谱(EIMS)的断裂类型

1) 游离基引发的断裂(α断裂)

游离基对分子离子断裂的引发是由于电子的强烈成对倾向造成的。由游离基提供一个奇电子与邻接原子形成一个新键,与此同时,这个原子的另一个键(α键)断裂,这种断裂通常称为α断裂。

2) 正电荷引发的i断裂

诱导断裂是正电荷诱导、吸引一对电子而发生的断裂,其结果是正离子的转移。诱导断裂常用i来表示,双箭头表示电子转移。

$$R \overbrace{} \ddot{Z} - R' \longrightarrow R^+ + \dot{Z} - R' \tag{7.12}$$

一般情况下,电负性强的元素诱导力也强。在某些情况下,诱导断裂和α断裂同时存在,由于i断裂需要电荷转移,因此,i断裂不如α断裂容易进行。表现在质谱中,相应的α断裂的离子峰强,i断裂产生的离子峰较弱。

3) σ断裂

如果化合物分子中具有σ键,如烃类化合物,则会发生σ键断裂。σ键断裂需要的能量大,当化合物中没有π电子和n电子时,σ键断裂才可能成为主要的断裂方式。断裂后形成的产物越稳定,断裂就越容易进行。碳正离子的稳定性顺序为叔>仲>伯,因此,碳氢化合物最容易在分支处发生键的断裂,且失去最大烷基的断裂最容易发生。

4) 重排断裂

当化合物分子中含有C=X(X为O、N、S、C)基团,而且与这个基团相连的链上有γ氢原子,这种化合物的分子离子断裂时,此γ氢原子可以通过六元环过渡态转移到X原子上,同时发生β键断裂。这种断裂反应称为McLafferty重排,简称麦氏重排。凡是具有γ氢的醛、酮、酯、酸及烷基苯、长链烯等,都将发生麦氏重排。例如图7.3所示为麦氏重排。

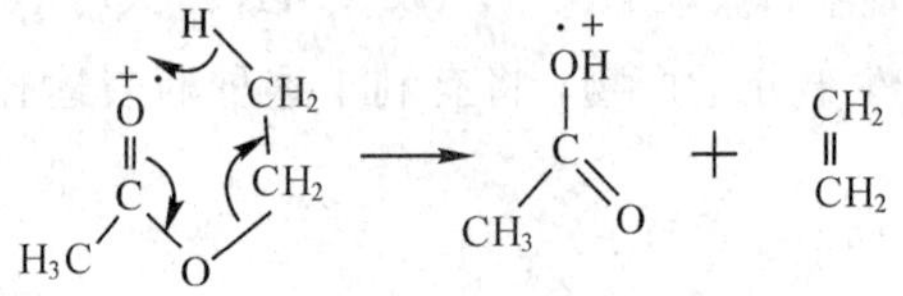

图7.3 麦氏重排

除麦氏重排外,重排的种类还有很多,经过四元环、五元环都可以发生重排。重排既可以由自由基引发,也可以由电荷引发。醚类和胺类化合物α断裂产生的偶电子离子经过四元环过渡可以发生由正电荷引发的重排反应。

7.3.5 同位素离子

在天然碳中有两种同位素,^{12}C和^{13}C,两者丰度之比为100:1.1。如果由^{12}C组成的化合物相对分子质量为M,那么,由^{13}C组成的同一化合物的相对分子质量则为$M+1$。同样一个化合物形成的分子离子会有M和$M+1$两种离子。如果化合物中含有一个碳,则$M+1$离子的强度为M离子强度的1.1%;如果化合物中含有二个碳,则$M+1$离子强度近似为M离子强度的2.2%。这样,根据M与$M+1$离子强度之比,可以估计出碳原子的个数。

　　氯有^{35}Cl 和^{37}Cl 两种同位素，两者丰度比为 100：32.5（近似为 3：1）。当化合物分子中含有一个氯时，如果由^{35}Cl 形成的相对分子质量为 M，那么，由^{37}Cl 形成的相对分子质量为 $M+2$，生成离子后，分子离子的相对分子质量分别为 M 和 $M+2$，离子强度之比近似为 3：1。再如溴有^{79}Br 和^{81}Br 两个同位素，两者丰度比为 100：98（近似为 1：1）。当化合物中含有一个溴时，如果由^{79}Br 形成的相对分子质量为 M，那么，由^{81}Br 形成的相对分子质量为 $M+2$，生成离子后，分子离子的相对分子质量分别为 M 和 $M+2$，离子强度之比近似为 1：1（见图 7.4）。

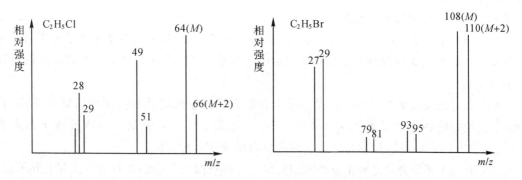

图 7.4　含氯和含溴化合物的同位素峰

　　同位素离子的强度之比，可以用二项式展开式各项之比来表示。$(a+b)^n$ 式中，a 为某元素轻同位素的丰度，b 为某元素重同位素的丰度，n 为同位素个数。例如，某化合物分子中含有两个氯，其分子离子的三种同位素离子强度之比，由上式计算得：$(a+b)^n = (3+1)^2 = 9+6+1$，即含有两个氯的化合物其同位素峰强度比为 $I_M : I_{M+2} : I_{M+4} = 9：6：1$。

7.4　质 谱 分 析 法

　　由于质谱可以确定化合物的相对分子质量、分子式甚至分子结构，所以质谱法是进行有机化合物结构鉴定的有力工具。当然，对于复杂的有机化合物的定性，还要借助于红外光谱、紫外光谱、核磁共振等进行综合解析。

　　当前质谱的解释一般采用计算机联机检索分析，但是，作为对化合物分子断裂规律的了解，作为计算机检索结果的检验和补充手段，质谱图的人工解释还有它的作用，特别是对于谱库中不存在的化合物质谱的解释。另外，在 MS 分析中，对于离子谱的解释，目前还没有现成的数据库，主要靠人工解释。因此，学习一些质谱解析方面的知识，在目前仍然是有必要的。

7.4.1　化合物的定性分析

1. 谱图解析的一般方法

化合物分子电离生成的离子质量、强度与化合物分子本身结构有密切关系。也就是说，化合物的质谱图有很强的结构信息，通过对化合物质谱峰的解析，可以推测化合物的结构。下面就质谱解析的一般方法加以说明。

(1) 由质谱的高质量端确定分子离子峰，求出相对分子质量，初步判断化合物类型及是否含有 Cl、Br、S 等元素。

(2) 根据分子离子峰的高分辨数据，给出化合物的组成式。

(3) 由组成式计算化合物的不饱和度，即确定化合物中环和双键的数目。

(4) 研究高质量离子峰，质谱的高质量端离子峰是由分子离子失去碎片形成的，通过分子离子失去的碎片可以确定化合物中含有哪些取代基。EI-MS 质谱中的一些特征碎片离子和常见的中性丢失碎片见附录 7。

(5) 研究中部质量区离子峰和亚稳离子峰时，对于复杂化合物的质谱有时还要研究中部质量区的碎片离子以及高质量端和低质量端的关系，特别要注意处于中部质量区的特征峰和亚稳峰。

(6) 研究低质量端离子峰，寻找不同化合物断裂后生成的特征离子和特征离子系列。例如，正烷烃的特征离子系列为 m/z 15、29、43、57、71 等，烷基苯的特征离子系列为 m/z 91、77、65、39 等。根据特征离子系列可以推测化合物类型。

(7) 通过上述研究，提出化合物的结构单元。再根据化合物的相对分子质量、分子式、试样来源、物理化学性质等，提出一种或几种最可能的结构。必要时，可根据红外和核磁共振数据得出最后的结果。

(8) 验证所得结果。具体验证方法有：将所得结构式按质谱断裂规律分解，看所得离子与未知物谱图是否一致；查该化合物的标准谱图，看是否与未知谱图相同；寻找试样，作标样的质谱图，与未知物谱图比较等。

2. 相对分子质量的确定

分子离子峰的 m/z 可提供准确的分子相对质量，是分子鉴定的重要依据。获得分子离子、准确地确认分子离子峰是质谱定性分析的主要方法之一。

要获得分子离子峰 M^+ 或离子-离子、离子-分子相互作用生成准分子离子峰，如质子化分子离子 $[M+1]^+$、去质子化分子离子 $[M-1]^+$、缔合分子离子 $[M+R]^+$ 等，采取的主要措施有：

(1) 对强极性、难挥发、热稳定性差的试样，制备成易挥发、热稳定的衍生物，如有机酸、氨基酸、醇可衍生化成酯、甲醚，易得到相应衍生物分子离子。

(2) 不用加热进样，而采用直接进样，分子离子峰会增强。

(3) 如采用 EI 源，可降低轰击电子的能量至 $7\sim12$ eV，裂解成碎片离子可能性降低，分子离子峰强度增加，这也是获得和确认分子离子的方法之一。

(4) 降低加热进样或直接进样汽化温度，均有利于获得分子离子峰。

(5) 采用化学电离(Chemical Ionization，CI)、场致电离(Field Ionization，FI)、快原子轰击(Fast Atom Bombardment，FAB)等软电离源离子化技术，一般可产生分子离子或准分子离子。

分子离子的形成和相对强度或稳定性，不仅与电离方法及条件有关，还决定于分子结构。分子链长增加、存在分子支链，含羟基、氨基等极性基团一般导致分子离子稳定性下降；具有共轭双键系统及芳香化合物、环状化合物的分子离子稳定性一般较强。有机化合物分子离子稳定性有如下顺序：

芳香环＞共轭烯烃＞烯烃＞脂环＞酮＞直链烃＞醚＞酯＞胺＞酸＞醇＞支链烃

在同系物中，相对分子质量越大则分子离子相对强度越小。

在质谱图中，可根据如下特点确认分子离子峰：

（1）原则上除同位素峰外，分子离子或准分子离子是谱图中最高质量峰，两者均可推导出相对分子量。

（2）它要符合氮规则。所谓氮规则是指在有机化合物分子中含有奇数个氮时，其相对分子质量应为奇数。含有偶数个（包括 0 个）氮时，其相对分子质量应为偶数。这是因为组成有机化合物的元素中，具有奇数价的原子具有奇数质量，具有偶数价的原子具有偶数质量，因此，形成分子之后，相对分子质量一定是偶数。而氮则例外，具有奇数价和偶数质量，因此，分子中含有奇数个氮，其相对分子质量是奇数，含有偶数个氮，其相对分子质量一定是偶数。例如，由 C、H、O、N 组成的化合物，分子中含奇数个氮原子，分子离子峰的质量一定是奇数。

（3）判断最高质量峰与失去中性碎片形成碎片离子峰是否合理。分子电离可能失去 H、CH_3、H_2O、C_2H_4 等碎片，出现相应的 $M-1$、$M-15$、$M-18$、$M-28$ 等碎片离子峰而不可能出现 $M-3$ 至 $M-14$、$M-21$ 至 $M-24$ 等碎片离子峰，若出现这些峰，则最高质量峰不是分子离子。

（4）当化合物含有氯和溴元素时，有时可帮助识别分子离子峰。氯和溴含有丰度较高的重同位素，Cl 中含 ^{35}Cl 为 75.77%，^{37}Cl 为 24.23%；溴中含 ^{79}Br 为 50.54%，^{81}Br 为 49.46%。因此，若分子中含有一个氯原子，则 M 和 $M+2$ 峰强度比为 3∶1；若分子中含有一个溴，则 M 与 $M+2$ 之比为 1∶1。

3. 分子式的确定

利用质谱决定分子式有两种方法：

1）由同位素相对丰度法推导分子式

有机化合物分子一般是由 C、H、O、N、S、Cl、Br 等元素组成的，这些元素大多具有同位素。由于同位素的贡献，质谱中除了有相对分子质量为 M 的分子离子峰外，还有 $M+1$，$M+2$ 的同位素峰。表 7.2 列出了各种高质量同位素与丰度比最高的低质量同位素的百分比。常见丰度比最高的低质量同位素是 ^{12}C、^{1}H、^{14}N、^{32}S、^{35}Cl 和 ^{79}Br，例如下面的 ^{13}C 1.08% 表示 $(^{13}C/^{12}C)\times100$。

表 7.2 部分常见元素的高质量天然同位素丰度

同位素	^{13}C	^{2}H	^{17}O	^{18}O	^{15}N	^{33}S	^{34}S	^{37}Cl	^{81}Br
丰度/(%)	1.08	0.016	0.04	0.20	0.37	0.78	4.40	32.50	98.0

用 I 表示质谱峰相对强度，同位素离子峰相对强度与其元素天然丰度及存在原子个数成正比。对于由 C、H、O、N 组成的分子 $C_\omega H_x O_y N_z$，同位素离子峰 $[M+1]^+$、$[M+2]^+$ 与 M^+ 的强度比值可由下式近似计算：

$$\frac{I_{M+1}}{I_M} = (1.08\omega + 0.02x + 0.37y + 0.04z)\% \tag{7.13}$$

$$\frac{I_{M+2}}{I_M} = \left[\frac{(1.08\omega + 0.02x)^2}{200} + 0.2z\right]\% \tag{7.14}$$

不同化合物的元素组成不同，其同位素相对丰度也不同。Beynon 等人将各种化合物（包括 C、H、O、N 的各种组合）的 M、$M+1$、$M+2$ 强度值编成质量与相对丰度表，称为 Beynon 表。相对分子质量 500 以下的各种组合均可查到。

由表 7.2 的数据可知，可由不同元素组成相同分子质量而分子式不同的各种化合物，I_{M+1}/I_M、I_{M+2}/I_M 的百分比都不一样。只要质谱图上得到的分子离子峰足够强，其高度和 $M+1$、$M+2$ 同位素峰高度都能准确测定，根据公式 (7.13) 和式 (7.14) 计算数据，结合氮律、碎片离子峰或其他波谱信息，即可从 Beynon 表确定分子式。

对于含有 S、Cl、Br 等同位素天然丰度比较高的元素的化合物，其同位素离子峰相对强度一般相当大，其强度比值可由 $(a+b)^n$ 展开式计算，若有多种元素存在，则以 $(a+b)^n \times (a'+b')^{n'} \times \cdots$ 计算。

例 1 某化合物质谱图确认分子离子峰 $M^+(m/z)$ 为 150，同位素峰 $M+1$、$M+2$ 分别为 151、152，三者强度依次为 100%、9.9%、0.9%，试求分子式。

解 由 $I_{M+2}/I_M = 0.9\%$，说明分子中不含 S、Cl、Br 等元素。在 Beynon 表中相对分子质量为 150 的可能分子式共有 29 个，其中 I_{M+1}/I_M 的百分比在 9%～11% 的式子有如下 7 个：

分子式	$M+1$ 峰强度	$M+2$ 峰强度
$C_7 H_{10} N_4$	9.25	0.38
$C_8 H_8 NO_2$	9.23	0.78
$C_8 H_{10} N_2 O$	9.61	0.61
$C_8 H_{12} N_3$	9.98	0.45
$C_9 H_{10} O_2$	9.96	0.84
$C_9 H_{12} NO$	10.34	0.68
$C_9 H_{14} N_2$	10.71	0.52

其中，$C_8 H_8 NO_2$、$C_8 H_{12} N_3$、$C_9 H_{12} NO$ 含有奇数个 N，因此相对分子质量应为奇数。这个化合物相对分子质量是偶数，因此这三个分子式予以排除。其余 4 个式子中，$M+1$

与 9.9％最接近的是 $C_9H_{10}O_2$。这个式子的 $M+2$ 与 0.9％最接近，因此，该分子式应为 $C_9H_{10}O_2$。

例 2　某化合物质谱图确认分子离子峰、同位素峰及强度依次为 $M^+(m/z)$ 为 104、100％，$M+1$ 为 105、6.45％，$M+2$ 为 106、4.77％，试求分子式。

解　由 $I_{M+2}/I_M=4.77\%$，百分比超过 4.40（如表 7.2），说明分子中含有 1 个 S。从 104 扣除硫的质量数 32，剩下 72。另从 $M+1$ 和 $M+2$ 峰强度的百分数中减去 ^{33}S 和 ^{34}S 的百分比，即 $M+1$ 为 6.45-0.78=5.67，$M+2$ 为 4.77-4.40=0.37。然后查 Beynon 表中相对分子质量为 72 的式子共 11 个，其中 I_{M+1}/I_M 的百分比为 5.67％的式子有如下 3 个：

分子式	$M+1$ 峰强度	$M+2$ 峰强度
C_5H_{12}	5.60	0.13
$C_4H_{10}N$	4.86	0.09
C_4H_8O	4.49	0.28

其中，$C_4H_{10}N$ 含有一个氮，质量不可能为偶数，予以排除。其他两个式子中 C_5H_{12} 的 $M+1$ 峰强度为 5.60，比较接近 5.67，因此该分子式应为 $C_5H_{12}S$。

例 2 的计算说明，利用 Beynon 表确定分子式时，表中未列入的元素应从相对分子质量中扣除这些元素所具有的质量数，并从同位素中扣除它们对同位素峰的贡献，从 Beynon 表中找到相应含 C、H、O、N 组成的分子式，然后加上扣除的元素，即为所求分子式。

2）利用高分辨质谱仪确定分子式

因为 C、H、O、N 的相对原子质量分别为 12.000 000、1.007 825、15.994 914、14.003 074，如果能精确测定化合物的相对分子质量，即可用计算机很容易地算出所含元素的原子个数。目前，傅里叶变换质谱仪、双聚焦质谱仪、飞行时间质谱仪等都能给出化合物的元素组成。

4. 化合物的结构鉴定

相对分子质量和分子式的确定是分子结构鉴定的前提。进一步鉴定分子结构大致采取如下方法：

（1）根据各类化合物分子裂解规律研究碎片离子与分子离子以及各种碎片离子之间的关系，推导分子中所含官能团、分子骨架。

（2）注意谱图中的一些重要特征离子、奇电子数的离子，并与各类化合物特征离子比较，以推导分子类型和可能存在的消去、重排反应。

（3）若有亚稳离子，根据裂解过程推导其结构。

（4）结合 UV、IR 和 NMR 等结构分析方法所提供的信息，排除不可能并确定可能的结构。

例 3　某化合物 $C_3H_6O_2(M=74)$，根据下列图谱（图 7.5）解析此化合物的结构，并说明依据。

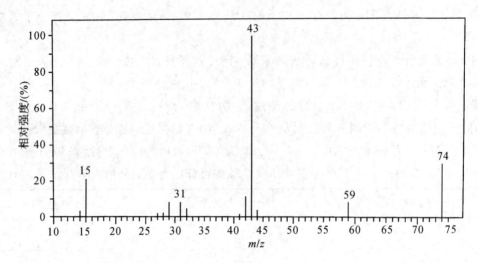

图 7.5   化合物 $C_3H_6O_2$ 的质谱

解   (1) 计算不饱和度：

$$\Omega = 1 + 3 - \frac{2}{6} = 1$$

说明可能存在一个双键或环，试样化合物存在一个羰基的可能性较大。

（2）该化合物的相对分子质量为 74。

（3）碎片离子解析及主要断裂反应如下：

	m/z	离子	主要断裂反应
碎片离子解析	74	$M^+\cdot$	（见图）
	59	$[M-CH_3^+]^+$	
	43	$[M-CH_3O^{\cdot}]^+$	
	31	$[OCH_3]^+$	
	15	CH_3^+	

（4）由以上信息可以推断其结构式为

$$\underset{\substack{\\}}{H_3C-\overset{\displaystyle O}{\overset{\|}{C}}-O-CH_3}$$

例 4   某化合物的分子式为 C_8H_8O，试根据如下图谱（图 7.6）推断其可能的结构式并写出主要碎片的裂解过程。

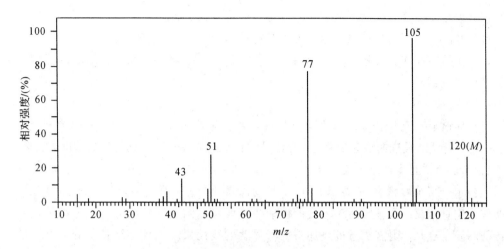

图 7.6　化合物 C_8H_8O 的质谱

解　(1) 计算不饱和度

$$\Omega = 1 + 8 - \frac{8}{2} = 5$$

说明可能存在苯环。

(2) 分子离子峰 m/z 为 120,因此该化合物的相对分子质量为 120。

(3) 质谱中产生 $m/z105$、$m/z77$、$m/z51$、$m/z43$ 四个主要碎片离子,由 $m/z77(C_5H_5^+)$ 和 $m/z(C_4H_3^+)$ 两个碎片离子峰可以推断化合物含有苯环,并可能是苯环单取代衍生物; $m/z105$ 碎片离子峰可能为 $C_6H_5CO^+$,$m/z43$ 碎片离子峰可能为 CH_3CO^+。

(4) 由以上信息可以推断其结构式为图 7.7(a)所示形式。

(5) 主要碎片裂解过程如图 7.7(b)所示。

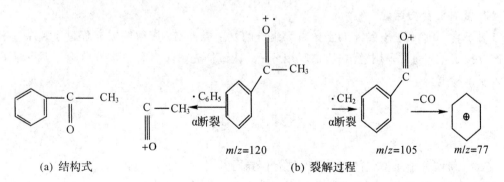

(a) 结构式　　　　　　　　　　　　　　(b) 裂解过程

图 7.7　例 4 插图

7.4.2　质谱定量分析

1. 质谱直接定量分析

质谱直接定量分析有几个基本假设或条件:

（1）组分特征峰及强度不受样品中其他组分或本底干扰；

（2）样品中任何组分的离子流强度与其在进样装置中的分压成正比；

（3）样品中存在具有相同特征谱峰的组分，发生质谱峰叠加时，叠加峰的强度是各被叠加峰强度的线性累加。

1）单一组分定量

可在质谱上确定合适的 m/z 值，其峰高与组分浓度成正比，这个技术称为选择离子检测。采用外标法或校准曲线定量测定，可以从质谱峰的峰高直接得到组分的浓度或百分含量。

2）混合的试样多组分定量

当各组分特征峰无叠加现象时，可以找到代表各个组分具有特定 m/z 值的质谱特征峰强度作为定量依据，作各峰高对浓度的校准曲线就可以测定试样相应各组分的浓度。若组分特征峰发生叠加，则需要通过叠加特征峰强度的线性累加方程计算各组分含量。这与紫外-可见吸收光谱多组分定量方法相似，是比较经典的计算方法。一般特征峰的数目总是大于组分数，且相对灵敏度常为已知，因而方程数目对于求解是充分的。只要选择系数少，离子强度适当，即可求解各组分相对含量。

无论单一组分还是多组分定量均可采用内标法，选择待测物与内标物特征或碎片离子作为定量依据，待测物相对内标的峰信号强度之比是被分析物浓度的函数。加入内标是为了减少样品制备和引入过程中的误差。

一种方便的内标就是用同位素标记被分析物的相似物。另一种内标是分析物的同系物，它可以得到和被分析物碎片相似的碎片峰，并且具有相当的强度，可以被检测到。

按照上述方法利用质谱进行定量测量，相对精确度为 2%～5%。分析精确度会发现，精确度会依据所分析混合物的复杂程度及其成分的性质而发生较大的变化。对于含有 5～10 种成分的气态碳氢化合物的混合物来说，绝对误差通常为 0.2 到 0.8 摩尔分数。

2. 复杂混合物定量

对于含 10 个以上，数十乃至数百个组分的复杂混合物，求解联立方程过于复杂，难以质谱直接定量，通常采用色谱-质谱联用分析，让试样先通过各种色谱柱分离，再将流出物引入质谱检测。

习　题

7.1　何谓分子质谱？它与原子质谱有何异同？

7.2　如何判断分子离子峰？当分子离子峰不出现时，怎么办？

7.3　试比较说明什么叫简单断裂，简单断裂有哪几种断裂类型。

7.4　计算 $M=168$，分子式为 $C_6H_4N_2O_4$(A)和 $C_{12}H_{24}$(B)两个化合物的 I_{M+1}/I_M 值。

7.5　在一张谱图中，$I_M : I_{M+1}$ 为 100：24，该化合物有多少个碳原子存在？

7.6　何谓同位素离子？它在质谱定性、定量分析中有哪些应用？

7.7　某化合物 $C_5H_{13}N$，试根据图谱（图 7.9）推断其结构，并说明依据。

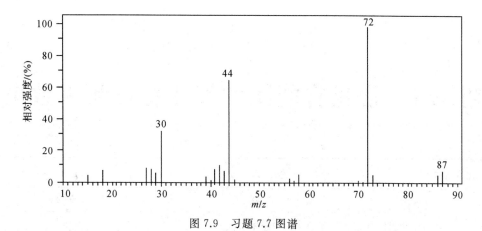

图 7.9　习题 7.7 图谱

7.8　某化合物 C_9H_{12}，试根据图谱(图 7.10)推断其结构，并说明依据。

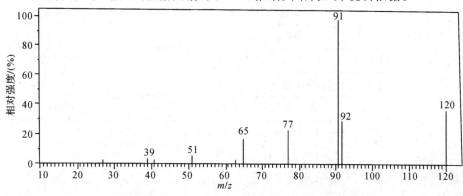

图 7.10　习题 7.8 图谱

附录 1 常见官能团的红外特征频率数据

化合物类型	振动形式	σ/cm^{-1}
烷烃	C—H 伸缩振动	2975~2800
	CH$_2$ 变形振动	~1465
	CH$_3$ 变形振动	1385~1370
	CH$_2$ 变形振动(4 个以上)	~720
烯烃	=CH 伸缩振动	3100~3010
	C=C 伸缩振动(孤立)	1690~1630
	C=C 伸缩振动(共轭)	1640~1610
	C—H 面内变形振动	1430~1290
	C—H 变形振动(—CH=CH$_2$)	~990 和 ~910
	C—H 变形振动(反式)	~970
	C—H 变形振动(C=CH$_2$)	~890
	C—H 变形振动(顺式)	~700
	C—H 变形振动(三取代)	~815
炔烃	≡C—H 伸缩振动	~3300
	C≡C 伸缩振动	~2150
	≡C—H 变形振动	650~600
芳烃	=C—H 伸缩振动	3020~3000
	C=C 骨架伸缩振动	~1600 和 ~1500
	C—H 变形振动和 δ 环(单取代)	770~730 和 715~685
	C—H 变形振动(邻位二取代)	770~735
	C—H 变形振动和 δ 环(间位二取代)	~880,~780,~690
	C—H 变形振动(对位二取代)	850~800
醇	O—H 伸缩振动	~3650 或 3400~3300(氢键)
	C—O 伸缩振动	1260~1000

化合物类型	振动形式	σ/cm^{-1}
醚	C—O—C 伸缩振动（脂肪）	1300～1000
	C—O—C 伸缩振动（芳香）	～1250 和～1120
醛	O=C—H 伸缩振动	～2820 和～2720
	C=O 伸缩振动	～1725
酮	C=O 伸缩振动	～1715
	C—C 伸缩振动	1300～1100
酸	O—H 伸缩振动	3400～2400
	C=O 伸缩振动	1760 或 1710（氢键）
	C—O 伸缩振动	1320～1210
	O—H 变形振动	1440～1400
	O—H 变形振动	950～900
酯	C=O 伸缩振动	1750～1735
	C—O—C 伸缩振动（乙酸酯）	1260～1230
	C—O—C 伸缩振动	1210～1160
胺	C—N 伸缩振动（烷基碳）	1200～1025
	C—N 伸缩振动（芳基碳）	1360～1250
	N—H 变形振动	～800
胺	N—H 伸缩振动	3500～3300
	N—H 伸缩振动	1640～1500
酸酐	C=O 伸缩振动	1830～1800 和 1775～1740
	C—O 伸缩振动	1300～900
酰卤	C=O 伸缩振动	1810～1775
	C—Cl 伸缩振动	730～550
酰胺	N—H 伸缩振动	3500～3180
	C=O 伸缩振动	1680～1630
	N—H 变形振动（伯酰胺）	1640～1550
	N—H 变形振动（仲酰胺）	1570～1515
	N—H 面内变形振动	～700

续表二

化合物类型	振动形式	σ/cm^{-1}
卤代烃	C—F 伸缩振动	1400～1000
	C—Cl 伸缩振动	785～540
	C—Br 伸缩振动	650～510
	C—l 伸缩振动	600～485
腈基化合物	C≡N 伸缩振动	～2250
硝基化合物	—NO$_2$（脂肪族）	1600～1530 和 1390～1300
	—NO$_2$（芳香族）	1500～1490 和 1355～1315

附录 2　环烷烃化合物拉曼特征基团频率

环的类型	振动形式	谱带位置/cm^{-1}	强度
C_3H_6	ν_{asCH}	3100～3090	s
	ν_{sCH}	3040～3020	s
	δ_{asCH}	1450	m
	ν_{C-C}	1188	s
C_4H_6	ν_{asCH}	2987～2975	s
	ν_{sCH}	2895～2887	s
	δ_{asCH}	1450	m
	ν_{C-C}	1001	s
C_5H_{10}	ν_{asCH}	2960～2942	s
	ν_{sCH}	2876～2853	s
	δ_{asCH}	1449	m
	ν_{C-C}	889	s
C_6H_{12}	ν_{asCH}	2943～2915	s
	ν_{sCH}	2871～2851	s
	δ_{asCH}	1445	m
	ν_{C-C}	802	s
C_7H_{14}	ν_{asCH}	2935～2917	s
	ν_{sCH}	2962～2951	s
	δ_{asCH}	1445	m
	ν_{C-C}	733	s
C_8H_{16}	ν_{asCH}	2925～2910	s
	ν_{sCH}	2855～2845	s
	δ_{asCH}	1445	m
	ν_{C-C}	700	s

附录 3　各种取代苯拉曼特征基团频率

苯的取代类型	振动形式	谱带位置/cm^{-1}
未取代	ν_{C-C}	995
单取代	δ_{C-C}	770~730
	δ_{C-H}	1030
	ν_{C-C}	1000
1,2—二取代	δ_{C-H}	1040
	$\nu_{骨架}$	1230~1210
		740~715
		680~650
		600~560
		560~540
1,3—二取代	ν_{C-C}	1000
	$\nu_{骨架}$	1260~1210
		1180~1150
		650~630
1,4—二取代	ν_{C-C}	830~720
	$\nu_{骨架}$	1230~1200
		1180~1150
		650~630
1,2,3—三取代	δ_{C-H}	1100~1050
	δ_{C-C}	670~500
1,2,4—三取代	δ_{C-C}	750~650
	$\nu_{骨架}$	1280~1200
1,3,5—三取代	ν_{C-C}	1000
	δ_{C-C}	570~510

附录4　含氮化合物拉曼特征基团频率

基　团	振动形式	谱带位置/cm^{-1}
RNH$_2$	ν_{N-H}	3450～3300
ARNH$_2$	ν_{N-H}	3400～3300
	ν_{C-N}	1350～1260
R$_2$NH	ν_{N-H}	3500～3300
	ν_{C-N}	900～850
ARNHR	ν_{N-H}	3500～3300
	ν_{C-N}	1340～1320
ARNR$_2$	ν_{C-N}	1380～1310
RN$_3$	ν_{C-N}	830
R$_2$N$-$CH$_3$	ν_{C-H}	2810～2770
R$_2$N$-$CH$_2$R	ν_{C-H}	2820～2760
R$_2$C$=$NR	ν_{C-N}	1685～1610
RN$=$NR	ν_{N-N}	1580
ArN$=$NAr	ν_{N-N}	1430～1400
R$_2$C$-$NO$_2$	ν_{NO_2}	1380～1330

附录5　含硫化合物拉曼特征基团频率

基　团	振动形式	谱带位置/cm^{-1}
R—SH	ν_{S-H}	2590～2560
Ar—SH	ν_{S-H}	2580～2560
CH_3—SH	ν_{C-S}	704
Me_2CH—SH	ν_{C-S}	620
Me_3C—SH	ν_{C-S}	587
CH_3—S—CH_3	ν_{C-S}	744，692
CH_3—S—R	ν_{C-S}	750～690
噻唑烷	ν_{C-S}	705，674
四氢噻吩	ν_{C-S}	664
Me—S—S—Me	ν_{C-S}	694
	ν_{S-S}	510
Me_3C—S—S—CMe_3	ν_{C-S}	566
	ν_{S-S}	544
$PhCH_2$—S—S—CH_2Ph	ν_{C-S}	662
$(PhCH=CH-S)_2$	ν_{C-S}	662
$(Ph-S)_2$	ν_{C-S}	692
$(Ar-S)_2$	ν_{S-S}	540～520
$R-SO_2-R$	ν_{SO2}	1152～1125
$R-SO_2-OR$	ν_{SO2}	1172～1165
$Ar-SO_2-OR$	ν_{SO2}	1192～1185

附录6　常见无机官能团的拉曼位移数据表

无机官能团	拉曼位移/cm^{-1}
NH_4^+	3100 w, 1410 w
NCO^-	2170 m, 1300 s, 1260 s
NCS^-	2060 s
CN^-	2080 s
CO_3^-	1065 s
HCO_3^-	1270 m, 1030 s
NO_3^-	1040 s
NO_2^-	1320 s
SO_4^{2-}	980 s
HSO_4^-	1040 s, 870 m
SO_3^{2-}	980 s
PO_4^{3-}	940 s

附录 7　EI-MS 质谱中的一些特征碎片离子

质荷比/m/z	碎片离子元素组成	可能的来源
15	CH_3^+	含烷基化合物
17	OH^+	醇、酚
18	$H_2O^+\cdot$	醇、酚
	NH_4	胺
19	F^+	氟化物
26	CN^+	腈
	$C_2H_2^+\cdot$	
27	$C_2H_3^+$	烯
	$HCN^+\cdot$	脂肪腈
28	$C_2H_4^+\cdot$	
	$CO^+\cdot$	
29	$C_2H_5^+$	含烷基化合物
	CHO^+	醛、酚、呋喃
30	$CH_2{=}N^+H_2$	脂肪胺
	NO^+	硝基化合物、亚硝酸、硝酸酯、亚硝酸酯
31	$CH_2{=}O^+H$	醇、醚、缩醛
	CH_3O^+	甲酯类
35/37	Cl^+	氯化物
36/38	$HCl^+\cdot$	氯化物
39	$C_3H_3^+$	烯、炔、芳烃

质荷比/m/z	碎片离子元素组成	可能的来源
41	$C_3H_3^+$	烷、烯、醇
	$CH_3CN^+\cdot$	脂肪腈、N—甲基苯胺、N—甲基吡咯
42	$C_3H_6^+\cdot$	环烷烃、环烯、丁基酮
	$C_2H_2O^+$	乙酯酸、环己酮、$\alpha、\beta$—不饱和酮
	$C_2H_4N^+$	环氮丙烷类
43	$C_3H_7^+$	烷基
	$O{=}C{=}NH^+\cdot$	酰胺类
	$CH_3C{\equiv}O^+$	甲基酮、饱和氧杂环
44	$CH_2{=}CHO^+\cdot H$	醛、$CH_2{=}CH{-}O{-}R$
	$C_2H_6N^+$	脂肪胺
	$NH_2{-}C{\equiv}O^+$	伯酰胺类
45	$CH_3CH{=}O^+H$	仲醇、α—甲基醇
	$^+CH_2CH_2OH$	醇
	$CH_2{=}O^+{=}CH_3$	甲基醚
	$COOH^+$	脂肪酸
	$CH_3CH_2O^+$	含乙氧基化合物
47	$HC{=}S^+$	硫醇、硫醚
	$CH_2{=}SH^+$	硫醇、甲硫醚
48	$CH_3SH^+\cdot$	硫醇、硫醚
49/51	$CH_2{=}Cl^+$	氯化物
51	$^+CHF_2$	氟化物
	$C_4H_3^+$	芳基、吡啶类
57	$C_4H_9^+$	丁基化合物、环醇、醚
	$C_2H_5C{\equiv}O^+$	乙基酮、丙酸衍生物
58	$H_2C{\overset{+\cdot}{=}}C(OH){-}CH_3$	甲基酮、α—甲基酮
	$C_2H_5CH{=}N^+H_2$	α—乙基伯胺
	$(CH_3)_2CH{=}N^+H_2$	二甲基叔胺

续表二

质荷比/m/z	碎片离子元素组成	可能的来源
59	$C_3H_6{=}O^+H$	α—取代醇
	$CH_2{=}O^+C_2H_5$	醚
	$CH_3OC{\equiv}O^+$	甲酯
	$\overset{+\cdot}{\underset{\underset{H_2C=C-NH_2}{\mid}}{OH}}$	伯酰胺
60	$\overset{+\cdot}{\underset{\underset{H_2C=C-OH}{\mid}}{OH}}$	羧酸
	$CH_3COO^+\cdot H$	
	$CH_2{=}O^+{-}NO$	硝酸酯、亚硝酸酯
	$C_2H_4S^+\cdot$	饱和含硫杂化
61	$\overset{+\cdot}{\underset{\underset{H_3C-C-OH}{\|}}{OH}}$	乙酸酯、缩醛
63/65	$CH_3CH{=}Cl^+$	氯化物
70	$C_5H_{10}^+$	
	$C_4H_8N^+$	α—取代吡咯烷
71	$C_5H_{11}^+$	烷基
	$C_3H_7{-}C{\equiv}O^+$	羰基化合物
73	$C_2H_5OC{\equiv}O^+$	乙酯
77	$C_6H_5^+$	苯基取代物
78	$C_6H_6^{+\cdot}$	苯基取代物
79	$C_6H_7^+$	苯基取代物、多环烷烃
91	$C_6H_5CH_2^+$	苄基化物
92		烷基苯
	$C_6H_6N^+$	芳胺

续表三

质荷比/m/z	碎片离子元素组成	可能的来源
93	$C_6H_5O^+$	苯甲醚、羧酸苯酯
	$C_6H_7N^+$	芳胺
93/95	$CH_2=Br^+$	溴化物
94	$C_6H_6O^+$	芳醚
105	$C_6H_6C\equiv O^+$	苯甲醚化物
	$C_6H_5CH_2CH_2^+$	芳烃衍生物
	$C_6H_5N_2^+$	芳香偶氮化物
107	$C_7H_6OH^+$	苯酚取代物、苄醇
107/109	$CH_3-CH=Br^+$	溴化物
108	$C_6H_5CH_2O^+\cdot H$	苄醇

参 考 文 献

[1] 王培铭，许乾慰. 材料研究方法[M]. 北京：科学出版社，2005.

[2] 朱和国，杜宇雷，赵军. 材料现代分析技术[M]. 北京：国防工业出版社，2012.

[3] 潘铁英. 波谱解析法[M]. 上海：华东理工大学出版社，2015.

[4] 崔忠圻，刘北兴. 金属学与热处理原理[M]. 哈尔滨：哈尔滨工业大学出版社，1998.

[5] 包永千. 金属学基础[M]. 北京：冶金工业出版社，1986.

[6] 田荣璋. 金属热处理[M]. 北京：冶金工业出版社，1985.

[7] 杨南如. 无机非金属材料测试方法[M]. 武汉：武汉理工大学出版社，2012.

[8] 武汉大学. 分析化学(下册)[M]. 北京：高等教育出版社，2007.

[9] 刘志广. 仪器分析[M]. 北京：高等教育出版社，2007.

[10] 王晓春，张希艳. 材料现代分析与测试技术[M]. 北京：国防工业出版社，2010.

[11] 常铁军，刘喜军. 材料近代分析测试方法[M]. 哈尔滨：哈尔滨工业大学出版，2010.

[12] 朱艳，戴鸿滨. 现代材料分析测试方法[M]. 北京：北京大学出版社，2014.

[13] 刘庆锁. 材料现代测试分析方法[M]. 北京：清华大学出版社，2014.

[14] 黄新民. 材料研究方法[M]. 哈尔滨：哈尔滨工业大学出版社，2008.

[15] 纪伟，徐涛，刘贝. 光学超分辨荧光显微成像：2014年诺贝尔化学奖解析[J]. 自然杂志：2014(6).

[16] 朱育平. 小角X射线散射：理论、测试、计算及应用[M]. 北京：化学工业出版社，2008.

[17] 王威. Cu2ZnSnS4纳米颗粒及其薄膜的制备和光伏性能研究[D]. 南京：南京航空航天大学博士论文，2015(9).

[18] 傅若农，常永福. 气相色谱和热分析技术[M]. 北京：国防工业出版社，1989.

[19] 段微微，黄一平，李培欣. 差示扫描量热法测定聚丙烯腈纤维玻璃化转变温度[J]. 天津化工，2010,(1).

[20] 李守超，程清，陈伟华，等. 差示扫描量热法测定橡胶玻璃化温度[J]. 分析仪器，2012(3).

[21] 陈青，魏伯荣，包德君. 差示扫描量热法单峰测定物质的纯度[J]. 分析仪器，2005(3).

[22] 徐朝芬，傅培舫，陈刚，等. 差示扫描量热法测定煤比热容的实验研究[J]. 实验技术与管理，2010 (2).

[23] 季欧. 质谱分析法[M]. 北京：原子能出版社，1977.

[24] 刘彦明，王辉，韩金土，等. 原子吸收光谱法测定中成药中微量元素[J]. 光谱学与光谱分析，2005 (9).

[25] Hu Xiaohong, Ma xiao han Tan Huaping, et al. Preparation of water-soluble and

biocompatible grapheme [J]. Micro & Nano Letters，2013，(6).

[26] 刘振海，徐国华，张洪林.热分析仪器[M]. 1 版.北京：化学工业出版社，2006.

[27] 史训立，张琳，肖滢，等. 紫外–可见吸收光谱应用于宝石检测的进展[J]. 光谱实验室，2011(5).

[28] 刘翠. 纳米银、纳米金参与鲁米诺化学发光体系的研究[D]. 硕士学位论文，陕西师范大学，2011.

[29] Murphy C J，Sau T K，Gole A M，et al. Anisotropic metal nanoparticles：Synthesis，assembly，and optical applications[J]. J Phys Chem B，2005.

[30] Qin R H，Li F S，Chen M Y，et al. Preparation of chitosanethyl enediaminetetraacetate enwrapped magnetic CoF2O4 nanoparticles via zero-length emulsion crosslinking method[J]. Applied Surface Science，2009.

[31] Zhang X J，Jiang W，Li F S，et al. Controllable preparation of magnetic polymernanospheres with high saturation magnetization by miniemulsion polymerization［J］. Materials Letters，2010.

[32] Hu X H，Ma X H，Tan H P，et al. Preparation of water-soluble and biocompatible graphene. Micro & Nano Letters，2013，(6).

[33] Wang W，Shen H L，Wong L H，et al. A 4.92％ efficiency Cu2ZnSnS4 solar cell from nanoparticle ink and molecular solution[J]. RSC Advances，2016 (6).

[34] 薛光荣. 原子吸收光谱仪在电池材料分析中的应用[J]. 电池工业，2007，12(5)：337－342.

[35] 郭立鹤，韩景仪. 红外反射光谱方法的矿物学应用[J]. 岩石矿物学杂志，2006，25(3)：250－256.

[36] 亓利剑，袁心强，曹姝. 宝石的红外反射光谱表征及其应用[J]. 宝石和宝石学杂志，2005，7(4)：21－25.

[37] Wang Y Z，Xue X X，Yang H. Preparaiton and characterization of Zinc and Cerium Co-doped Titania nano-materials with antibacterial activity[J]. Journal of Inorganic Materials，2013，28(1)：117－121.

[38] 王玉岭. 镍钴复合氧化物的制备及其光电催化性能的研究[D]. 重庆大学硕士学位论文，2014.